Richard F. Ludueña

Klinische Biochemie

100 Fall-orientierte Fragen
mit Antworten

Richard F. Ludueña

Klinische Biochemie

100 Fall-orientierte Fragen mit Antworten

Übersetzt von Michael Kühl

Die Deutsche Bibliothek – CIP-Einheitsaufnahme

Ludueña, Richard F.:
Klinische Biochemie: 100 Fall-orientierte Fragen mit
Antworten / Richard F. Ludueña. – Braunschweig;
Wiesbaden: Vieweg, 1997
    Einheitssacht.: Learning biochemistry ⟨dt.⟩
    ISBN-13: 978-3-540-67051-3   e-ISBN-13: 978-3-642-95866-3
    DOI: 10.1007/978-3-642-95866-3

Originalausgabe:
© John Wiley & Sons Ltd., New York, all Rights Reserved
Authorised translation from English language edition "Learning Biochemistry"
published by John Wiley & Sons Inc., 1995

Gedruckt auf säurefreiem Papier

ISBN-13: 978-3-540-67051-3

Inhaltsverzeichnis

Danksagung

Viele Leute haben bei der Entstehung dieses Buches mitgeholfen. Das Team der Dolph Briscoe Library am Health Science Center der Universität von Texas in San Antonio waren mir bei der Benutzung von Plusnet sehr hilfreich. Den Doktoren Martin Adamo, Jeff Hansen, John Lee, Fredrik Leeb-Lundberg, Bettie Sue Masters und Barry Nall, meine Kollegen im Biochemiekurs für Mediziner, sei herzlich gedankt für ihre Hilfe, ihr Engagement und die hilfreichen Kommentare. Besonderer Dank gilt Dr. Merle Olson, meinem Kollegen und Vorgesetzten. Ich danke Dr. Lois Bready vom Health Science Center der Universität von Texas und Dr. Marc Fellous vom Institut Pasteur für Problemvorschläge sowie Dr. David Williams von der Universität Toronto für seine Erlaubnis, unveröffentlichte Ergebnisse zu verwenden. Die Vorschläge und das Engagement von Dr. William Curtis, meinem Lektor bei Wiley-Liss, waren sehr wertvoll und haben mir geholfen, viel Zeit zu sparen. Alle Fehler gehen natürlich auch bei solch zahlreicher Hilfe auf mein Konto.

Ganz besonderer Dank gilt meiner Frau Linda und meiner Tochter Sara, nicht nur für ihre liebevolle Unterstützung, sondern auch für die Art und Weise, wie sie meine Zerstreutheit und meine Arbeit in den Morgenstunden ertragen haben. Für ihre Geduld danke ich auch den Mitarbeitern in meinem Labor, insbesondere Mary Carmen Roach für ihre Hilfe mit dem Programm Chemintosh, mit dem die Abbildungen in diesem Buch entstanden sind.

Zum Schluß danke ich 17 Jahrgängen an Medizinstudenten, die ich unterrichten durfte. Es hat mir sehr viel Spaß gemacht, und es war eine große Herausforderung für mich, aus ihren Bedürfnissen heraus dieses Buch zu entwerfen. Die Probleme wurden überarbeitet und verbessert durch die Probeläufe mit den Jahrgängen 1991, 1992 und 1993. In Gedenken an ihre Hilfe und harte Arbeit möchte ich ihnen dieses Buch widmen.

Einleitung

Entstehung des Buches

In den letzten 17 Jahren hatte ich das Privileg und das Vergnügen, Medizinstudenten zu unterrichten. Obwohl es mir sehr viel Spaß bereitet, Vorlesungen zu halten, ist es mir nicht entgangen, daß diese Form der Lehre ihre Grenzen hat. In vielfacher Hinsicht handelt es sich um ein passives System des Lernens, bei dem der Vortragende einen Sachverhalt darlegt und die Studenten sich diesen versuchen einzuprägen. Der Lehrplan und die Mitschrift sind wichtige Stützen des Gedächtnisses. Über weite Strecken sind die Prüfungen dazu da, das Ausmaß des auswendig gelernten Stoffes zu kontrollieren. Bei diesem System übernehmen die Studenten nur wenig Verantwortung für ihr eigenes Lernen. Ihre Fragen zielen oft darauf ab, die genaue Grenze auszuloten zwischen dem, was für die Prüfung wichtig ist, und dem, was man nicht notwendigerweise lernen muß. Unter dem Prüfungsdruck geht die Schönheit der Biochemie leicht verloren. Auch wenn der Vortragende von dieser Schönheit animiert wird, fehlt ihm oft die Zeit, größere Zusammenhänge zu vermitteln. Auch in den biochemischen Kursen für Mediziner ist es oft nicht möglich, den Stoff auf klinische Fälle auszuweiten. Gerade dies ist aber wichtig, da vor allem Medizinstudenten lernen sollen, Patienten richtig zu behandeln, und natürlich wollen sie wissen, auf welche Weise die theoretische Biochemie mit ihrem realen Patienten zusammenhängt. Oft vermissen gerade die Studenten die Relevanz des Lernstoffes. Das soll nicht heißen, daß in biochemischen Kursen für Medizinstudenten nicht der Zusammenhang zur Klinik dargelegt wird. Für gewöhnlich reicht die Zeit, um den Studenten die biochemischen Grundlagen des Diabetes, der Hämophilie oder einiger anderer Erkrankungen darzulegen. Wäre hingegen genug Zeit vorhanden, könnte eine ganze Reihe weiterer klinisch relevanter Punkte erläutert werden.

Die typische Größe eines Kurses mit Medizinstudenten macht es hingegen sehr schwierig, solche Fragestellungen anzugehen. Wie läßt sich ein einzelner Student direkt ansprechen, und wie kann man bei einer Vorlesung mit 200 oder mehr Studenten mit ihm oder ihr direkt über offene Fragen diskutieren? Aus all diesen Gründen ist es in den letzten Jahren zu einer Entwicklung gekommen, Kurse und Diskussionen in kleinen Gruppen abzuhalten. Der Begriff des „Problem-orientierten Lernens" macht die Runde. Obwohl dies eine exzellente Lernform darstellt, bereitet es doch erhebliche logistische Probleme, ein Studium in diesem Sinne zu reorganisieren. So dachte ich, es sei gut, ein Medium zu haben, um das Problemorientierte Lernen auch im Rahmen eines vorlesungsorientierten Kurses zu verwenden, oder welches in kleinen Gruppen außerhalb des traditionellen Studienplans benutzt werden kann. Dieses Unterfangen sollte mehr Flexibilität in den Studienplan einführen.

Ich entwarf diese Bibliotheksprojekte vor etwa drei Jahren und konstruierte 230 Aufgabenstellungen, von denen ich 100 für dieses Buch auswählte. Ich wollte die Studenten dazu zwingen, die Bibliothek als Informationsquelle zu nutzen. Dazu mußte ich natürlich Problemstellungen wählen, die nicht mit den herkömmlichen Mitteln, wie z.B. dem Lehrbuch, den Lehrplänen (Gegenstandskatalog, Anm. d.Ü.) oder den Vorlesungsmitschriften, zu beantworten sind. Aus diesem Grund findet man in diesm Buch keine Erkrankungen wie die klassische Hämophilie oder den Diabetes, deren Grundlagen und Entstehung in den Lehrbüchern ausführlich dargelegt werden. Wir verwenden als Lehrbuch das Buch von Devlin „Textbook of Biochemistry with Clinical Correlations" in seiner dritten Auflage[1]. Wie der Name schon impliziert, weist dieses Lehrbuch auf viele klinische Zusammenhänge hin. Für die Fragestellungen habe ich Erkrankungen ausgewählt, welche im Buch von Devlin nicht enthalten sind. Dies Buch ist also komplementär um dasjenige von Devlin angelegt. Ganz davon abgesehen kann dieses Fragebuch zu allen biochemischen Lehrbüchern als Ergänzung herangezogen werden.

Der Aufbau des Buches

100 nummerierte Aufgabenstellungen decken ein weites Feld der Biochemie ab. Jedes einzelne Problem beschreibt eine Situation aus dem klinischen Alltag. Die Symptome der Erkrankung werden beschrieben und einige biochemische Befunde gegeben. Abschließend folgen einige kurze Fragen, wie „Welches Enzym ist defekt?" , „Beschreiben Sie den Stoffwechselweg, in den dieses Enzym involviert ist." , „Wie entstehen die Symptome?" oder „Wie würden Sie den Patienten behandeln?". Auf den ersten Blick erscheinen einige der Fragen sehr schwer, andere hingegen als sehr leicht. Es ist wahr, daß nicht alle Fragen gleich schwer sind. Drei Jahre Erfahrung haben mich jedoch gelehrt, daß es nicht sehr leicht ist vorherzusagen, welche Fragen leicht und welche schwer sind. Auch die leichten Fragen bedürfen eines Bibliotheksbesuches. Der Lösungsprozeß stellt in der Regel eine außergewöhnliche Lernerfahrung für die Studenten dar. Einige der schwereren Fragen erfordern eine ausführlichere Beantwortung. Zuweilen wird ein Lösungshinweis oder eine Referenz gegeben. Das Nachschlagen dieser Referenz alleine reicht allerdings zur Lösung nicht aus. Es schränkt lediglich die möglichen Lösungsansätze ein und bringt den Studenten auf die richtige Spur. Durch die Beantwortung der Fragen sollen grundlegende Prinzipien der Biochemie exemplarisch dargestellt und ins Gedächtnis zurück gebracht werden. Dabei handelt es sich z.B. um bestimmte Stoffwechselwege, Protein-Liganden-Interaktionen, Proteinstrukturen oder den genetischen Code. Von den Studenten wird erwartet, die Antworten kurz und bündig zu verfassen.

Man könnte die Befürchtung haben, daß die schweren Fragen vielleicht zu schwer seien. Seien Sie beruhigt. Bei den Fragen handelt es sich nicht um Aufgaben, deren Lösungen der Student parat haben soll. Es handelt sich um Aufgaben, die mit Hilfe der Bibliothek beantwortet werden sollen, und ein erster Besuch ergibt schnell den Anfang einer Antwort. Der schwierigste Teil einer Aufgabe ist oft derjenige, von dem die Professoren annehmen, es sei der einfachste. Dieser Teil ist die Begründung einer Lösung und bedarf oft nicht viel Information. Läßt sich z.B. eine Erkrankung, welche durch den Defekt eines Flavinproteins hervorgerufen wird, durch die Gabe von Flavin mit der Nahrung beheben, so liegt die Ursache des Defektes vielleicht in einer veränderten Affinität des Proteines zu Flavin. Dies

---

[1] Auf dem deutschen Markt stellt das Buch Linnemann/Kühl, Biochemie für Mediziner, Verlag Vieweg, 1995, ein ähnlich klinisch-orientiertes Buch dar.

ist eine Antwort, die durch Nachdenken leicht zu erhalten ist. Studienanfänger fehlt jedoch oft das Vertrauen in die eigenen Fähigkeiten. Stattdessen wenden sie sich an eine Autorität wie ein Lehrbuch oder andere Veröffentlichungen, um das Problem zu lösen. Die Fragen stellen also eine sehr gute Übung dar, ihr Vertrauen in die eigenen Fähigkeiten zu stärken.

Das Buch beginnt mit einem beispielhaften Problem über Phenylketonurie. Aus ihr soll der Leser ableiten, was von ihm erwartet wird. Der Probefrage folgt die Antwort, in die auch der Lösungsweg mit einbezogen ist. Wie viel von diesem Lösungsweg in die fertige Beantwortung der Frage mit eingehen soll, bleibt dem Lehrenden überlassen. Ich beschreibe den Lösungsweg, um den Studenten die grundlegende Strategie zur Lösung solcher Fragen zu verdeutlichen. Es folgen 100 Probleme, die in einzelne Gruppen unterteilt sind und jeweils von den Antworten gefolgt werden. Die einzelnen Fragen lassen sich an Studenten ausgeben, oder Frage und Antwort dienen als Diskussionsgrundlage für den Kurs. In vielen Fällen ist die Antwort sehr ausführlich ausgefallen. Dies gibt einem mehr Spielraum, auf die Fragen der Studenten einzugehen. Auch wenn die Fragestellung nicht die direkte Frage nach dem Namen einer Erkrankung mit einschließt, so wird dieser, falls vorhanden, in der Antwort genannt.

Wie findet man die richtigen Lösungen. Zunächst einmal soll der Leser in die Bibliothek gehen und sich durch die Texte wühlen oder die Computerdatenbanken benutzen. Oft führt auch der Blick in die Karteikästen zu einem Lösungsansatz. Einige der Probleme beruhen auf neueren Veröffentlichungen, so daß Datenbanken notwendig sind. Zu jedem Problem sind auch einige Referenzen angegeben, die zur weiteren Information konsultiert werden können. Sollten die Leser zu den einzelnen Problemen Vorschläge oder Korrekturen haben, bin ich für jede Zuschrift dankbar.

Einige der Probleme beruhen auf sehr seltenen Erkrankungen. Man kann sich darüber wundern, welchen Sinn es macht, daß Studenten sich mit Erkrankungen beschäftigen, die vielleicht nur in ein oder zwei Fällen beobachtet worden sind. Bis jetzt hat sich darüber aber noch kein Student beschwert. Ich habe aber für den Fall zwei Antworten parat. Zunächst einmal schließen die Studenten ihr Studium meist mit dem Titel „Doktor der Medizin" ab und nicht mit dem Titel „Doktor der Medizin, insbesondere der allgemeinen Leiden". Alle Erkrankungen sollten für jeden Arzt kein Problem darstellen. Nicht in dem völlig unpraktikablen Sinne, daß ein Arzt über jede Erkrankung alles wissen sollte, sondern in dem Sinne, daß er jeder Zeit - wenn nötig - in der Lage sein muß, über eine Erkrankung alles Notwendige zu suchen, zu finden und zu erfahren. Zweitens, und viel wichtiger, die Aufgabe dieser Probleme ist es nicht, Medizinstudenten über bestimmte Krankheiten zu unterrichten, sondern die Relevanz der Biochemie für den Mediziner zu vermitteln und darüber hinaus ein wenig Biochemie auf eine aufregende Weise näher zu bringen.

Für den Studenten: Zur Verwendung des Buches

Dieses Buch ist gedacht für Studenten der Medizin, die sich mit Biochemie oder Pathobiochemie beschäftigen. Es soll ihnen die Bedeutung der Biochemie für den klinischen Alltag näher bringen und ihnen den Nutzen einer Bibliothek aufzeigen, in der man allgemeine und spezielle Bücher zu einem Thema findet oder in der man in Karteikästen oder Datenbanken nach Schlagwörtern durchsuchen kann. Zu guter Letzt sollen die Aufgaben Spaß bringen. Sollten die Studenten nur halb soviel Freude an den Fragen haben, wie ich während der Ausarbeitung empfunden habe, so ist dies für mich schon ein Erfolg.

Dieses Buch enthält 100 Problemstellungen zur klinischen Biochemie. Nahezu jede führt in einen hypothetischen Fall ein. Einer kurzen Beschreibung der Symptome und einigen biochemischen Informationen (z.B. aus einem Assay, den Sie durchführen, aus einer angefertigten Biopsie oder zu einer DNA- oder Proteinsequenz) folgen einige Fragen. Ein Enzym ist zu identifizieren, ein Stoffwechselweg zu notieren, oder es ist zu erklären, wie ein verändertes Protein die beobachteten Symptome hervorruft. Beachten Sie, daß die Information der DNA immer in „sense"-Richtung angegeben ist und von 5' nach 3' zu lesen ist.

Die Antworten zu den Fragen gehen nicht aus den gängigen Lehrbüchern direkt hervor. Sie werden in der Regel auch nicht in der Vorlesung behandelt. Man muß sich der Mühe unterziehen und in der Bibliothek nach einem Lösungsansatz suchen. Dies ist eine hervorragende Übung für den späteren klinischen Alltag, in dem solche Literatursuchen häufig vorkommen können. Benutzen Sie die Datenbanken, die mit einem Computer zugänglich sind. Auch die Karteikartenkataloge in der Bibliothek sind hilfreich. Für manche Probleme gibt es auch spezielle Bücher.

Beachten Sie, daß das Nachschlagen nur Teil der Lösung ist. Sie müssen diese Information weiter verwenden und Ihr Urteilsvermögen einsetzen. Auch wenn Sie in einem Buch eine Lösung gefunden haben, heißt dies noch lange nicht, daß die Lösung korrekt ist. 30 Jahre alte Informationen können heute schon überholt sein. Suchen Sie grundsätzlich nach der jüngsten Information. Denken Sie daran, wenn Sie in einer Bibliothek die Ursachen einer Erkrankung recherchieren: Sie wollen für das Wohl Ihres Patienten die beste Information finden. Widersprechen sich verschiedene Informationsquellen, müssen Sie selber entscheiden, welche die bessere ist. Einige der Lösungen müssen Sie ausarbeiten und die grundlegenden Prinizipien der Biochemie dafür verwenden, die Sie im Rahmen Ihrer Vorlesung oder des Kurses gelernt haben. Wird Ihnen z.B. die Information gegeben, daß ein Prolinrest nicht Teil einer α-Helix sein kann, so mögen Sie sich wundern, was das mit den Problemen Ihres Patienten zu tun haben kann. Einige Probleme werden auf diese Zusammenhänge hinarbeiten. Bei einigen der Fragen werden Sie aufgefordert, zu spekulieren. Sie sollten die beste Möglichkeit finden und dazu die Informationen verwenden, die Sie aus der Bibliothek erhalten haben. Zögern Sie nicht zu raten. Später müssen Sie das oft machen und dabei die Information verwenden, die Ihnen zur Verfügung steht.

Eine beispielhafte Frage wird hier vorgestellt, die sich mit der Phenylketonurie befaßt. Hier wird Ihnen gezeigt, was Sie nachschlagen müssen und welche grundlegenden Prinzipien der Biochemie zur Anwendung kommen. Auch ein wenig Raten wird von Nöten sein. Die Fragen sollen ihnen die Relevanz der Biochemie für den klinischen Alltag aufzeigen. Viele Erkrankungen lassen sich heute biochemisch erklären und verstehen. Ein weiteres Ziel der Fragen ist es, Sie mit der Benutzung der Bibliothek vertraut zu machen. Außerdem sollen Sie Vertrauen in Ihre eigene Urteilskraft entwickeln. Aus meinen Erfahrungen aus den Zulassungskomissionen kann ich sagen, daß viele Studenten der Medizin auch aufgrund der intellektuellen Herausforderung ihr Studium aufnehmen. Diese Fragen sollen diese Herausforderung verkörpern und außerdem etwas Spaß bringen.

Probefrage

Ihr Patient ist ein zwei Wochen altes Kind, bei dem sich erhöhte Werte von Phenylpyruvat, Phenyllactat und Phenylacetat im Urin nachweisen lassen. Auch im Blut ist der Phenylalaninspiegel erhöht. Sie führen eine Leberbiopsie durch und stellen ein zellfreies Extrakt her. Sie fügen Tetrahydrobiopterin und radioaktiv markiertes Phenylalanin hinzu. Im Vergleich zu einer gesunden Kontrollperson messen sie eine äußerst geringe Produktion von radioaktivem Tyrosin. Sie beträgt nur 1% des Normalwertes.

a) Welches Enzym ist defekt?

b) Notieren Sie den Stoffwechselweg, in den dieses Enzym involviert ist.

c) Wie würden Sie diesen Patienten behandeln?

d) Nehmen wir an, Sie hätten das defekte Enzym identifiziert. Nehmen wir weiterhin an, Sie hätten ein polyklonales Antiserum gegen das Enzym einer gesunden Person. Mit Hilfe des Antikörpers können Sie zeigen, daß das Enzym bei Ihrem Patienten nicht in der Leber exprimiert wird. Bei der gesunden Vergleichsperson hingegen können Sie zeigen, daß das Enzym in der Leber zu finden ist. Nehmen wir an, Sie kennen die Sequenz des Genes, sowohl von der Vergleichsperson als auch von Ihrem Patienten. Hier ist ein Teil der Sequenz:

Codon Nummer:	309	310	311	312
Vergleichsperson:	GCC	TCT	CTG	GGT
Ihr Patient:	GCC	TCT	CCG	GGT

Spekulieren Sie, wie die Mutation das Fehlen des Enzyms hervorrufen kann.

Antwort

a) Die erhöhten Werte für Phenylpyruvat, Phenyllactat und Phenylacetat im Urin sowie von Phenylalanin im Blut zeigen die Blockade eines Stoffwechselweges an. Finden sich sowohl im Blut als auch im Urin Anomalien, ist der beste Lösungsansatz zunächst einmal zu fragen, was kann einen Anstieg von Phenylalanin im Blut verursachen. Schlägt man in einem Biochemiebuch nach, wie Phenylalanin verstoffwechselt wird, so findet man, daß es durch das Enzym Phenylalanin-Hydroxylase zu Tyrosin umgesetzt wird. Um weitere Informationen zu erhalten, kann man mit dem Begriff Phenylalanin-Hydroxylase in einer computergestützten Datenbank suchen. Aus dem Experiment mit dem zellfreien System, in dem kein radioaktives Tyrosin aus radioaktivem Phenylalanin gebildet wird, können Sie schließen, daß diese Umsetzung nicht abläuft. Mit anderen Worten, der defekte Schritt muß die durch die Phenylalanin-Hydroxylase katalysierte Reaktion sein. Ist es jedoch das Enzym selbst, welches defekt ist? Aus jedem guten Biochemiebuch oder neueren Veröffentlichungen entnehmen Sie, daß dieses Enzym Tetrahydrobiopterin als Cofaktor benötigt. Könnte ein Defekt in der Synthese dieses Cofaktors vorliegen? Dies ist natürlich genau so gut möglich wie ein Defekt des Enzyms. In der Aufgabenstellung wird aber deutlich gemacht, daß auch die Zugabe von Tetrahydrobiopterin zu dem zellfreien System die Reaktion nicht ermöglicht. Läge der Defekt beim Cofaktor, so hätte die Reaktion unter den geänderten Bedingungen ablaufen müssen. Der Defekt liegt also bei dem Enzym, der Phenylalanin-Hydroxylase.

Beachten Sie: Eine Hyperphenylalaninämie kann auch sekundär als Folge anderer Erkrankungen hervorgerufen werden. Wenn Sie die Fragen bearbeiten, sollten Sie jedoch annehmen, daß die einfachste Antwort gesucht wird, die mit den gegebenen Informationen übereinstimmt.

b) Notieren Sie zur Beantwortung dieser Frage den Stoffwechselweg, der durch das defekte Enzym katalysiert wird.

$$\text{Phenylalanin} + O_2 + \text{Tetrahydrobiopterin} \rightarrow \text{Tyrosin} + H_2O + \text{Dihydrobiopterin}$$

Haben Sie erst das defekte Enzym identifiziert, ist es sehr einfach, den zugehörigen Schritt in einem Stoffwechselweg zu finden.

c) Zur Beantwortung dieser Frage müssen Sie nichts nachschlagen. Phenylalanin ist eine essentielle Aminosäure. Das bedeutet, daß der menschliche Körper diese nicht selbst herstellen kann und sie daher mit der Nahrung zuführen muß. Normalerweise nehmen wir mehr Phenylalanin auf, als wir benötigen. Bei einer gesunden Person ruft dies keine Probleme hervor. Bei jemandem hingegen, der Phenylalanin nicht zu Tyrosin umsetzen kann, ergeben sich daraus schwere Folgen, einschließlich einer geistigen Entwicklungsstörung. Das Kind sollte daher auf eine Diät gesetzt werden, die wenig Phenylalanin enthält. Ein wenig davon sollte jedoch vorhanden sein, da Phenylalanin eine essentielle Aminosäure ist.

d) Für diese Frage müssen Sie nichts nachschlagen. Die Antwort läßt sich aus dem Wissen ableiten, welches Sie im Rahmen einer Vorlesung oder eines Kurses erworben haben. Zunächst einmal muß die DNA-Sequenz in die zugehörige mRNA-Sequenz übersetzt werden. Nehmen Sie wie immer an, daß der DNA-Strang der „sense"-Strang ist. Alles was Sie dazu machen müssen, ist jedes T durch ein U zu ersetzen.Verwenden Sie dann den genetischen Code, um die Aminosäuresequenzen des normalen und des veränderten Proteins zu erhalten.

Codon Nummer:	309	310	311	312
Vergleichsperson:				
DNA:	GCC	TCT	CTG	GGT
RNA:	GCC	UCU	CUG	GGU
Protein:	Ala	Ser	Leu	Gly
Ihr Patient:				
DNA:	GCC	TCT	CCG	GGT
RNA:	GCC	UCU	CCG	GGU
Protein:	Ala	Ser	Pro	Gly

Ihr Patient hat einen Prolinrest an Position 311, an der normalerweise ein Leucin steht. Diese Art der Mutation, bei der eine Aminosäure durch eine andere ersetzt wird, nennt man „missense"-Mutation. Welchen Effekt hat dies vermutlich auf das Protein? Prolin ist eine Aminosäure, die nicht Teil einer α-Helix sein kann. Weist das normale Protein eine α-Helix auf, in der die Aminosäure 311 involviert ist, wäre diese α-Helix unterbrochen (Wir wissen das nicht, es ist eine Spekulation!). Das alleine könnte für den Verlust der enzymatischen Aktivität verantwortlich sein. Die Fragestellung gibt aber weitere Informationen. Das Antiserum kann das Protein nicht in den Leberzellen nachweisen. Bei den meisten „missense"-Mutationen ist das Protein noch vorhanden, auch wenn es inaktiv ist, und ist daher auch noch mit einem Antikörper zu detektieren. Warum läßt sich das Protein bei Ihrem Patienten nicht mehr nachweisen? Es gibt zwei mögliche Gründe. Erstens, durch die Konformationsänderung, die durch die Unterbrechung der α-Helix hervorgerufen wurde, ist die Bindungsstelle des Antikörpers verloren gegangen. Diese Möglichkeit müßte für einen monoklonalen Antikörper angenommen werden, die Fragestellung legt jedoch ein polyklonales Serum zugrunde, d.h. eine Mixtur verschiedenster Antikörper wird für den Nachweis verwendet. Jeder Antikörper erkennt jedoch einen anderen Bereich des Proteins. Es ist sehr unwahrscheinlich, daß durch die Änderung der Konformation alle Bindungsstellen zugleich betroffen sind. Uns bleibt daher nur die zweite Möglichkeit übrig. Durch die Konformationsänderung ist die Stabilität des Proteines verloren gegangen. Es wird durch die zelleigenen proteolytischen Enzyme degradiert. Das Enzym ist also nicht mehr vorhanden, kann nicht durch den Antikörper detektiert werden und kann natürlich die zugehörige Reaktion nicht mehr katalysieren.

Ihr Patient hat eine Phenylketonurie.

Literatur

Lichter-Konecki, U., Konecki, D.S., DiLella, A.G., Brayton, K., Marvit, J., Hahn, T.M., Trefz, F.K. und Woo, S.L. Phenylalanine hydroxylase deficiency caused by a single base substitution in an exon of the human phenylalanine hydroxylase gene. Biochemistry 27: 2881, 1988

Aminosäuren

Problem 1 - 8

Problem 1

Ihr Patient zeigte von Geburt an einen erhöhten Spiegel von Phenylalanin im Blut. Um diese Hyperphenylalaninämie zu kontrollieren, wurde der Patient auf eine Phenylalanin-arme Diät gesetzt. In den folgenden sieben Monaten blieb der Phenylalaninspiegel im Serum niedrig, und die geistige Entwicklung verlief normal. Mit sieben Monaten traten erste krampfartige Anfälle auf, und der Patient blieb in der geistigen Entwicklung zurück. Setzte man den Patienten kurzfristig auf eine normale Ernährung, stieg der Phenylalaninspiegel im Serum auf normale Werte an. Ein Leberbiopsat, welchem [^{14}C]-Phenylalanin und Tetrahydrobiopterin zugesetzt wurden, zeigte eine erheblich höhere Produktion an [^{14}C]-Tyrosin als Vergleichsproben von zwei Kindern mit einem Phenylalanin-Hydroxylasedefekt. Einer weiteren Probe des Leberbiopsats wurden NADH und chinoides Dihydrobiopterin zugesetzt. Die Abnahme von NADH in diesem Ansatz wurde spektroskopisch verfolgt. Während in Proben von gesunden Vergleichspersonen das NADH verschwindet, zeigte sich bei der Probe Ihres Patienten keine Veränderung. In einem weiteren Assay geben Sie NADPH und 7,8-Dihydrobiopterin zum Biopsat und versuchen, die Abnahme von NADPH spektroskopisch zu erfassen. Bei diesem Versuch entspricht der Ausgang der Erwartung.

a) Welches Enzym ist defekt?

b) Notieren Sie die Reaktion, welche durch das defekte Enzym katalysiert wird.

c) Schreiben Sie den Syntheseweg des Cofaktors auf.

d) Warum zeigen sich neurologische Symptome, obwohl der Patient eine Phenylalanin-arme Kost erhält?

Problem 2

Ihr Patient erblindete im Alter von 25 Jahren, kurz nach der Übersiedlung aus Beirut im Libanon. Der Erblindung ging ein schleichender und ständig voranschreitender Verlust der Sehkraft voraus. Im Urin wurden anormal hohe Konzentrationen an Ornithin gefunden. Auch eine erhöhte Ausscheidung von Arginin konnte festgestellt werden. Der Spiegel an Ammoniumionen nach einer Mahlzeit ist hingegen normal. Unter der Voraussetzung, das defekte Enzym identifiziert zu haben, klonieren und sequenzieren Sie es. Der erste Teil der Sequenz ist nachfolgend beginnend mit dem 5'-Ende im Vergleich zu den cDNA Daten dargestellt, welche man bei einer gesunden Vergleichsperson erhalten hat. Die Sequenz der Vergleichsperson beginnt im 5'-nicht-translatierten Bereich und enthält auch einen Teil des offenen Leserahmens.

Ihr Patient: GAATTCCGCTGTCAGATCTGTGGTT
                                              TTTCTACTTGAAGGACACAATATTT
                                              TCCAAACTAGCACATTGCAGAGG

Vergleichsperson: GAATTCCGCTGTCAGATCTGTGGTT
                                              TTTCTACTTGAAGGACACAATGTTT
                                              TCCAAACTAGCACATTGCAGAGG

a) Welches Enzym fehlt Ihrem Patienten?

b) Würden Sie bei Ihrem Patienten einen normalen, niedrigen oder hohen Spiegel an Δ^1-Pyrrolin-5-carboxylat erwarten? Erklären Sie Ihre Antwort, und zeichnen Sie den involvierten Stoffwechselweg auf.

c) Erklären Sie die molekularen Ursachen des Defektes.

Problem 3

Ihre Patientin ist ein geistig zurückgebliebenes Mädchen mit cerebelaren Problemen, wie z.B. einer schlechten Koordination und einer undeutlichen Aussprache. Im Urin finden sich anormal hohe Konzentrationen an Succinatsemialdehyd und 4-Hydroxybutyrat.

a) Welcher Enyzmdefekt liegt bei der Patientin vor?

b) Notieren Sie den Stoffwechselweg, in dem dieses Enzym zu finden ist.

Problem 4

Ihr Patient ist ein zehn Monate alter Junge, dessen Urin eine blaue Farbe aufweist. Sie finden heraus, daß die blaue Farbe nach der oralen Gabe von Tryptophan auftritt. Im Serum finden sich sehr geringe Konzentrationen an Tryptophan; der Tryptophanspiegel im Urin ist ebenfalls sehr niedrig.

a) Welchen Defekt besitzt der Patient?

b) Eine Analyse des blauen Farbstoffes weist diesen als Indigoblau aus. Wie wird dieser hergestellt? Schreiben Sie dazu einen Stoffwechselweg auf.

Lösungshinweis: Man denke an Bakterien!

Problem 5

Ihr Patient ist ein zehnjähriger Junge, der ein psychotisches Verhalten zeigt und bei Lichteinstrahlung einen Ausschlag ausbildet. Häufig tritt auch Diarrhöe auf. Die Symptome scheinen einer Pellagra zu ähneln. Im Blut findet sich nur wenig Nicotinamid. Obwohl er sich normal ernährt, verstärken sich die Symptome erheblich, wenn Sie ihm Nicotinamid geben. In Urin und Stuhl finden sich hohe Mengen an Alanin, Asparagin, Glutamin, Histidin, Isoleucin, Leucin, Phenylalanin, Serin, Threonin, Tryptophan, Tyrosin und Valin. Die Blutwerte für diese Aminosäuren sind hingegen niedrig. Im Urin und Stuhl finden sich auch hohe Konzentrationen verschiedener Indolverbindungen, die normalerweise nicht von menschlichen Enzymen hergestellt werden.

a) Welches Enzym ist bei Ihrem Patienten wahrscheinlich defekt? In welchen Organen würden Sie dieses Enzym erwarten?

b) Wie erklären Sie den geringen Nicotinamidspiegel im Blut? Wie stellt der Mensch normalerweise Nicotinamid her?

Problem 6

Ihr Patient ist im wesentlichen frei von Symptomen. Im Rahmen einer Routineuntersuchung stellen Sie fest, daß die Urinwerte für Glycin, Prolin und Hydroxyprolin erhöht sind. Die übrigen Aminosäuren verhalten sich normal. Die Blutwerte aller Aminosäuren sind ebenfalls unauffällig. Beim Vergleich zu anderen Mitgliedern der Familie fällt auf, daß die Erhöhung dieser Aminosäuren im Urin autosomal-rezessiv vererbt wird.

a) Welches Enzym ist bei Ihrem Patienten defekt? In welchem Organ ist dieses Enzym lokalisiert?

b) Falls Sie einen zweiten Patienten hätten, welcher homozygot für diesen Defekt ist, aber dessen Urinwerte für Glycin, Prolin und Hydroxyprolin nicht so stark erhöht wären: Wie würden Sie den Unterschied zwischen beiden Patienten charakterisieren? Beziehen Sie dabei kein anderes Protein mit ein!

c) Warum ist Ihr Patient symptomfrei?

Problem 7

Ihr Patient leidet an einer chronischen, ulzerierenden Dermatitis und ist außerdem geistig retardiert. Im Urin finden sich hohe Konzentrationen an Dipeptiden, die einen Prolinrest am C-Terminus tragen. Nach einer Biopsie kultivieren Sie die Fibroblasten des Patienten. Aus ihnen stellen Sie ein zellfreies Extrakt her und fügen das Dipeptid Glycylprolin hinzu. Im Vergleich zu gesunden Personen wird das Peptid nur zu etwa 1% gespalten. Bei genauerer Untersuchung der kultivierten Fibroblasten stellen Sie fest, daß der Spiegel an Prolin relativ niedrig, der an Hydroxyprolin jedoch vergleichsweise hoch ist.

a) Welches Enzym ist defekt? Beschreiben Sie die Reaktion, welche von diesem katalysiert wird.

b) Haben Sie eine Vermutung, wie dieser Defekt eine ulzerierende Dermatitis verursachen kann?

Problem 8

Ihr Patient ist ein Albino und hat von Geburt an weiße Haare. Er hat ausgeprägte visuelle Probleme. Bei der Untersuchung des Karyotyps erscheinen die Chromosomen normal. Nach einer Biopsie kultivieren Sie die Melanocyten des Patienten. Durch die Zugabe von radioaktiv markiertem Tyrosin stellen Sie fest, daß die Melaninproduktion nur etwa 1% des normal Üblichen beträgt. Ein zellfreies Extrakt der Melanocyten hingegen zeigt bei Zugabe von radioaktivem Tyrosin eine normale Melaninproduktion. Eine ausgedehnte Analyse ergibt, daß Ihrem Patienten ein Protein fehlt, welches bei gesunden Personen 12 hydrophobe Domänen aufweist.

a) Welche Aufgabe besitzt das fehlende Protein? Wie verursacht das Fehlen des Proteins die Erkrankung Ihres Patienten?

b) Sie haben einen weiteren Patienten mit derselben Symptomatik und den gleichen biochemischen Befunden. Die Analyse des Karyotyps ergibt, daß ein Stück des Chromosoms 15 fehlt. Was läßt sich daraus ableiten?

Antwort 1

a) Ganz eindeutig ist das Kind nicht in der Lage, Phenylalanin zu verstoffwechseln. Neben dem Einbau in Proteine ist der Hauptstoffwechselweg des Phenylalanins seine Umsetzung zu Tyrosin. Wenn die Phenylalaninwerte des Kindes hoch sind, muß diese Reaktion gestört sein. Sie wird durch das Enzym Phenylalanin-4-Monooxygenase (früher Phenylalanin-Hydroxylase genannt) katalysiert, welches als Cofaktor Tetrahydrobiopterin benötigt. Die Tatsache, daß die Enzymaktivität normal ist, wenn Tetrahydrobiopterin gegenwärtig ist, läßt vermuten, daß der Defekt eher in der Synthese des Cofaktors Tetrahydrobiopterin als im Enzym selbst liegt. Tetrahydrobiopterin kann durch vier Enzyme gebildet werden: (1) Sepiapterin-Reduktase, (2) 6-Lactoyltetrahydrobiopterin-Reduktase, (3) Dihydrofolat-Reduktase und (4) Dihydropteridin-Reduktase. Das erste und zweite Enzym besitzen Sepiapterin bzw. 6-Lactoyltetrahydrobiopterin als Substrat. Das dritte Enzym synthetisiert Tetrahydrobiopterin aus 7,8-Dihydrobiopterin und NADPH. Der letzte Test, den Sie durchführten, zeigte, daß dieser Schritt bei Ihrem Patienten normal ist. Das letzte Enzym verwendet Dihydrobiopterin in seiner chinoiden Form. Da gerade diese Substanz von der Biopsieprobe nicht umgesetzt werden konnte, liegt die Vermutung nah, daß das defekte Enzym Dihydropteridin-Reduktase heißt.

b) Siehe Abbildung A1-1.

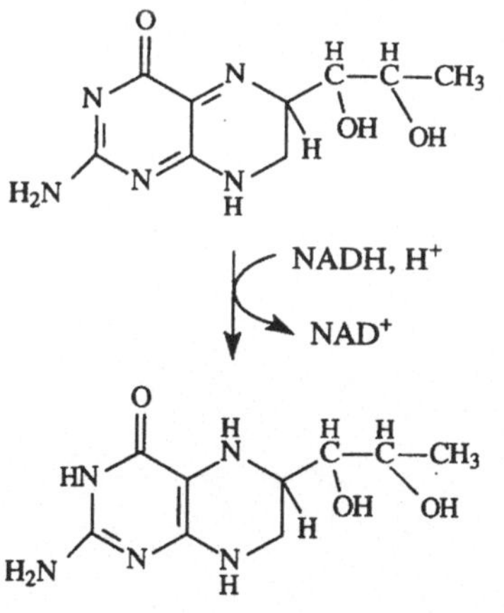

chinoides Dihydrobiopterin

L-*erythro*-Tetrahydrobiopterin

Abbildung A1-1: Die Reaktion der Dihydropteridin-Reduktase.

c) Siehe Abbildung A1-2.

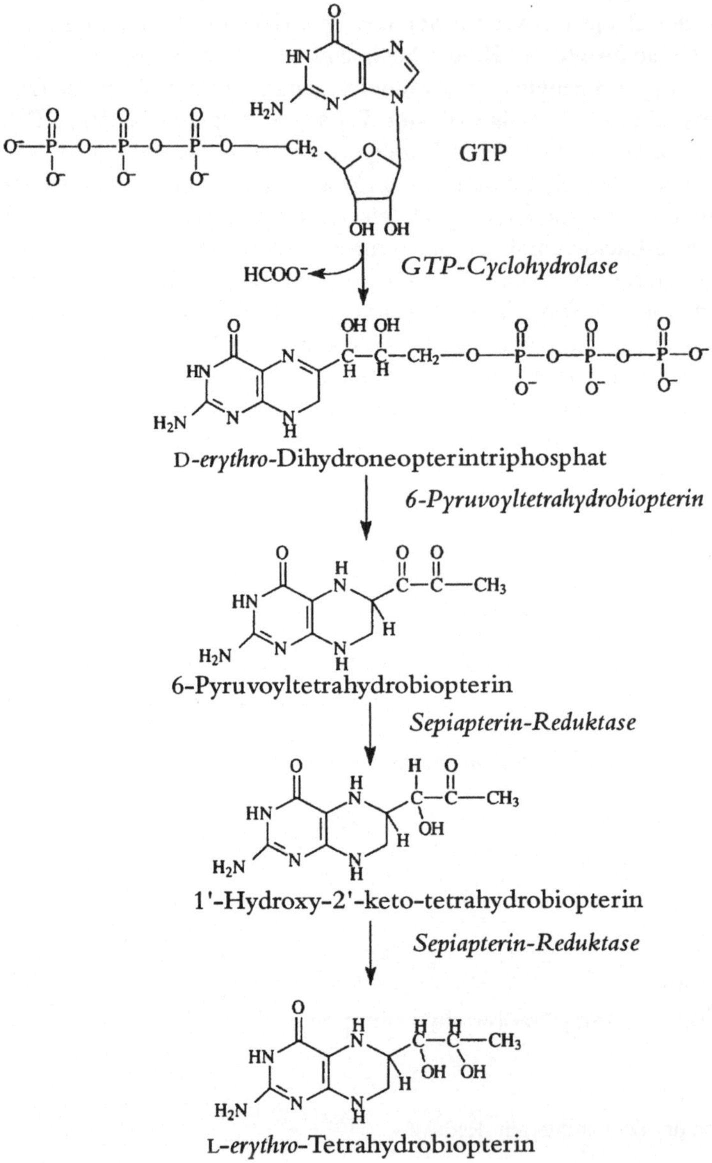

Abbildung A1-2: Die Biosynthese von Tetrahydrobiopterin.

d) Tetrahydrobiopterin ist als Cofaktor auch in die Biosynthese von Neurotransmittern wie Noradrenalin oder auch Serotonin involviert. Die Tyrosin-Monooxygenase (Tyrosin-Hydroxylase), welche Tyrosin in 3,4-Dihydroxyphenylalanin (DOPA) überführt, benötigt

Problem 6

Ihr Patient ist im wesentlichen frei von Symptomen. Im Rahmen einer Routineuntersuchung stellen Sie fest, daß die Urinwerte für Glycin, Prolin und Hydroxyprolin erhöht sind. Die übrigen Aminosäuren verhalten sich normal. Die Blutwerte aller Aminosäuren sind ebenfalls unauffällig. Beim Vergleich zu anderen Mitgliedern der Familie fällt auf, daß die Erhöhung dieser Aminosäuren im Urin autosomal-rezessiv vererbt wird.

a) Welches Enzym ist bei Ihrem Patienten defekt? In welchem Organ ist dieses Enzym lokalisiert?

b) Falls Sie einen zweiten Patienten hätten, welcher homozygot für diesen Defekt ist, aber dessen Urinwerte für Glycin, Prolin und Hydroxyprolin nicht so stark erhöht wären: Wie würden Sie den Unterschied zwischen beiden Patienten charakterisieren? Beziehen Sie dabei kein anderes Protein mit ein!

c) Warum ist Ihr Patient symptomfrei?

Literatur

Brenneman, A.R. und Kaufman, S. The role of tetrahydrobiopterines in the enzymatic conversion of tyrosine to 3,4-dihydroxyphenylalanine. *Biochem. Biophys. Res. Commun.* 17: 177, **1964**

Burg, A.W. und Brown, G.M. The biosynthesis of folic acid. VIII. Purification and properties of the enzyme that catalyzes the production of formate from carbon atom 8 of guanosine triphosphate. *J. Biol. Chem.* 243: 2349, **1968**

Craine, J.E., Hall, E.S. und Kaufman, S. The isolation and characterization of dihydropteridine reductase from sheep liver. *J. Biol. Chem.* 247: 6082, **1972**

Friedman, P.A., Kappelman, A.H. und Kaufman, S. Partial purification and characterization of tryptophan hydroxylase from rabbit hindbrain. *J. Biol. Chem.* 247: 4165, **1972**

Kaufman, S. Metabolism of the phenylalanine hydroxylation cofactor. *J. Biol. Chem.* 242: 3934, **1967**

Kaufman, S., Holtzman, N.A., Milstien, S., Butler, I.J. und Krumholz, A. Phenylketonuria due to a deficiency of dihydropteridine reductase. *New Engl. J. Med.* 293: 785, **1975**

Scriver, C.R., Kaufman, S. und Woo, S.L.C. The hyperphenylalaninemias. C.R. Scriver, A.L. Beaudet, W.S. Sly und D. Valle (Hrsg.) The Metabolic Basis of Inherited Disease. New York: McGraw-Hill, **1989**, Vol. I, Kap. 15, S. 495

Antwort 2

a) Drei Enzyme verstoffwechseln Ornithin: (1) Ornithin-Transcarbamoylase, (2) Ornithin-Decarboxylase und (3) Ornithin-δ-Aminotransferase. Die Ornithin-Transcarbamoylase nimmt am Harnstoffzyklus teil. Ein Defekt dieses Enzymes würde folglich den Harnstoff-zyklus blockieren. Neben einem Anstieg des Ornithinspiegels hätte eine solche Störung auch hohe Werte für Ammoniak zur Folge. Da die Fragestellung verdeutlicht, daß die Ammoniakwerte normal sind, scheidet diese Möglichkeit aus. Das Enzym Ornithin-Decarboxylase überführt Ornithin in Putrescin, einem Vorläufer für DNA-assozierte Polyamine. Die Aktivität dieses Enzymes ist im allgemeinen sehr niedrig, mit Ausnahme von sich schnell teilenden Zellen, wie z.B. Knochenmarkszellen, embryonalen Zellen oder Tumorzellen. Auch wenn ein Defekt in diesem Enzym die Ornithinwerte erhöhen könnte, wäre der Effekt eher gering. Aus diesem Grund stellt die Ornithin-δ-Aminotransferase einen möglichen Kandidaten für das Enzym dar, welches bei Ihrem Patienten vermutlich defekt ist (Abbildung A2-1).

b) Der Spiegel an Δ^1-Pyrrolin-5-carboxylat ist vermutlich niedrig, da Ornithin das Enzym Δ^1-Pyrrolin-5-carboxylat-Synthase inhibiert, welches Glutamat in Δ^1-Pyrrolin-5-carboxylat überführt. Höhere Konzentrationen an Ornithin hemmen das Enzym entsprechend stärker.

Die physiologische Bedeutung dieser Wirkungsweise des Ornithins bei gesunden Personen ist unklar.

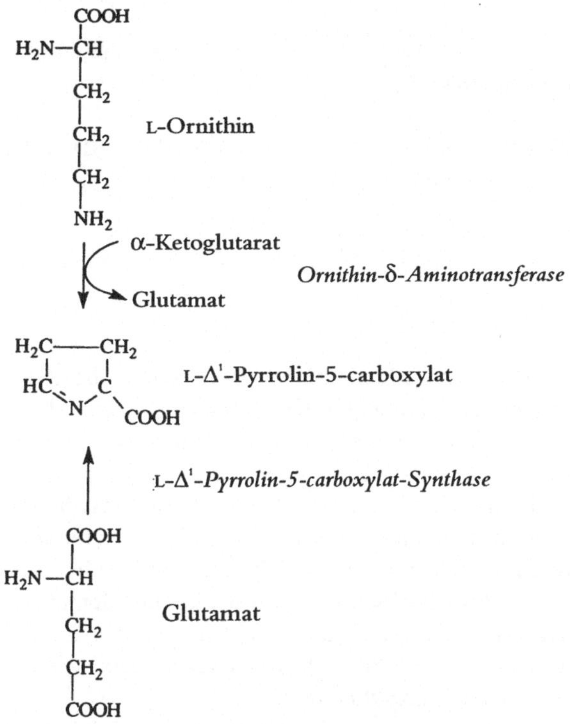

$$
\begin{array}{l}
\text{COOH} \\
\text{H}_2\text{N---CH} \\
\quad\quad\text{CH}_2 \\
\quad\quad\text{CH}_2 \quad \text{L-Ornithin} \\
\quad\quad\text{CH}_2 \\
\quad\quad\text{NH}_2
\end{array}
$$

α-Ketoglutarat

Ornithin-δ-Aminotransferase

Glutamat

$$
\begin{array}{l}
\text{H}_2\text{C-----CH}_2 \\
\text{HC}\diagdown_{\text{N}}\diagup\text{C}\diagdown\text{COOH}
\end{array}
$$

L-Δ^1-Pyrrolin-5-carboxylat

L-Δ^1-Pyrrolin-5-carboxylat-Synthase

$$
\begin{array}{l}
\text{COOH} \\
\text{H}_2\text{N---CH} \\
\quad\quad\text{CH}_2 \quad \text{Glutamat} \\
\quad\quad\text{CH}_2 \\
\quad\quad\text{COOH}
\end{array}
$$

Abbildung A2-1: Die Biosynthese von L-Δ^1-Pyrrolin-5-carboxylat.

c) Der Patient hat eine Mutation, bei der G zu A verändert wurde. Auf den ersten Blick ist unklar, ob diese Region eine codierende Sequenz der DNA betrifft. In der Kontrollsequenz ist das Startcodon, welches für Methionin codiert, ATG. Gerade diese Sequenz ist zu ATA mutiert, welche nun für Isoleucin codiert. Durch die Mutation wird das Startcodon folglich eliminiert. Die Initiation der Translation erfolgt später, und der Leserahmen könnte ebenfalls verschoben sein. Die Wahrscheinlichkeit, ein funktionelles Protein zu erhalten, ist entsprechend niedrig.

Ihr Patient hat eine ringförmige Atrophie der Choroidea und der Retina.

Literatur

Inana, G., Totsuka, S., Redmond, M., Dougherty, T., Nagle, J., Shiono, T., Ohura, T., Komonani, E. und Katunuma, N. Molecular cloning of human ornithine aminotransferase mRNA. *Proc. Natl. Acad. Sci. USA* 83: 1203, **1986**

Mitchell, G.A., Brody, L.C., Looney, J., Steel, G., Suchanek, M., Dowling, C. Der Kaloustian, V., Kaiser-Kupfer, M. und Valle, D. An initiator codon mutation in ornithin-δ-aminotransferase causing gyrate atrophy of the choroid and retina. *J. Clin. Invest.* 81: 630, **1988**

Ramesh, V., Shaffer, M.M., Allaire, J.M., Shih, V.E. und Gusella, J.F. Investigation of gyrate atrophy using a cDNA clone for human ornithine aminotransferase. *DNA* 5: 493, **1986**

Valle, D. und Simell, O. The hyperornithemias. C.R. Scriver, A.L. Beaudet, W.S. Sly und D. Valle (Hrsg.) The Metabolic Basis of Inherited Disease. New York: McGraw-Hill, **1989**, Vol. I, Kap. 19, S. 599

Antwort 3

a) Succinat-Semialdehyd ist ein γ-Aminobuttersäure-Metabolit (GABA). Wenn die Konzentration von Succinat-Semialdehyd erhöht ist, muß eines der Enzyme, welche diese Substanz weiter umsetzen, defekt sein. Zwei solcher Enzyme existieren. Eines von beiden, die Succinat-Semialdehyd-Reduktase, wandelt Succinat-Semialdehyd zu 4-Hydroxybutyrat um. Dieses Enzym ist sicherlich nicht defekt, da wir wissen, daß die Werte für 4-Hydroxybutyrat hoch sind. Dieselbe Argumentation trifft auf das Enzym 4-Hydroxybutyrat-Dehydrogenase zu, welche 4-Hydroxybutyrat zu Succinat-Semialdehyd umsetzt. Sollte dieses Enzym überaktiv sein, wäre der Wert für Succinat-Semialdehyd hoch, aber der für 4-Hydroxybutyrat niedrig. Dies ist nicht der Fall. Daher muß der Defekt im zweiten Enzym liegen, der Succinat-Semialdehyd-Dehydrogenase (191 kD). Dies wandelt Succinat-Semialdehyd zu Succinat um, welches Eingang in den Citratzyklus findet.

b) Siehe Abbildung A3-1

Ihre Patientin hat eine 4-Hydroxybutyrat-Azidurie.

Literatur

Chambliss, K.L. und Gibson, K.M. Succinic semialdehyd dehydrogenase from mammalian brain: subunit analysis using polyclonal antiserum. *Int. J. Biochem.* 24: 1493, **1992**

Cho, S.-W., Song, M.-S., Kim, G.-Y., Kang, W.-D., Choi, E.Y. und Choi, S.Y. Kinetics and mechanism of an NADPH-dependent succinic semialdehyde reductase from bovine brain. *Eur. J. Biochem.* 211: 757, **1993**

Jakobs, C., Jaeken, J. und Gibson, K.M. Inherited disorders of GABA metabolism. *J. Inherit. Metab. Dis.* 16: 704, **1993**

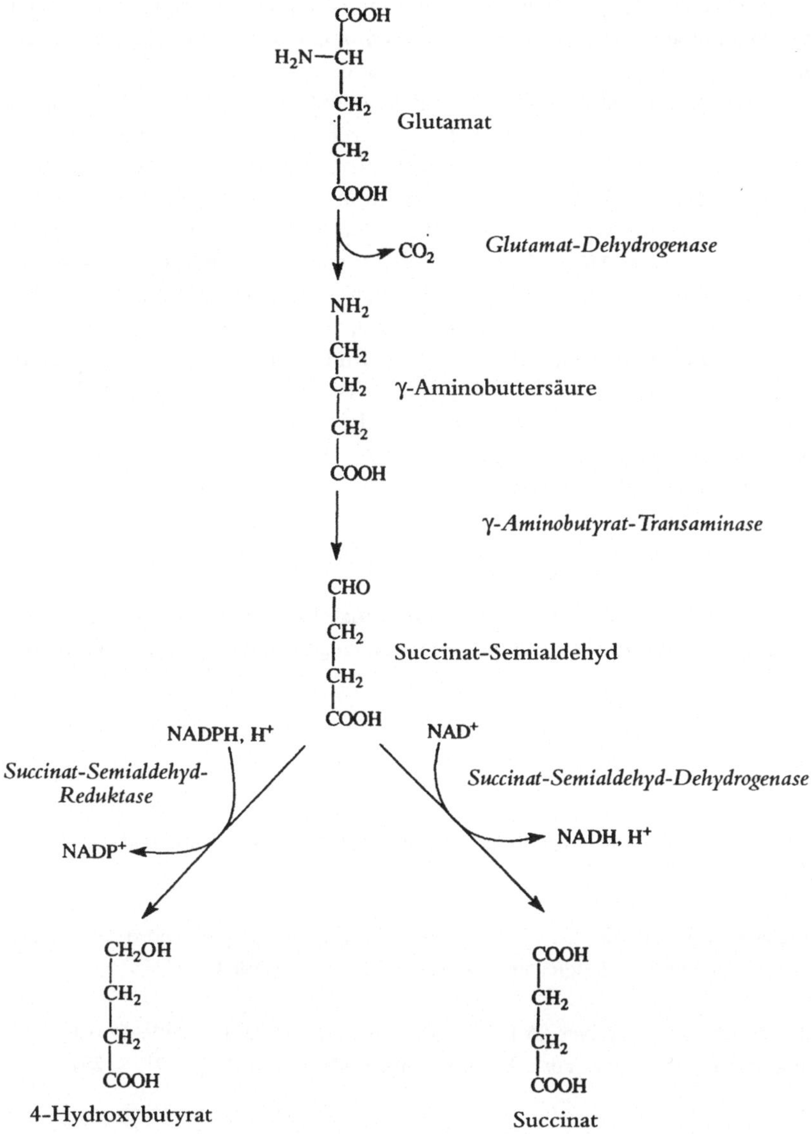

COOH
H₂N—CH
CH₂   Glutamat
CH₂
COOH

→ CO₂   *Glutamat-Dehydrogenase*

NH₂
CH₂
CH₂   γ-Aminobuttersäure
CH₂
COOH

γ-Aminobutyrat-Transaminase

CHO
CH₂
CH₂   Succinat-Semialdehyd
COOH

NADPH, H⁺   NAD⁺

Succinat-Semialdehyd-Reduktase   *Succinat-Semialdehyd-Dehydrogenase*

NADP⁺ ←   → NADH, H⁺

CH₂OH   COOH
CH₂   CH₂
CH₂   CH₂
COOH   COOH
4-Hydroxybutyrat   Succinat

Abbildung A3-1: Die Umwandlung von Glutamat zu Succinat.

Scriver, C.R. und Perry, T.L. Disorders of ω-amino acids in free and peptide-linked forms. C.R. Scriver, A.L. Beaudet, W.S. Sly und D. Valle (Hrsg.) The Metabolic Basis of Inherited Disease. NEw York: McGraw-Hill, **1989**, Vol. I, Kap. 26, S. 755

Tunnicliff, G. Significance of γ-hydroxybutyric acid in the brain. *Gen. Pharmacol.* 23: 1027, **1992**

Antwort 4

a) Die Serumkonzentration für Tryptophan ist bei Ihrem Patienten niedriger als normal üblich. Dies könnte verschiedene Gründe haben: (1) Tryptophan wird schlecht absorbiert; (2) Tryptophan wird sehr viel schneller als normal metabolisiert (erhöhter Katabolismus); oder (3) Tryptophan wird vermehrt ausgeschieden (z.B. könnte ein Defekt der Reabsorption in der Niere vorliegen). Die dritte Möglichkeit kann ausgeschlossen werden, impliziert sie doch hohe Tryptophankonzentrationen im Urin. Tatsächlich finden Sie vergleichsweise niedrige Werte. Die zweite Möglichkeit ist verzwickter. Keiner der durch Säugetierenzyme produzierten Kataboliten des Tryptophans ist blau. Bakterien hingegen können Tryptophan zu Indigoblau umsetzen. Die zweite Möglichkeit ist daher unwahrscheinlich. Die gesteigerte Aktivität eines unserer Enzyme könnte die blaue Farbe nicht erklären. Bleibt also die erste Möglichkeit. Wenn Tryptophan nicht richtig resorbiert wird, verbleibt es im Darm und wird dort von Bakterien verstoffwechselt. Eines der Endprodukte des bakteriellen Tryptophanstoffwechsels ist Indigoblau. Die wahrscheinlichste Lösung für das Problem ist ein Defekt in dem Protein, welches Tryptophan in die Darmzellen aufnimmt. Das Indigoblau, welches die Bakterien Ihres Patienten produzieren, wird mit dem Urin ausgeschieden und erklärt dessen blaue Farbe.

b) Siehe Abbildung A4-1.

Ihr Patient zeigt eine intestinale Tryptophan-Resorptionsstörung, die zum sogenannten „Blue diaper syndrom" (fam. Hypercalcämie mit Nephrocalcinose und Indicanurie) führt.

Literatur

Budavari, S. The Merck Index: An encyclopedia of Chemicals, Drugs, and Biologicals, 11th Ed. Rahway, NJ: Merck&Co., Inc., **1989**, S. 784

Drummond, K.N., Michael, A.F., Ulstrom, R.A. und Good, R.A. The blue diaper syndrome: familial hypercalcemia with nephrocalcinosis and indicanuria. *Am. J. Med.* 37: 928, **1964**

Levy, H.L. Hartnup disorder. C.R. Scriver, A.L. Beaudet, W.S. Sly und D. Valle (Hrsg.) The Metabolic Basis of Inherited Disease. New York: McGraw-Hill, **1989**, Vol. II, Kap. 101, S. 2515

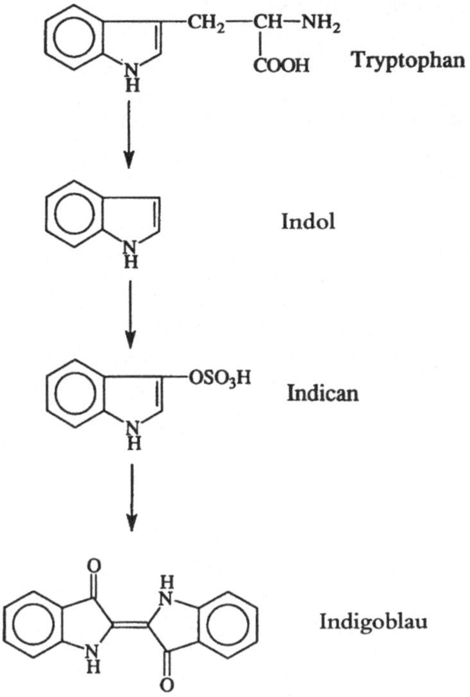

$-CH_2-CH-NH_2$
$|$
$COOH$ Tryptophan

Indol

$-OSO_3H$ Indican

Indigoblau

Abbildung A4-1: Die Umwandlung von Tryptophan zu Indigoblau im Darm.

Antwort 5

a) Ihr Patient hat sowohl im Urin als auch im Stuhl ungewöhnlich hohe Werte für eine Reihe ungeladener Aminosäuren,. Die Blutwerte hingegen sind niedrig. Außerdem handelt es sich nicht um eine generelle Störung des Proteinstoffwechsels, da ansonsten alle Aminosäuren betroffen wären. Im Prinzip gibt es vier Erklärungsansätze, über die man sich Gedanken machen sollte.

1. Ein gesteigerter Katabolismus der betroffenen Aminosäuren könnte die niedrigen Blutwerte erklären, liefert gleichzeitig aber keinen Erklärungsspielraum für die hohen Werte im Stuhl und im Urin. Außerdem läßt es sich nur schwer vorstellen, daß eine einzige Störung im Abbau solch verschiedenartiger Aminosäuren vorliegt, da diese Aminosäuren unterschiedlich verstoffwechselt werden.

2. Eine schlechte Reabsorption in der Niere könnte die hohen Urin- und die niedrigen Blutwerte erklären, nicht jedoch die hohen Konzentrationen der Aminosäuren im Blut.

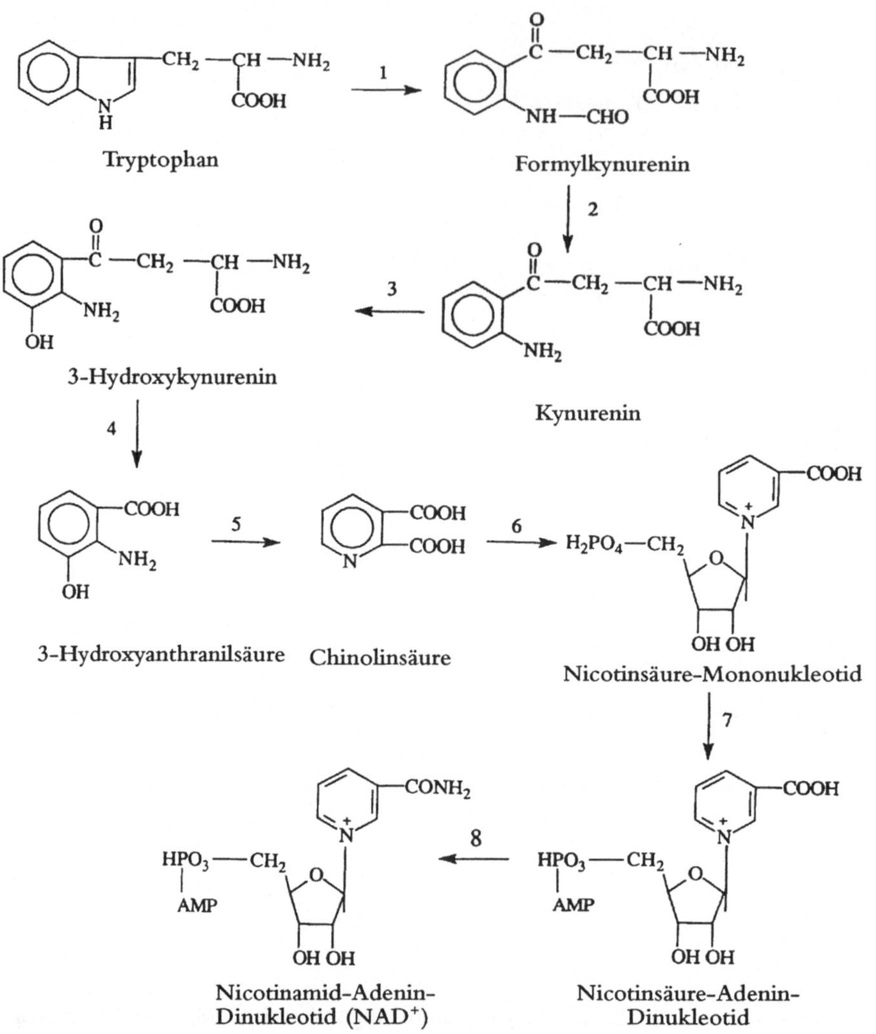

Tryptophan   Formylkynurenin

Kynurenin

3-Hydroxykynurenin

3-Hydroxyanthranilsäure   Chinolinsäure   Nicotinsäure-Mononukleotid

Nicotinamid-Adenin-Dinukleotid (NAD⁺)   Nicotinsäure-Adenin-Dinukleotid

Abbildung A5-1: Die Biosynthese von NAD^+. Die Enzyme sind wie folgt nummeriert: 1, Tryptophan-Oxygenase; 2, Kynurenin-Formamidase; 3, Kynurenin-Hydroxylase; 4, Kynureninase; 5, 3-Hydroxyanthranilat-Oxidase; 6, Quinolinat-Phosphoribosyl-Transferase; 7, NAD-Pyrophosphorylase; 8, NAD-Synthetase.

3. Eine schlechte intestinale Absorption könnte die hohen Werte für den Stuhl und die niedrigen Blutwerte erklären, nicht jedoch die hohen Urinspiegel.

4. Die Kombination der zweiten und dritten Möglichkeit hingegen wäre die Lösung. Mit anderen Worten: Eine gestörte Absorption im Darm und eine verminderte Reabsorption in der Niere könnte sowohl die niedrigen Werte im Blut als auch die hohen Werte im Stuhl und Urin erklären. Diese Variante impliziert aber auch, daß ein und dasselbe Protein, z.B. ein Transporter, für beide Vorgänge verantwortlich ist: die intestinale Absorption und die renale Reabsorption. Dies ist in der Tat der Fall. Ein Transporter für neutrale Aminosäuren existiert sowohl im Darm als auch in der Niere. Dieser Transporter ist bei Ihrem Patienten defekt.

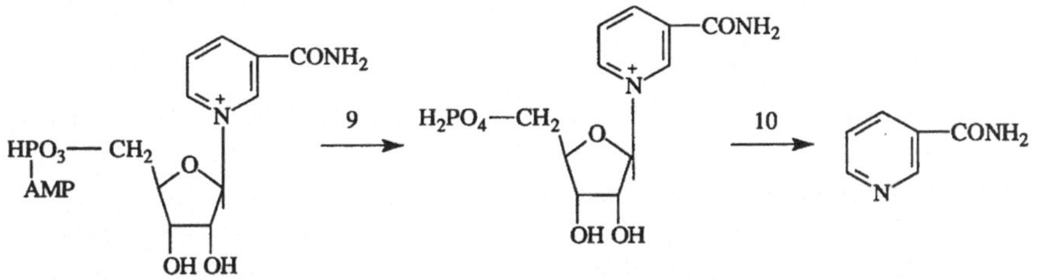

Nicotinamid-Adenin-Dinukleotid (NAD$^+$) $\xrightarrow{9}$ Nicotinamid-Mononukleotid $\xrightarrow{10}$ Nicotinamid

Abbildung A5-2: Biosynthese von Nicotinamid. Die Enzyme lauten: 9, NAD-Pyrophosphorylase; 10, Nicotinamid-Phosphoribosyl-Transferase.

b) Die Blutkonzentration an Nicontinamid ist bei Ihrem Patienten zu niedrig. Obwohl Nicotinamid als Vitamin in der normalen Nahrung gegenwärtig ist, wird eine bestimmte Menge Nicotinamid auch aus Tryptophan hergestellt (Abbildung A5-1 und A5-2). Da Ihr Patient Probleme mit der Tryptophanabsorption hat, ist dessen Konzentration in den Zellen zu niedrig, um noch in andere Stoffwechselwege als die Proteinsynthese einzugehen. Dementsprechend gibt es zu wenig Tryptophan, um die beiden wichtigen Coenzyme Nicotinamidadenindinucleotid (NAD$^+$) oder dessen Derivat NADP$^+$ zu bilden. Wenn die Werte für Nicotinamid niedrig sind, gilt dasselbe für NAD$^+$.

Ihr Patient leidet unter der Hartnup-Erkrankung.

Literatur

Cory, J.G. Purine and pyrimidine metabolism. T.M. Devlin (Hrsg.) Textbook of Biochemistry with clinical correlations, New York: Wiley-Liss, **1992**, Kap. 13, S. 529

Levy, H.L. Hartnup disorder. C.R. Scriver, A.L. Beaudet, W.S. Sly und D. Valle (Hrsg.) The Metabolic Basis of Inherited Disease. New York: McGraw-Hill, **1989**, Vol. II, Kap. 101, S. 2515

Antwort 6

a) Wenn die Aminosäuren Glycin, Prolin und Hydroxyprolin im Urin in erhöhten Konzentrationen vorkommen, liegt eindeutig kein Problem bei der Aufnahme der Aminosäuren vor. Wenn ihre Blutwerte innerhalb des Normbereiches liegen, scheidet eine Störung ihres Stoffwechsels ebenfalls aus. Da diese Aminosäuren in großen Mengen im Kollagen vorkommen, könnte man sich vorstellen, daß ein gesteigerter Kollagenabbau für die erhöhte Exkretion der Aminosäuren verantwortlich ist. Die normalen Blutwerte schließen diese Möglichkeit jedoch aus. Die Lösung des Problems muß in einer Störung der Reabsorption in der Niere liegen. Es stellt sich heraus, daß es ein Transportprotein in der Niere für alle drei Aminosäuren gibt. Das defekte Protein ist der renale Transporter für Iminosäuren und Glycin.

b) Wenn die beiden Patienten sich dadurch unterscheiden, daß der Eine niedrigere Urinwerte dieser Aminosäuren aufweist, und wir annehmen, daß kein anderes Protein involviert ist, bleibt nur die Lösung, daß sich beide hinsichlich der Art des Defektes im Transportprotein unterscheiden. Ein Unterschied in der Affinität könnte den Unterschied erklären. Das Transportprotein des zweiten Patienten hätte eine höhere Affinität zu den Aminosäuren als das des ersten Patienten.

c) Diese drei Aminosäuren sind keine essentiellen Aminosäuren. Glycin und Prolin können aus Vorläufermolekülen vom Körper hergestellt werden. Hydroxyprolin wird in Molekülen wie Kollagen durch posttranslationale Modifikation aus Prolin hergestellt. Ihr Patient wird die vermehrte Ausscheidung der Aminosäuren durch eine gesteigerte Neusynthese kompensieren. Daher erscheint er symptomfrei. Das einzige Problem könnte unter Hungersituationen auftreten, bei denen sich ihr Patient als anfälliger erweist, da er mehr Aminosäuren als eine normale Person verliert.

Ihr Patient hat eine familiäre renale Iminoglycinurie.

Literatur

Scriver, C.R. Familial renal iminoglycinuria. C.R. Scriver, A.L. Beaudet, W.S. Sly und D. Valle (Hrsg.) The Metabolic Basis of Inherited Disease. New York: McGraw-Hill, **1989**, Vol. II, Kap. 102, S. 2529

Antwort 7

a) Der Stoffwechseldefekt bei Ihrem Patienten läßt vermuten, daß das Enzym, welches Glycylprolin in Glycin und Prolin spaltet, nicht vorhanden ist. Dieses Enzym, eine Dipeptidase, wird Prolidase genannt. Die Prolidase katalysiert die Reaktion, die in Abbildung A7-1 wiedergegeben ist.

Abbildung A7-1: Die Spaltung von Glycylprolin druch das Enzym Prolidase.

b) Ihr Patient zeigt hohe Konzentrationen an Hydroxyprolin in seinen Fibroblasten. Weil Kollagen dasjenige Protein mit der weitaus höchsten Hydroxyprolinkonzentration ist, gibt dies einen Hinweis auf Kollagen als Schlüssel zur Lösung. Kollagen besitzt eine Sequenz, bei der an jeder dritten Position Glycin sitzt und der Prolingehalt sehr hoch ist. Sie erwarten daher, daß bei einem normalen Umsatz von Kollagen Dipeptide als Intermediate anfallen, die Prolin entweder am C- oder am N-Terminus haben. Dipeptide mit einem C-terminalen Prolin, wie z.B. Glycylprolin, werden wie schon erwähnt durch das Enzym Prolidase abgebaut. Dipeptide mit einem N-terminalen Prolin durch das Enzym Prolinase. In diesem Enzym ist bis heute kein Defekt bekannt. Die hohen Urinkonzentrationen von Dipeptiden mit einem C-terminalen Prolin weisen daher auf ein Problem beim Kollagen-abbau und auf das Enzym Prolidase hin. Die hohen Werte für Hydroxyprolin zeigen an, daß der Kollagenabbau beschleunigt ist. Vielleicht wird dieser durch die Konzentration an Prolin reguliert. In Abwesenheit des Enzyms Prolidase ist die Konzentration an freiem Prolin niedriger und folgerichtig der Kollagenabbau erhöht. Ein anormaler Kollagenstoff-wechsel kann zu Hautproblemen führen. Ein Schema, welches ein hypothetisches Modell für den Kollagenabbau wiedergibt, zeigt Abbildung A7-2.

Literatur

Butterworth, J. und Priestman, D.A. Presence in human cells and tissues of two prolidases and their alteration in prolidase deficiency. *J. Inherit. Metab. Dis.* 8: 193, **1985**

Endo, F., Tanoue, A., Hata, A., Kitano, A. und Matsuda, I. Deduced amino acid structure of human prolidase and molecular analyses of prolidase deficiency. *J. Inherit. Metab. Dis.* 12: 351, **1989**

Myara, I., Charpentier, C. und Lemonnier, A. Minireview: prolidase and prolidase deficiency. *Life Sci.* 34: 1985, **1984**

Phang, J.M. und Scriver, C.R. Disorders of proline and hydroxyproline metabolism. C.R. Scriver, A.L. Beaudet, W.S. Sly und D. Valle (Hrsg.) The Metabolic Basis of Inherited Disease. New York: McGraw-Hill, **1989**, Vol. I, Kap. 18, S. 577

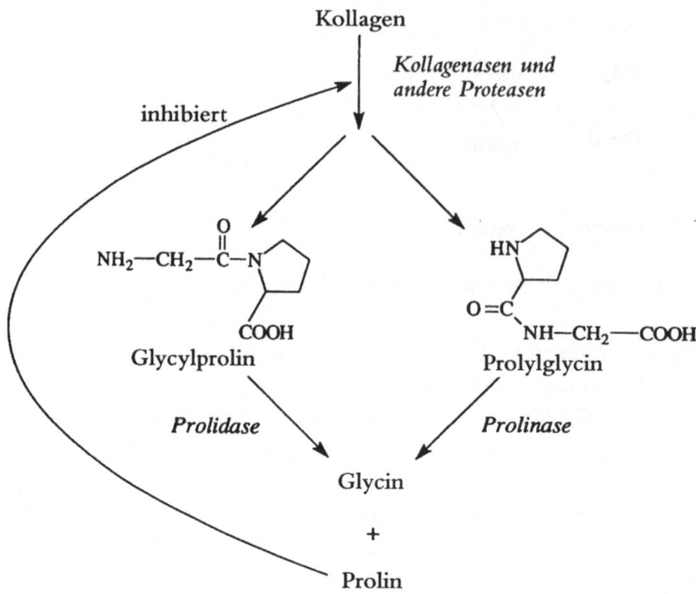

Abbildung A7-2: Eine hypothetische Regulationsmöglichkeit des Kollagenabbaus.

Antwort 8

a) Die Melanocyten Ihres Patienten können zugegebenes Tyrosin nicht in Melanin umwandeln, obwohl diese Reaktion von einem zellfreien Extrakt perfekt durchgeführt wird. Dies impliziert, daß der Defekt in dem Protein zu suchen ist, welches die Aufnahme von Tyrosin in die Melanozyten bewerkstelligt. Gleichzeitig ist dies mit der Beobachtung konsistent, daß das defekte Protein 12 hydrophobe Domänen aufweist, vermutlich also ein Membranprotein ist. Ohne dieses Protein kann Tyrosin nicht in die Zellen aufgenommen und in Melanin überführt werden. Ein Fehlen von Melanin verursacht Albinismus und andere Symptome.

b) Ihr anderer Patient hat exakt dieselben Symptome, nur fehlt ihm ein Teil des Chromosoms 15. Abgesehen von einer reinen Zufälligkeit, deutet dies darauf hin, daß das Gen für den Tyrosintransporter auf dem fehlenden Teil des Chromosoms 15 ist.

Ihr Patient hat einen occulocutanen Albinismus vom Typ II.

Literatur

Witkop, C.J., Quevedo, W.C., Fitzpatrick, T.B. und King, R.A. Albinism. C.R. Scriver, A.L. Beaudet, W.S. Sly und D. Valle (Hrsg.) The Metabolic Basis of Inherited Disease. New York: McGraw-Hill, **1989**, Vol. II, Kap. 119, S. 2905

Nukleinsäuren

Problem 9-12

Problem 9

Ihr Patient hat Koliken, Blut im Urin und Nierensteine. Die Steine bestehen aus 2,8-Dihydroxyadenin. Im Urin finden sich hohe Konzentrationen an Adenin, 8-Hydroxyadenin und 2,8-Dihydroxyadenin. Der Patient lebt in einer Wohngemeinschaft, deren Mitglieder sich vegetarisch ernähren. Demenstprechend häufig finden sich Linsengerichte und andere adeninreiche Gemüse auf dem Speiseplan. Sie stellen fest, daß eine purinarme Diät die Symptome Ihres Patienten grundlegend verbessert.

a) Welches Enzym ist defekt?

b) Beschreiben Sie die Reaktion, welche von diesem Enzym katalysiert wird.

Problem 10

Ihr Patient ist ein 44 Jahre alter Mann mit relativ harmlosen Problemen. Nach körperlichen Anstrengungen fühlt er sich regelmäßig stark erschöpft und bekommt Muskelkrämpfe. Sie führen eine Muskelbiopsie durch, präparieren ein zellfreies Extrakt und fügen ^{15}N-markiertes Adenosinmonophosphat (AMP) zu. Sie messen die Produktion markierten Ammoniaks und vergleichen die Werte mit denen einer Vergleichsperson. Die Menge gebildeten Ammoniaks beträgt nur 1% des Vergleichswerts.

a) Welcher Enzymdefekt liegt vor, und welche Reaktion katalysiert dieses Enzym normalerweise?

b) Notieren Sie den Stoffwechselzyklus, in den dieses Enzym involviert ist.

Problem 11

Ihre Patientin ist eine 27-jährige Frau mit Brustkrebs. Sie behandeln sie mit 5-Fluoruracil (5-FU), worauf sie allerdings schwere neurologische Reaktionen entwickelt. Die Urinwerte für Uracil und Thymin sind sehr hoch.

a) Welches Enzym ist defekt, und welche Reaktion katalysiert es?

b) Notieren Sie den Stoffwechselweg, in dem dieses Enzym eine Rolle spielt.

c) Warum war das 5-FU so toxisch für die Patientin?

Problem 12

Ihr Patient ist ein 39 Jahre alter Mann, der unter Gallensteinen leidet. Die Analyse der Gallenstein ergibt, daß sie aus Harnsäure (Abb. P12-1) bestehen. Der Urin Ihres Patienten weist eine hohe Harnsäurekonzentration auf, im Blut hingegen ist sie gering. Die Calciumkonzentration im Urin ist ebenfalls sehr hoch. Andere Substanzen weisen sowohl im Blut als auch im Urin eine normale Konzentration auf.

a) Welchen Defekt zeigt Ihr Patient?

b) Wie wahrscheinlich erscheint es Ihnen, daß Ihr Patient Gicht bekommt? Begründen Sie die Antwort.

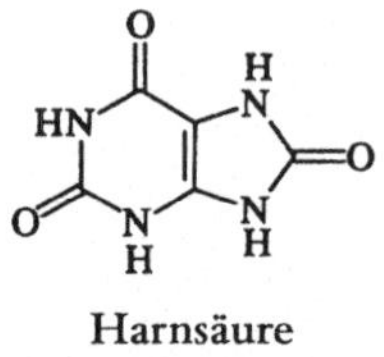

Harnsäure

Abbildung P12-1: Die Struktur der Harnsäure.

Antwort 9

a) Ihr Patient hat eindeutig Probleme, überflüssiges Adenin zu beseitigen. Dies legt nahe, daß das defekte Enzym im Adeninstoffwechsel zu suchen ist. Zwei Enzyme greifen direkt am Adenin an. Eines von beiden, die Adenin-Phosphoribosyl-Transferase, überführt Adenin zu Adenylat (AMP), welches in der Folge zu Harnsäure umgewandelt und ausgeschieden wird. Das andere, die Xanthin-Oxidase, wandelt Adenin in 8-Hydroxyadenin und 2,8-Dihydroxyadenin um. Das zweite Enzym kann nicht das Gesuchte sein, weil die Bildung von 8-Hydroxy- und 2,8-Dihydroxyadenin nicht beeinträchtigt ist, im Gegenteil sogar verstärkt abläuft. Logischerweise muß die Adenin-Phosphoribosyl-Transferase das gesuchte Enzym sein. Liegt ein Defekt in diesem Enzym vor, muß vermehrt Adenin über die Xanthin-Oxidase verstoffwechselt werden, welches die erhöhten Werte für 8-Hydroxyadenin und 2,8-Dihydroxyadenin erklärt. Unter normalen Stoffwechselbedingungen verwendet die Xanthin-Oxidase kaum Adenin als Substrat, da dessen Konzentration durch die Wirkung der Adenin-Phosphoribosyl-Transferase niedrig gehalten wird.

b) Siehe Abbildung A9-1.

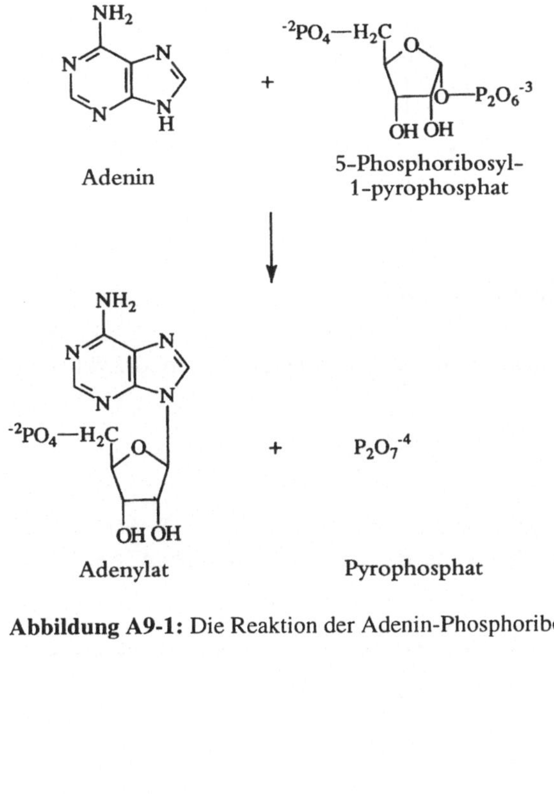

Abbildung A9-1: Die Reaktion der Adenin-Phosphoribosyl-Transferase.

Literatur

Simmonds, H.A., Sahota, A.S. und VanAcker, K.J. Adenine phosphoribosyltransferase deficiency and 2,8-dihydroxyadenine lithiasis. C.R. Scriver, A.L. Beaudet, W.S. Sly und D. Valle (Hrsg.) The Metabolic Basis of Inherited Disease. New York: McGraw-Hill, **1989**, Vol. I, Kap. 39, S. 1029

Antwort 10

a) Bei dem gesuchten Enzym handelt es sich um dasjenige, welches die Aminogruppe des Adeninrestes im AMP abspaltet. Dieses Enzym heiß AMP-Desaminase und kommt in vier Isoformen vor. Das Vorkommen einer dieser Isoformen ist offensichtlich auf die Skelettmuskulatur eingegrenzt. Da die Symptome Ihres Patienten auf Muskeldefekte beschränkt sind, ist es höchst wahrscheinlich, daß nur die Muskelisoform gestört ist. Diese Isoform wird auch Myoadenylat-Desaminase genannt. Die Reaktion, die dieses Enzym katalysiert, ist in Abbildung A10-1 wiedergegeben.

NH$_2$ — H$_2$O — NH$_3$ — $^{-2}$PO$_4$—H$_2$C — OH OH — O — HN — $^{-2}$PO$_4$—H$_2$C — OH OH

Adenosin-5'-monophosphat (AMP)   Inosin-5'-monophosphat (IMP)

Abbildung A10-1: Die Reaktion der Myoadenylat-Desaminase.

b) Die Reaktion der Myoadenylat-Desaminase nimmt an einem Purin-Nukleotid-Zyklus teil (Abbildung A10-2).

Literatur

Sabina, R.L., Swain, J.L. und Holmes, E.W. Myoadenylat deaminase deficiency. C.R. Scriver, A.L. Beaudet, W.S. Sly und D. Valle (Hrsg.) The Metabolic Basis of Inherited Disease. New York: McGraw-Hill, **1989**, Vol. I, Kap. 41, S. 1077

Smith, E.L., Hill, R.L., Lehmann, I.R., Lefkowitz, R.J., Handler, P. und White, A. Principles of Biochemistry: Mammalian Biochemistry. New York: McGraw-Hill, **1983**

Abbildung A10-2: Die Myoadenylat-Desaminase nimmt an einer zyklischen Reaktionsfolge teil. Die Enzyme lauten wie folgt: 1: Myoadenylat-Desaminase; 2: Adenylosuccinat-Synthetase; 3: Adenylosuccinat-Lyase.

Antwort 11

a) Die erhöhten Werte für Uracil und Thymin lassen vermuten, daß deren Katabolismus gestört ist. Drei Enzyme sind hier zu nennen: Dihydropyrimidin-Dehydrogenase, Hydropyrimidin-Hydrase und die Ureidopropionase. Uracil und Thymin werden durch die Dihydropyrimidin-Dehydrogenase zu Dihydrouracil bzw. Dihydrothymin umgesetzt. Die Hydropyrimidin-Hydrase überführt Dihydrouracil weiter zu Ureidopropionat, welches durch die Ureidopropionase zu β-Alanin verstoffwechselt wird. In vollständiger Analogie wird Dihydrothymidin durch dieselben Enzyme zu β-Ureidoisobutyrat und dann zu β-Aminoisobutyrat überführt. Die Tatsache, daß Uracil und Thymin im Überfluß vorhanden sind, legt nahe, daß das defekte Enzym jenes ist, welches auf Thymin und Uracil wirkt, die Dihydropyrimidin-Dehydrogenase. Die Reaktionen, die durch die genannten Enzyme katalysiert werden, sind in Abbildung A11-1 dargestellt.

b) Siehe Abbildung A11-1.

c) 5-FU (Abbildung A11-2) wird durch die Dihydropyrimidin-Dehydrogenase verstoffwechselt. Wenn dieses Enzym defekt ist, bleibt der Spiegel an 5-FU hoch (höher als normale therapeutische Dosen) und die Substanz wird toxisch.

Literatur

Bakkeren, J.A.M., DeAbreu, R.A., Sengers, R.C.A., Gabreëls, F.J.M., Maas, J.M. und Renier, W.O. Elevated urine, blood and cerebrosinal fluid levels of uracil and thymine in a child with dihydrothymine dehydrogenase deficiency. *Clin. Chim. Acta* 140: 247, **1984**

Fritzon, P. Properties and assay of dihydrouracil dehydrogenase of rat liver. *J. Biol. Chem.* 235: 718, **1960**

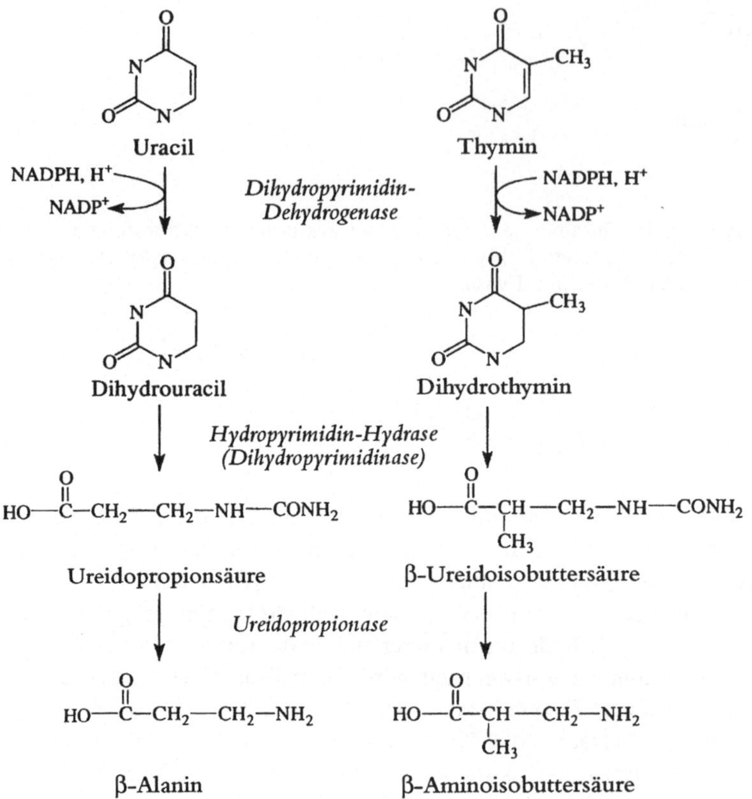

Abbildung A11-1: Der Katabolismus von Uracil und Thymin.

Abbildung A11-2: Die Struktur von 5-Fluoruracil (5-FU).

Grisolia, S. und Cardoso, S.S. The purification and properties of hydropyrimidine dehydrogenase. *Biochim. Biophys. Acta* 25: 430, **1957**

Shiotani, T. und Weber, G. Purification and properties of dihydropyrimidine dehydrogenase from rat liver. *J. Biol. Chem.* 256: 219, **1981**

Suttle, D.P., Becroft, D.M.O. und Webster, D.R. Hereditary orotic aciduria and other disorders of pyrimidine metabolism. C.R. Scriver, A.L. Beaudet, W.S. Sly und D. Valle (Hrsg.) The Metabolic Basis of Inherited Disease. New York: McGraw-Hill, **1989**, Vol. I, Kap. 43, S. 1095

Antwort 12

a) Wenn die Harnsäurewerte im Urin hoch und im Blut niedrig sind, impliziert dies, daß das Problem beim Harnsäuretransporter in der Niere liegt. Dies könnte Teil eines generellen Transportproblems in der Niere sein. Andere Substanzen liegen aber sowohl im Blut als auch in der Niere in normalen Konzentrationen vor. Das Schicksal von Harnsäure in der Niere ist komplex. Zunächst wird Harnsäure im Glomerulus aus dem Blut aufgenommen, später im proximalen Tubulus wieder reabsorbiert. Immer noch im proximalen Tubulus wird Harnsäure aber wieder sekretiert. Bevor der Eintritt in die renale Medulla erfolgt, wird Harnsäure nochmals im proximalen Tubulus reabsorbiert. Im Prinzip könnte jeder dieser Schritte gestört sein, so daß die Harnsäurewerte im Urin ansteigen und im Blut abfallen. Ein Defekt in der glomerulären Filtration erscheint unwahrscheinlich, da man sich schwer vorstellen kann, daß dies spezifisch auf Harnsäure beschränkt ist. Daher müssen wir entweder eine verminderte Reabsorption oder eine gesteigerte Sekretion annehmen. Bisher konnte der zweite Fall nie gefunden werden. Daher müssen wir folgern, daß ein Defekt in der renal Aufnahme von Harnsäure vorliegt. Erhöhte Calciumwerte im Urin sind für Patienten, welche an dieser Erkrankung leiden, ebenfalls charakteristisch. Der Grund für diesen Zusammenhang ist nicht bekannt.

b) Ihr Patient wird wahrscheinlich nicht an Gicht erkranken, da seine Harnsäurewerte im Blut niedrig sind. Gicht hingegen wird durch hohe Harnsäurekonzentration im Blut hervorgerufen. Die Harnsäure lagert sich in Form von Kristallen in den Gelenken ab.

Ihr Patient hat eine vererbte renale Hypourikämie.

Literatur

Sperling, O. Hereditary renal hypouricemia. C.R. Scriver, A.L. Beaudet, W.S. Sly und D. Valle (Hrsg.) The Metabolic Basis of Inherited Disease. New York: McGraw-Hill, **1989**, Vol. II, Kap. 106, S. 2605

Kohlenhydratstoffwechsel

Problem 13-18

Problem 13

Ihr Patient, ein 23 Jahre alter Soldat, war bisher im wesentlichen ohne jegliche Symptome. Ein anderer Arzt untersuchte ihn vor seiner Einberufung und stellte hohe Glucosewerte im Urin fest. Zunächst wurde seine Einberufung aufgeschoben, da man vermutete, er habe Diabetes. Seine Insulinwerte im Blut stellten sich jedoch als normal heraus. Bei der Durchführung eines Glucosetoleranztestes stieg seine Blutglucosekonzentration zunächst steil an, um dann jedoch wieder abzufallen. Der Verlauf entsprach also dem Normalfall. Während eines Wüsteneinsatzes kollabierte der Patient aufgrund starker Austrocknung und wurde nach Hause geschickt. Sie untersuchten ihn daraufhin eingehender. Dabei bestätigten Sie die Untersuchungsergebnisse des vorherigen Arztes. Außerdem stellten Sie fest, daß es sich bei der Glucose im Urin um D-Glucose handelte und keine weiteren Zuckerwerte erhöht waren. Die Glucoseaufnahme im Darm erschien normal.

a) Welches Enzym ist bei Ihrem Patienten defekt? Welche Funktion führt dieses Protein aus?

b) Warum ist der Patient gegenüber Austrocknung und Hunger so anfällig?

Problem 14

Ihr Patient, ein 20-jähriger Mann, war bei der Geburt normal, zeigte aber bald eine verzögerte Entwicklung der geistigen und motorischen Fähigkeiten. In Urin und Blut finden sich hohe Werte an Sialinsäure. Sie legen eine Fibroblastenkultur an und stellen fest, daß die intrazelluläre Konzentration an Sialinsäure hoch ist, insbesondere in den Lysosomen. Sie führen ein Experiment durch, bei dem sie radioaktive Sialinsäurederivate zu den Lysosomen hinzugeben. Dabei bemerken Sie, daß die Abgabe von Sialinsäure aus den Lysosomen vergleichsweise gering ist. Sie messen die intrazellulären Aktivitäten von N-Acetylneuraminat-Lyase, Sialidase, CMP-N-Acetylneuraminat-Phosphodiesterase und Acetylneuraminat-Cytidyl-Transferase und finden für alle Enzyme normale Aktivitäten.

a) Welches Enzym ist bei Ihrem Patienten defekt?

b) Woher stammt die intrazelluläre Sialinsäure?

c) Notieren Sie den Stoffwechselweg, über den N-Acetylneuraminsäure metabolisiert wird.

Problem 15

Ihre Patientin, ein Eskimo aus Grönland, lebt zum ersten Mal in ihrem Leben in Europa. Sie entwickelte eine Vorliebe für Pizza und könnte ohne Probleme jeden Tag eine Pizza mit Tomaten und Käse essen. Eines Tages aß sie eine Pizza mit Pepperoni, Wurst, Oliven, grünem Pfeffer, Pilzen, Tomaten und Käse. Kurz darauf bekam sie Durchfall und mußte sich übergeben. Sie nehmen eine Probe der Darmflüssigkeit und stellen darin hohe Konzentrationen an Trehalose fest.

a) Benennen Sie das defekte Enzym und beschreiben Sie, welche Funktion es hat.

b) Beschreiben Sie die Struktur von Trehalose.

c) Welches gewöhnliche Nahrungsmittel enthält als einziges Trehalose?

Problem 16

Ihr Patient ist ein 5 Jahre alter Junge mit einer vergrößerten Leber und sowie einer vergrößerten Milz. Er zeigt diverse Mißbildungen am Skelett und einen Gehörverlust. Der Patient hat oft Durchfall, Bronchitis und Ohrschmerzen. Im Urin findet man hohe Werte an Dermatan- und Heparansulfat. Sie entnehmen eine Blutprobe und geben Dermatansulfat hinzu. Dabei ist der Sulfatrest an Position 2 der terminalen L-Iduronsäure mit ^{35}S markiert. Bei diesem Assay stellen Sie fest, daß die Freisetzung an Radioaktivität aus dem Ausgangsmaterial nur 3% des Normalwertes beträgt.

a) Welches Enzym ist defekt?

b) Notieren Sie den Stoffwechselweg, in dem dieses Enzym auftritt (Hinweis: Beschreiben Sie z.B. den Abbau von Dermatansulfat).

Problem 17

Ihre Patientin, ein zehnjähriges Mädchen, entwickelte sich normal, bis sie im Alter von 5 Jahren zu schreiben und zu lesen lernte. Von da an baute sie geistig stark ab. Mittlerweile ist sie nicht mehr in der Lage zu schreiben oder zu lesen. Sie hat ebenfalls Schwierigkeiten, Sätze zu bilden. Sie hat oft Wutanfälle und scheint die geistige Reife einer Dreijährigen zu besitzen. Mit Ausnahme des Verlustes der Hörfähigkeit sind die sonstigen Symptome minimal. Im Urin finden sich hohe Werte an Heparansulfat. Sie entnehmen eine Blutprobe und führen ein Experiment durch, bei dem Sie radioaktiv markiertes Heparansulfat zusetzen. Die Markierung, ^{35}S-Sulfat, sitzt am Stickstoff des terminalen Glucosaminrestes. Die Freisetzung des markierten Sulfates beträgt lediglich 1% des Normalwertes.

a) Benennen Sie das defekte Enzym.

b) Beschreiben Sie den Stoffwechselweg, in dem dieses Enzym vorkommt.

Problem 18

Ihr Patient zeigt schwere Mißbildungen im Skelettaufbau. Die Hornhaut ist getrübt. Sie entnehmen eine Blutprobe und führen einen Assay durch, bei dem Sie radioaktiv markiertes Keratansulfat zusetzen. Der radioaktiv markierte Sulfatrest sitzt am Kohlenstoffatom 6 des terminalen Galactoserestes. Die Freisetzung des markierten Sulfates beträgt lediglich 12% des Normalwertes.

a) Welches Enzym ist defekt?

b) Notieren Sie den Stoffwechselweg, in den dieses Enzym involiert ist.

Antwort 13

a) Ihr Patient hat kein Diabetes, weil er ohne Problem Glucose aus dem Blut aufnehmen kann. Die Tatsache, daß der Zuckerspiegel im Urin erhöht ist, zeigt, daß die Niere das Problem beherbergen könnte. So könnte eine fehlgebildete Niere Reabsorptionsprobleme hervorrufen. Dies scheint bei Ihrem Patienten jedoch nicht der Fall zu sein, da der Defekt offensichtlich auf D-Glucose beschränkt ist und keine anderen Zucker betrifft. Da das Problem in der renalen Reabsorption liegt, können wir an dieser Stelle festhalten, daß offensichtlich ein renaler Glucosetransporter betroffen ist. Ein Defekt in diesem Protein führt natürlich zu erhöhten Glucosewerten im Urin.

Unser Körper besitzt einige Glucosetransporter, welche den Transport von Glucose entlang eines Konzentrationsgradienten fördern: GLUT1, GLUT2, GLUT3, GLUT4 und GLUT5. Zusätzlich kann der Na^+/Glucose-Cotransporter Glucose entgegen eines Konzentrationsgradienten befördern, ein Vorgang, der durch einen Natriumionen-Konzentrationsgradienten getrieben wird. In diese Kategorie fallen das sehr gut beschriebene Protein SGLT1 und einige andere Proteine, welche weniger gut charakterisiert sind. Von den angeführten Proteinen finden wir in der Niere SLGT1, GLUT2 sowie einen weiteren Na^+/Glucose-Cotransporter. SGLT1 ist wahrscheinlich nicht das gesuchte Protein, da es eine ähnliche Funktion auch für Galactose übernimmt. Der Defekt bei Ihrem Patienten ist jedoch auf Glucose beschränkt. Außerdem hat SLGT1 auch eine Funktion bei der Glucoseabsorption im Darm, welche ebenfalls nicht beeinträchtigt ist. Auch GLUT2 ist ein schlechter Kanditat. Wir finden das Protein in der Leber, im Darm, in β-Zellen des Pankreas sowie in der Niere. Ein Defekt in GLUT2 müßte daher weitergehende Auswirkungen haben. Der Defekt liegt daher wahrscheinlich in dem zweiten Na^+/Glucose-Cotransporter, welcher für seine Glucosespezifität bekannt ist.

b) Ihr Patient verliert Glucose schneller, da er diese nicht reabsorbiert. Da die Rückabsorption von Glucose mit einer Aufnahme von Wasser verbunden ist, trocknet er leicht aus. Unter Belastung verliert er daher schneller Wasser als eine normale Person.

Ihr Pateint hat eine renale Glucosurie.

Literatur

Desjeux, J.-F. Congenital selective Na^+/D-glucose cotransporter defects leading to renal glycosuria and congenital selective intestinal malabsorption of glucose and galactose. C.R. Scriver, A.L. Beaudet, W.S. Sly und D. Valle (Hrsg.) The Metabolic Basis of Inherited Disease. New York: McGraw-Hill, **1989**, Vol. II, Kap. 98, S.2463

Elsas, L.J. und Longo, N. Glucose transporters. *Annu. Rev. Med.* 43: 377, **1992**

Antwort 14

a) Die erhöhten Konzentrationen an Sialinsäure im Blut und im Urin lassen vermuten, daß entweder zuviel dieser Substanz hergestellt oder zu wenig abgebaut wird. Würde zum Beispiel zuviel Sialinsäure aus Glykoproteinen durch das Enzym Sialidase abgespalten, wäre dies ein Lösungsansatz. Die Sialidaseaktivität ist jedoch normal. Wenn der Defekt im Sialinsäureabbau lokalisiert ist, müßte eines der folgenden Enzyme defekt sein oder zumindest auf niedrigerem Niveau arbeiten: die Acetylneuraminat-Cytidyl-Transferase, die Sialinsäure auf CMP überträgt, oder die N-Acetylneuraminat-Lyase, welche Sialinsäure in N-Acetylmannosamin und Pyruvat spaltet. Die Aktivitäten dieser Enzyme sind jedoch normal. Wäre letztendlich die CMP-N-Acetylneuraminat-Phosphodiesterase überaktiv, hätten wir einen Überfluß an Sialinsäure, da dieses Enzym Sialinsäure aus CMP-N-Acetylneuraminat freisetzt. Dieses Enzym ist auch normal. Der Sialinsäurestoffwechsel erscheint also im Ganzen unauffällig. Das durchgeführte Experiment, bei dem ein radioaktiv markiertes Silainsäurederivat zu einer Lysosomenpräparation gegeben wurde, weist uns bei unseren Lösungsbestrebungen in eine andere Richtung. Es läßt uns vermuten, daß die Lysosomen Sialinsäure akkumulieren und daß diese die Lysosomen nur verlangsamt verläßt. Das hieße, der Defekt liegt im lysosomalen Sialinsäuretransporter. Diese These wird, wie schon oben besprochen, dadurch gestützt, daß die Enzyme, welche in den Sialinsäurestoffwechsel involviert sind, normale Aktivitäten aufweisen.

b) Eine Aufgabe der Lysosomen stellt der Abbau von Makromolekülen, wie z.B. von Glykoproteinen, dar. Letztere enthalten Kohlenhydratreste, die unter anderem auch Sialinsäure bestehen. Die Sialinsäure stammt folglich aus solchen Glycokonjugaten.

c) Siehe Abbildung A14-1.

Ihr Patient hat die Salla-Erkrankung.

Literatur

Gahl, W., Renlund, M. und Thoene, J.G. Lysosomal transporter disorders: cystinosis and sialic acid storage disorders. C.R. Scriver, A.L. Beaudet, W.S. Sly und D. Valle (Hrsg.) The Metabolic Basis of Inherited Disease. New York: McGraw-Hill, **1989**, Vol. II, Kap. 107, S. 2619

Schwartz, N.B. Carbohydrate metabolism II: special pathways. T.M. Devlin (Hrsg.) Textbook of Biochemistry with Clinical Correlations. New York: Wiley Liss **1992**, Kap. 8, S. 359.

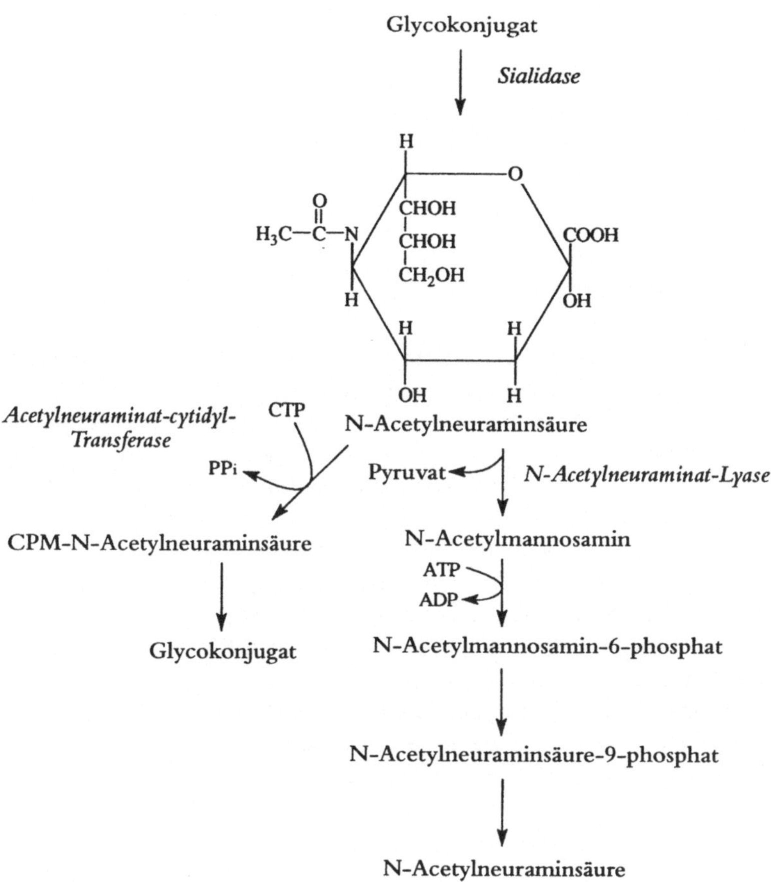

Abbildung A14-1: Der Stoffwechsel von N-Acetylneuraminsäure (Sialinsäure).

Antwort 15

a) Trehalose ist ein Disaccharid. Der Bürstensaum des Dünndarms enthält eine Reihe von Enzymen, wie z.B. Sucrase, Maltase, Lactase und Trehalase. Jedes dieser Enzyme kann ein bestimmtes Disaccharid spalten. So wird Trehalose durch Trehalase in zwei Glucosereste gespalten.

b) Trehalose hat die Struktur α-D-Glucopyranosyl-α-D-Glucopyranosid (Abbildung A15-1).

Abbildung A15-1: Die Struktur von Trehalose.

c) Die Trehalose stellt ein relativ selten vorkommendes Disaccharid dar. Normalerweise wird es nur in Pilzen und Insekten gefunden. Insbesondere in jungen Pilzen kommt es in hohen Konzentrationen vor, wo es 1,4% der Masse ausmacht. Die Pilze auf der Pizza haben die Probleme bei Ihrer Patientin hervorgerufen. Da die Trehalose nicht von Ihr verstoffwechselt wird, wird sie auf anerobe Weise von der Darmflora verstoffwechselt. Dies führt zu Durchfällen und anderen Symptomen. Im allgemeinen gilt: Werden Zucker im Dünndarm schlecht resorbiert, werden sie durch die Darmflora zu CO_2, H_2 und kleinen organischen Säuren wie Essig-, Propion-, Butter- und Milchsäure umgesetzt. Zusammen mit der unverdauten Trehalose bewirken diese kleinen Substanzen den Aufbau eines osmotisch wirksamen Gradienten, was zu einer Diffusion von Wasser aus dem Plasma in den Darm führt. Dies endet in Bauchschmerzen und Durchfall.

Eine Trehalasedefizienz wird bei 10-15% der Eskimos auf Grönland gefunden. Ihre Nahrung ist reich an Fisch und fischverzehrenden Säugetieren, gleichzeitig verzehren sie kaum Pilze oder Insekten. Durch die Trehalase würden die Eskimos folglich auch keinen Selektionsvorteil erlangen.

Literatur

Gudmund-Hoyer, E., Fenger, H.J., Skovbjerg, H., Kern-Hansen, P., und Rorbaek Madsen, P. Trehalase deficiency in greenland. *Scand. J. Gastroenterol.* 23: 775, **1988**

Harries, J.T. Disorders of carbohydrate absorption. *Clinics in Gastroenterology* 11: 17, **1982**

Hopfer, U. Digestion and absorption of basic nutritional constituents. T.M. Devlin (Hrsg.) Textbook of Biochemistry with Clinical Correlations. New York. Wiley-Liss, **1992**, Kap. 26, S. 1059

Ravich, W.J. und Bayless, T.M. Carbohydrate absorption and malabsorption. *Clinics in Gastroenterology* 12: 335, **1983**

Semenza, G. und Auricchio, S. Small-intestinal disaccharidases. C.R. Scriver, A.L. Beaudet, W.S. Sly und D. Valle (Hrsg.) The Metabolic Basis of Inherited Disease. New York: McGraw-Hill, **1989**, Vol. II, Kap. 121, S. 2975

Antwort 16

a) Dermatansulfat ist ein Glycosaminoglycan, welches aus D-Glucuronsäure, N-Acetyl-glucosamin und L-Iduronsäure besteht. Viele dieser Zuckerreste sind sulfatiert. Die Tatsache, daß Ihr Patient Schwierigkeiten hat, einen Sulfatrest von Iduronsäure zu entfernen, weist auf das Enzym Iduronat-Sulfatase als das gesuchte Enzym hin.

b) Siehe Abbildung A16-1.

Ihr Patient hat eine Mucopolysaccharidose Typ II (Hunter Syndrom).

Literatur

Neufeld, E.F. und Muenzer, J. The mucopolysaccharidoses. C.R. Scriver, A.L. Beaudet, W.S. Sly und D. Valle (Hrsg.) The Metabolic Basis of Inherited Disease. New York: McGraw-Hill, **1989**, Vol. II, Kap. 61, S. 1565

Antwort 17

a) Heparansulfat ist ein Glycosaminoglycan, welches aus Glucosamin, D-Glucuronsäure, N-Acetylglucosamin und L-Iduronsäure besteht. Viele dieser Zuckerreste sind sulfatiert. Die Tatsache, daß Ihre Patientin Schwierigkeiten hat, einen Sulfatrest von Glucosamin zu entfernen, weist auf das Enzym Heparan-N-Sulfatase als das gesuchte Enzym hin.

b) Siehe Abbildung A17-1.

Ihre Patientin hat eine Mucopolysaccharidose vom Typ IIIA (Sanfilippo-Syndrom Typ A).

Literatur

Neufeld, E.F. und Muenzer, J. The mucopolysaccharidoses. C.R. Scriver, A.L. Beaudet, W.S. Sly und D. Valle (Hrsg.) The Metabolic Basis of Inherited Disease. New York: McGraw-Hill, **1989**, Vol. II, Kap. 61, S. 1565

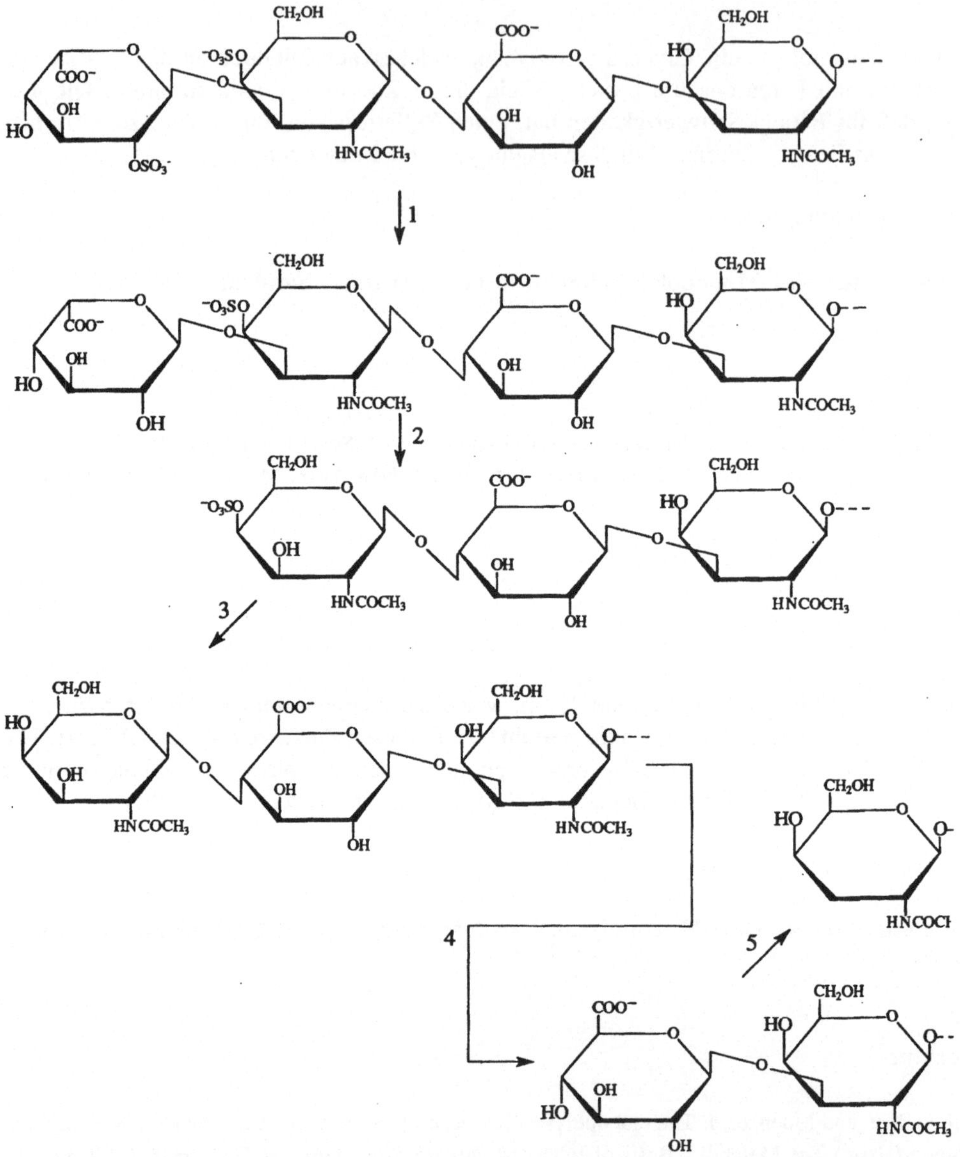

Abbildung A16-1: Der Abbau von Dermatansulfat. Die im Diagramm nummerierten Enzyme lauten: 1: Iduronat-Sulfatase; 2: α-L-Iduronidase; 3: N-Acetylgalactosamin-4-sulfatase; 4, β-Hexosaminidase (beide Isoformen A oder B); 5: β-Glucuronidase.

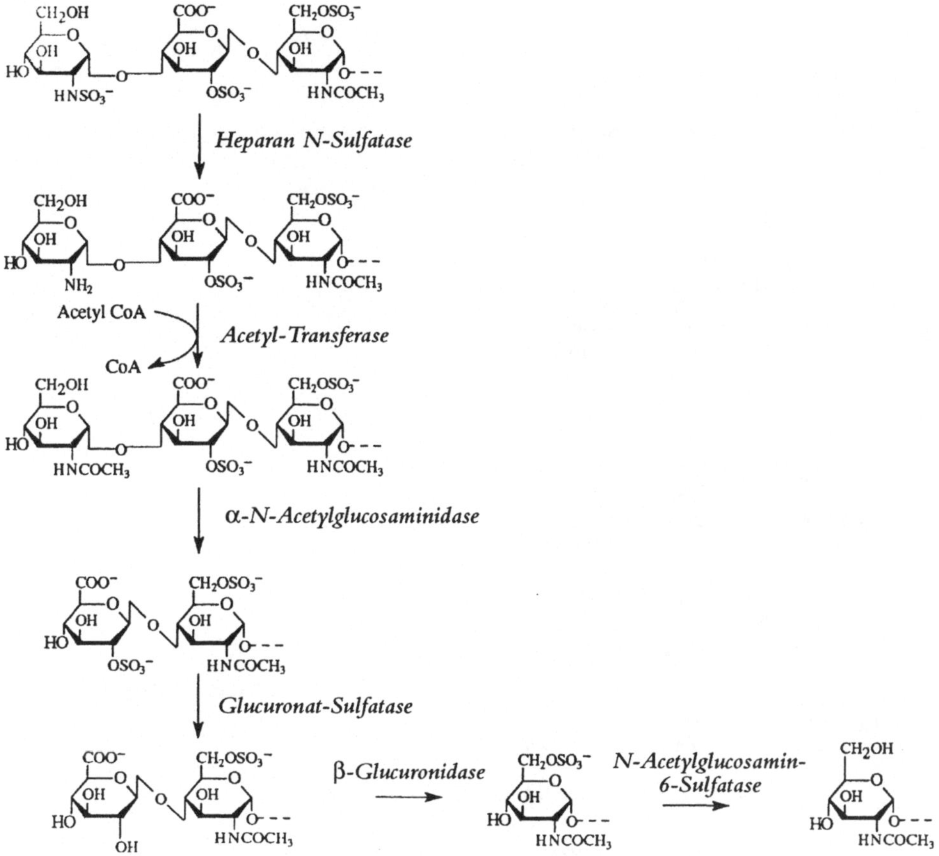

Heparan N-Sulfatase

Acetyl CoA

Acetyl-Transferase

CoA

α-*N-Acetylglucosaminidase*

Glucuronat-Sulfatase

β-*Glucuronidase*

N-Acetylglucosamin-6-Sulfatase

Abbildung A17-1: Abbau von Heparansulfat.

Antwort 18

a) Keratansulfat ist ein Glycosaminoglycan, welches aus Galactose, N-Acetylglucosamin und Glucose besteht. Einige diese Reste sind sulfatiert. Die Tatsache, daß Ihr Patient Schwierigkeiten hat, einen Sulfatrest von Galactose zu entfernen, läßt vermuten, daß das defekte Enzym die Galactose-6-sulfatase ist.

b) Siehe Abbildung A18-1.

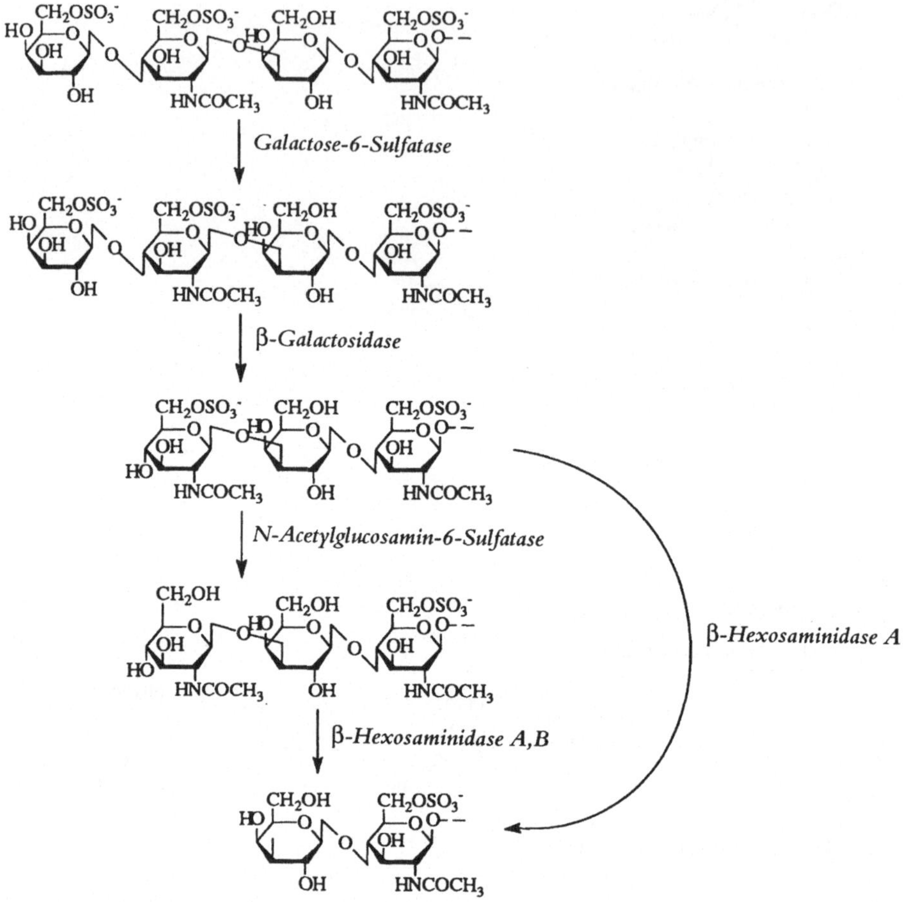
Galactose-6-Sulfatase
β-Galactosidase
N-Acetylglucosamin-6-Sulfatase
β-Hexosaminidase A
β-Hexosaminidase A,B
CH₂OSO₃⁻
CH₂OH
HNCOCH₃
HO
OH

Abbildung A18-1: Der Abbau von Keratansulfat.

Ihr Patient hat eine Mucopolysaccaridose vom Typ IVA (Morquio-Syndrom Typ A).

Literatur

Neufeld, E.F. und Muenzer, J. The mucopolysaccharidoses. C.R. Scriver, A.L. Beaudet, W.S. Sly und D. Valle (Hrsg.) The Metabolic Basis of Inherited Disease. New York: McGraw-Hill, **1989**, Vol. II, Kap. 61, S. 1565

Lipidstoffwechsel

Problem 19-30

Problem 19

Ihre Patientin, eine 19-jähriges Frau, bekommt nach fettigen Mahlzeiten Durchfälle. Ihre Erythrozyten zeigen eine stachelförmige Struktur. Sie ist ataktisch und besitzt fast überhaupt keine Chylomikronen, keine Lipoproteine sehr geringer Dichte (VLDL) und Lipoproteine geringer Dichte (LDL) im Blut. Der Serumcholesterolspiegel ist sehr niedrig. Sie machen eine Leberbiopsie. Mit einem polyklonalen Antiserum gegen B-100 stellen Sie fest, daß die intrazellulären Konzentrationen an B-100 und B-48 sehr viel niedriger als normal sind. Auch die Menge an B-100 mRNA ist sehr niedrig.

a) Welchen Defekt weist Ihre Patientin wahrscheinlich auf?

b) Warum würden Sie erwarten, daß der Spiegel an Lipoproteinen hoher Dichte (HDL) normal ist?

Problem 20

Ihr kindlicher Patient hat große Schwierigkeiten mit der Fettresorption. Er leidet zudem an schweren Durchfällen. Eine Biopsie ergab, daß seine Darmzellen mit Fetttröpfchen überfüllt sind. Im Serum finden sich selbst nach Mahlzeiten keine Chylomikronen. Mit Hilfe eines monoklonalen Antikörpers gegen B-48 läßt sich zeigen, daß in den Darmzellen sehr hohe Konzentrationen an B-48 vorliegen. Eine Probe des Biopsats inkubieren Sie mit [^{3}H]-Leucin und [^{14}C]-Mannose. Sie präparieren die Proteinfraktion und bestimmen das Verhältnis von ^{3}H und ^{14}C. Der Wert liegt bei 8,4, obwohl der Normalwert 3,0 betragen sollte. Die Gesamtproteinsyntheserate ist um 31% niedriger als in einer Normalprobe.

a) Welchen molekularen Defekt weist ihr Patient auf?

b) Welche Bedeutung hat das hohe ^{3}H/^{14}C-Verhältnis?

c) Warum könnte es hilfreich sein, eine Nahrung mit viel kurz- und mittelkettigen Fettsäuren zu verordnen?

Problem 21

Ihr Patient stammt aus einer Familie, in der gehäuft schwere Fälle von arteriosklerotischen Erkrankungen der Herzkranzgefäße auftreten. Diese entwickeln sich schon in frühen Jahren. Im Blut finden sich erhöhte Werte für Lipoproteine sehr geringer Dichte (VLDL) und für Lipoproteine geringer Dichte (LDL). In Fibroblasten finden Sie normale Werte für den LDL-Rezeptor. In einem Leberbiopsat stellen Sie extrem hohe Werte für die mRNA fest, welche für B-100 codiert.

a) Beschreiben Sie die Ätiologie der Erkrankung.

b) Im Darm finden Sie normale Werte für die B-100 mRNA. Erwarten Sie einen normalen Spiegel an Chylomikronen? Wenn ja, warum?

Problem 22

Ihr Patient, ein 59-jähriger Mann, klagt über Bauchschmerzen. Ein Bluttest zeigt, daß die Chylomikronenkonzentration sehr hoch ist, selbst nachdem der Patient über Nacht gefastet hat. Die Triglyceridwerte sind ebenfalls erhöht. Der Patient hat darüber hinaus kein Apolipoprotein C-II.

a) Warum verursacht der Mangel an Apolipoprotein C-II hohe Werte an Chylomikronen?

b) Einen bisher unerklärten Befund stellen die normalen Werte an VLDL dar. Warum ist dies überraschend?

Problem 23

Ihr Patient zeigt hohe Konzentrationen von Cholesterol und Triglyceriden im Blut. An seinen Ellbogen zeigt er Fettablagerungen. Sie untersuchen seine Lipoproteine sehr geringer Dichte (VLDL) und seine Chylomikronen mittels einer isoelektrischen Fokussierung. Das Apolipoprotein E stellt sich als geringfügig negativer geladen heraus als jenes von Vergleichspersonen. Anschließend bestimmen Sie das Bindungsverhalten des Apolipoproteins E Ihres Patienten an Leberzellen einer Vergleichsperson. Sie stellen eine nur geringfügige Bindung fest. Der Spiegel an Lipoproteinen sehr geringer Dichte (LDL) im Blut ist äußerst gering. Ein Leberbiopsat ergibt, daß die LDL-Rezeptoren jedoch in hoher Konzentration vorliegen.

a) Wie erklären diese Befunde den hohen Serumwert für Cholesterol?

b) Warum hat Ihr Patient hohe Werte für den LDL-Rezeptor?

c) Warum entspringen daraus niedrige Werte für die zirkulierenden LDL?

Problem 24

Ihr Patient hat Fettablagerungen an der Achillessehne. Er zeigt einen Tremor und leidet an Inkontinenz. Außerdem hat er Probleme beim Schlucken. Im Stuhl und im Urin finden sich hohe Werte bestimmter Intermediate des Gallensäurestoffwechsels, insbesondere an 5β-Cholestan-3α,7α,12α,23-tetrol,   5β-Cholestan-3α,7α,12α,25-tetrol   und   5β-Cholestan-3α,7α,12α,24,25-pentol. Sie führen eine Leberbiopsie durch und nehmen die so gewonnenen Zellen anschließend in Kultur. Sie geben radioaktiv markiertes 7α-Hydroxy-4-cholesten-3-on hinzu und stellen fest, daß die Synthese von 7α,26-Dihydroxy-4-cholesten-3-on sehr viel niedriger als normal ist. Bei einem ähnlichen Versuch bemerken sie, daß nach Zugabe von markiertem 5β-Cholestan-3α,7α-diol die Synthese von 5β-Cholestan-3α,7α,26-triol sehr viel niedriger ausfällt.

a) Welches Enzym ist defekt?

b) Notieren Sie den Stoffwechselweg, über den die Umwandlung von radioaktiv markierten 7α-Hydroxy-4-cholesten-3-on zu 7α,26-Dihydroxy-4-cholesten-3-on vollzogen wird.

c) Erwarten Sie eine erhöhte oder eine niedrigere Syntheserate von 5β-Cholestan-3α,7α,12α,26-tetrol, wenn Sie zu den kultivierten Leberzellen radioaktiv markiertes 5β-Cholestan-3α,7α,12α-triol hinzugeben? Warum?

Problem 25

Ihr Patient, ein 18 Jahre alter Mann, weist arteriosklerotische Veränderungen der Herzkranzgefäße auf. An den Sehnen und unter der Haut hat er an mehreren Stellen des Körpers Fettablagerungen. Eine Blutanalyse zeigt, daß einige Steroide, welche von Säugern nicht hergestellt werden können, in hohen Konzentrationen vorliegen, z.B. Sitosterol, Campesterol und Stigmasterol. Eine Biopsie der Fettablagerungen ergibt hohe Werte an Sitosterol. Bei einem weiteren Bluttest finden Sie hohe Konzentrationen an 22-Dehydrocholesterol, Brassicasterol und 24-Methylencholesterol. Auf Nachfrage ergibt sich, daß der Patient gerade Austern und Spaghetti mit Muschelsauce zu sich genommen hatte. Sie beschließen, ihm eine Diät zu verordnen.

a) Welche Art von Nahrung sollte er allgemein vermeiden? (Geben Sie nicht nur einfach Austern und Spaghetti mit Muschelsauce an!!)

b) Warum empfehlen Sie ihm, eher Butter als Margarine, eher Garnelen als Muscheln, eher weißes Brot als Vollkornbrot zu essen? Warum ist es für ihn kein Problem, Käse, Eier oder Schinken zu essen?

c) Welche andere Behandlung würden Sie empfehlen?

Problem 26

Ihre Patientin, ein zehn Monate altes Mädchen, hat einen schlechten Muskeltonus, Anfälle und ist geistig und körperlich zurückgeblieben. Die meisten Fettsäuren werden normal metabolisiert, sehr lange, mit mehr als 24 Kohlenstoffatomen hingegen sehr schlecht. Nach einer Leberbiopsie reinigen Sie die Peroxisomen. Zu diesen geben Sie radioaktiv markiertes Stearat und messen die Umwandlung in andere Produkte. Die Ergebnisse dieser Untersuchung sind in Tabelle P26-1 als prozentuale Werte im Vergleich zu gesunden Personen zusammengefaßt.

a) Welches Enzym ist defekt? Welche Reaktion katalysiert dieses Enzym? Hinweis: In den Peroxisomen verläuft dieser Reaktionsweg anders als in den Mitochondrien.

b) Welches radioaktive Produkt akkumuliert, wenn Sie markiertes Palmitat zur Peroxisomenpräparation geben?

Tabelle P26-1

Produkt	Ausbeute	Prozentualer Anteil von Kohlenstoff am Fettsäureanteil der Produkte
Stearyl-CoA	180	18
trans-Δ^2-Enoyl-CoA	5	18
L-3-Hydroxyacyl-CoA	5	18
3-Ketoacyl-CoA	5	18
Palmityl-CoA	5	16

Problem 27

Ihr Patient war ein Fan von Harry Belafonte und fasziniert von dem Lied „Jamaica Farewell" mit dem Hinweis auf „Akee-Reis". Er beschloß, seine Ferien auf Jamaica zu verbringen, um sich selbst an gekochter Akee-Frucht zu erfreuen. Auf der Rückfahrt schmuggelte er ungeschälte Akee-Früchte durch den Zoll und verzehrte davon einige zum Abendessen. Am nächsten Tag wurde er mit schwerem Erbrechen ins Krankenhaus eingeliefert. Kurz nachdem er Ihnen von seinem Urlaub erzählt hatte, verstarb er.

Eine Analyse des Urins zeigte hohe Werte an Glutarsäure und 2-Ethylmalonsäure. Sie gewinnen aus Leberzellen Mitochondrien und schließen diese mittels Ultraschall auf (d.h., Sie zerbrechen die Mitochondrien in kleine Stücke). Dann behandeln Sie das Homogenat mit Dichlorindophenol (DCIP), einem Farbstoff, der bei Elektronenaufnahme seine Farbe verändert. Sie geben NADH hinzu und stellen fest, daß sich die Farbe des DCIP in dem Maße verändert, wie man es auch für Kontrollmitochondrien erwartet. Geben Sie hingegen Glutaryl-CoA oder Palmityl-CoA hinzu, verändert sich die Farbe nicht. Das Literaturstudium in der Bibliothek ergibt, daß ungeschälte Akee-Frucht Hypoglycin A enthält, welches unser Körper in Methylencyclopropylacetyl-CoA umwandelt.

a) Welches Enzym bzw. welche Enzyme werden Ihrer Meinung nach durch Methylenethylcyclopropyl-CoA inhibiert?

b) Würden Sie den therapeutischen Nutzen von Riboflavin im Tiermodell genauer untersuchen? Warum?

Problem 28

Ihre Patientin, ein 5 Jahre altes Mädchen, hat Schwierigkeiten beim Gehen, Sprechen und Hören. Der Plasmaspiegel an sehr langkettigen Fettsäuren ist normal, ebenfalls die Gesamtkonzentration an Gallensäuren. Die relativen Verhältnisse hingegen sind anormal: Cholsäure und Chenodesoxycholsäure liegen in relativ niedriger Konzentration vor, während $3\alpha,7\alpha,12\alpha$-Trihydroxy-5β-cholestan-26-olat und $3\alpha,7\alpha$-Dihydroxy-5β-cholestan-26-olat in hoher Konzentration anzutreffen sind. Sie finden eine Gallensäure mit 29 Kohlenstoffatomen und zwei Carbonsäureresten ebenfalls in großen Mengen.

a) Welches Enzym ist defekt? Notieren Sie den Stoffwechselweg, in den dieses Enzym involviert ist.

b) In welcher Zellorganelle ist dieses Enzym lokalisiert?

Problem 29

Ihr Patient ist ein sechs Monate altes Kind mit einer vergrößerten Leber und einem fettigen Stuhl. Er hat eine Anämie, oft Durchfall und muß häufig Erbrechen. Das Abdomen ist aufgebläht. Eine Röntgenaufnahme ergibt, daß die Nebenniere calcifiziert ist. Eine Biopsie verschiedenster Organe führt zu dem Ergebnis, daß diese mit Cholesterolestern und Triglyceriden überfüllt sind. Aus den Leukozyten reinigen Sie die Lysosomen. In einem Versuch, bei dem Sie radioaktiv markierten Cholesterolpalmitylester zu den Lysosomen hinzugeben, stellen Sie fest, daß die Freisetzung von Cholesterol nur halb so groß ist, wie Sie es im Vergleich zu Kontrollpersonen erwarten.

a) Wie heißt das defekte Enzym?

b) Weitere Analysen ergeben, daß das Enzym in Leukozyten vorhanden ist, nicht jedoch in den Lysosomen lokalisiert vorliegt. Was ist Ihrer Meinung nach dann die Ursache des Problems?

Problem 30

Ihr Patient, ein zwei Jahre alter Junge, ist geistig zurückgeblieben und weist auch motorische Schwierigkeiten auf. Auf der Retina findet sich ein kirschroter Fleck. Er verstirbt an einer Pneumonie, kurz nachdem er nicht mehr in der Lage war zu husten. Eine Autopsie zeigt auffällige Neuronen. Bei ihnen finden sich in Kernnähe membranäre Einschlüsse. Sein Gehirn enthält große Mengen des Gangliosids G_{M2}. Die Konzentration des Glycolipids G_{A2} ist ebenfalls erhöht. Sie reinigen die Lysosomen des Patienten und fügen radioaktiv markiertes G_{M2} hinzu. Die Markierung sitz am N-Acetylglucosamin. Sie stellen fest, daß keine Freisetzung von N-Acetylglucosamin stattfindet. Bei Zugabe künstlicher Substrate stellt sich jedoch heraus, daß die Lysosomen prinzipiell schon in der Lage sind, N-Acetylglucosamin freizusetzen. Sie geben nun das Gangliosid G_{M2} in Gegenwart von Detergenzien hinzu und bemerken, daß die Freisetzung von N-Acetylglucosamin nun normal verläuft. Das gleiche Resultat erhalten Sie bei Zugabe des Glycolipids G_{A2}.

a) Welche Reaktion läuft bei Ihrem Patienten nicht ab?

b) Benennen Sie das defekte Protein.

c) Welche Rolle übernimmt dieses Protein?

Antwort 19

a) Die Proteinbestandteil der Lipoproteine werden als Apolipoproteine bezeichnet, die in folgende Familien eingeteilt werden: Apolipoproteine A, B, C, D, E, F und G. Einige dieser Familien sind weiter unterteilt. Die einzelnen Typen der Lipoproteine unterscheiden sich hinsichtlich ihrer Apolipoproteine. So bestehen die Proteine der Chylomikronen zu 60-65% aus Apolipoprotein C, 20-22% B, 5% E, 1% D und 0-3% A. Die der VLDL bestehen zu 40-50% aus Apolipoprotein B, 35-40% C, 5-10% E und 0-3% A. Der Proteinanteil von LDL besteht zu 95-100% aus Apolipoprotein B, 0-5% C und Spuren von A. Die Daten, welche Sie mit Hilfe des Antikörpers erhalten haben, zeigen, daß Ihre Patientin ungewöhnlich niedrige Mengen an Apolipoprotein B hat. Da dieses ein Hauptbestandteil der Chylomikronen, VLDL und LDL ist, erscheint es nicht überraschend, daß alle drei ebenfalls niedrige Werte aufweisen.

Vom Lipoprotein B existieren mehrere Formen. Die beiden Wichtigsten werden als B-100 (MW 549.000) und B-48 (MW 264.000) bezeichnet. Ersteres weist 4536 Aminosäurereste auf, letzteres 2152. Apolipoprotein B-100 ist das wichtigste Apolipoprotein vom B-Typ in LDL, B-48 der von Chylomikronen. Die Tatsache, daß der verwendete Antikörper polyklonaler Natur ist, läßt vermuten, daß er verschiedene Fragmente von B-100 erkennt, u.a. auch B-48. Dies impliziert, daß alle Formen bei Ihrer Patientenin in niedrigen Konzentrationen vorkommen. Dies ist eine interessante Feststellung, da B-48 und B-100 vom selben Gen codiert werden und bei der Transkription von B-48 ein Stopcodon statt Gln^{2153} eingeführt wird. Der Befund, daß die Menge an B-100 mRNA niedrig ist, weist auf einen Defekt der Transkription hin. Vielleicht ist ein Stück des Promotors oder eines Enhancers defekt. Dies beträfe sowohl die Transkription von B-48 also auch die von B-100.

b) Die Apolipoproteine von HDL bestehen zu 90-95% aus Apolipoprotein A, 4-6% C, 0-2% B, 0-2% D und Spuren an F und G. Die Tatsache, daß in HDL kaum Apolipoprotein B vorkommt, impliziert, daß der beschriebene Defekt keinen Einfluß auf die HDL-Synthese hat.

Ihre Patientin hat eine Abetalipoproteinämie.

Literatur

Kane, J.P. und Havel, R.J. Disorders of the biogenesis and secretion of lipoproteins containing the B apolipoproteins. C.R. Scriver, A.L. Beaudet, W.S. Sly und D. Valle (Hrsg.) The Metabolic Basis of Inherited Disease. New York: McGraw-Hill, **1989**, Vol. I, Kap. 44B, S. 1139

Schultz, R.M. und Liebman, M.N. Protein I: composition and structure. T.M. Devlin (Hrsg.). Textbook of Biochemistry with Clinical Correlation. New York: Wiley-Liss, **1992**, Kap. 2, S. 25

Antwort 20

a) Ihr Patient hat keine Chylomikronen. Dies läßt vermuten, daß das Problem in der Synthese oder Sekretion eines der Apolipoproteine besteht, die Bestandteil der Chylomikronen sind. Diese bestehen zu 60-65% aus Apolipoprotein C, 20-22% B, 5% E, 1% D und 0-3% A. In Chylomikronen ist B-48 die Hauptform von Apolipoprotein B. Die anormal hohen Konzentrationen von B-48 im Darm weisen darauf hin, daß dieses Protein zwar synthetisiert, nicht aber sekretiert wird. Wenn dies so ist, kann Ihr Patient keine Chylomikronen herstellen, da diese normalerweise hohe Mengen an B-48 aufweisen.

b) Die Proteinsynthese Ihres Patienten ist supprimiert. Darüber hinaus wird viel weniger Mannose in die Proteine Ihres Patienten eingebaut. Mit anderen Worten: Ihr Patient hat nicht bloß Probleme mit der Proteinbiosynthese, sonder auch mit der Glykosylierung von Proteinen. Die geringe Glykosylierung der Proteine in den Dünndarmzellen Ihres Patienten läßt vermuten, daß auch die Glykosylierung von B-48 defekt ist, was wiederum die Sekretion und die Bildung von Chylomikronen verhindert.

c) Kurz- und mittelkettige Fettsäuren bedürfen nicht der Chylomikronen für die Absorption. Daher wird Ihr Patient auch mit einem niedrigen Spiegel an Chylomikronen ausreichend Fettsäuren erhalten.

Ihr Patient hat eine Hypobetalipoproteinämie.

Literatur

Kane, J.P. und Havel, R.J. Disorders of the biogenesis and secretion of lipoproteins containing the B apolipoproteins. C.R. Scriver, A.L. Beaudet, W.S. Sly und D. Valle (Hrsg.) The Metabolic Basis of Inherited Disease. New York: McGraw-Hill, **1989**, Vol. I, Kap. 44B, S. 1139

Levy, E., Marcel, Y., Deckelbaum, R.J., Milne, R., Lepage, G., Seidman, E., Bendayan, M. und Roy, C.C. Intestinal apoB synthesis, lipids, and lipoproteins in chylomicron retention disease. *J. Lipid Res.* 28: 1263, **1987**

Antwort 21

a) Ihr Patient hat erhöhte Werte für VLDL und LDL. Eine mögliche Erklärung wäre ein Mangel an LDL-Rezeptoren, die für die Aufnahme von VLDL und LDL notwendig sind. Die Menge an LDL-Rezeptoren ist jedoch normal. Daher muß eine hohe Syntheserate an LDL vorliegen oder spezifisch eine erhöhte Synthese einer der Apolipoproteinbestandteile. Die erhöhte Menge der B-100 mRNA impliziert, daß in der Leber eine verstärkte Synthese des Apolipoproteins B-100 stattfindet, einem Hauptbestandteil von LDL und VLDL. Die genaue Ursache dieser Erkrankung ist nicht bekannt. Neuere Arbeiten lassen jedoch ein defektes Gen auf Chromosom 11 vermuten.

b) Sie würden erwarten, daß die Werte für Chylomikronen normal sind, da auch die Konzentration an B-100 mRNA im Dünndarm normal ist. B-48 ist Bestandteil der Chylomikronen und entsteht aus einer alternativ transkribierten Form von B-100. Ist also der Spiegel an B-100 im Dünndarm normal, ist vermutlich auch der von B-48 normal. Die Chylomikronen sollten daher in normalen Mengen auftreten.

Ihr Patient hat eine familiäre kombinierte Hyperlipidämie.

Literatur

Kane, J.P. und Havel, R.J. Disorders of the biogenesis and secretion of lipoproteins containing the B lipoproteins. C.R. Scriver, A.L. Beaudet, W.S. Sly und D. Valle (Hrsg.) The Metabolic Basis of Inherited Disease. New York: McGraw-Hill, **1989**, Vol. I, Kap. 44B, S. 1139

Wojciechowski, A.P., Farrall, M., Cullen, P, Wilson, T.M.E., Bayliss, J.D., Farren, B., Griffin, B.A.M., Caslake, M.J., Packard, C.J., Shepherd, J., Thakker, R. und Scott, J. Familial combined hyperlipidaemia linked to the apolipoprotein AI-CIII-AIV gene cluster on chromosome 11q23-q24. *Nature* 348: 161, **1991**

Antwort 22

a) Chylomikronen besitzen verschiedene Apolipoproteine. 60-65% davon stellt das Apolipoprotein C, welches aus drei Subtypen besteht: Apo C-I, Apo C-II und Apo C-III. Auf die Gesamtmenge der Apolipoproteine der Chylomikronen machen diese Subtypen 5-10%, 15% und 40% aus. Auf den ersten Blick mag es überraschend erscheinen, daß ein Defekt im Apolipoprotein C-II einen Anstieg der Chylomikronen verursacht, ist es doch selbst Bestandteil der Chylomikronen. Diese Tatsache läßt vermuten, daß Apo C-II in den Chylomikronen noch eine weitere Rolle spielt. Dies ist in der Tat der Fall. Apolipoprotein C-II ist ein Aktivator der Lipoproteinlipase, einem Enzym, welches Triglyceride der Chylomikronen und VLDL spaltet. Durch diese Aktion überführt die Lipoproteinlipase Chylomikronen in Chylomikronenrestkörperchen (Remnants), die ihrerseits durch die Leber abgebaut werden. In Abwesenheit von Apolipoprotein C-II wird die Lipoproteinlipase-Aktivität niedrig sein. Chylomikronen werden also nicht abgebaut und akkumulieren zu hohen Konzentrationen im Blut.

b) Der Abbau von VLDL sollte ebenfalls beeinträchtigt sein, wenn die Lipoproteinlipaseaktivität niedrig ist. Es ist daher nicht klar, warum die VLDL-Konzentration normal ist.

Ihr Patient hat eine Chylomikronämie.

Literatur

Brunzell, J.D. Familial lipoprotein lipase deficiency and other causes of the chylomicronemia syndrome. C.R. Scriver, A.L. Beaudet, W.S. Sly und D. Valle (Hrsg.) The Metabolic Basis of Inherited Disease. New York: McGraw-Hill, **1989**, Vol. I, Kap. 45, S. 1165

Antwort 23

a) Apolipoprotein E ist Bestandteil der Chylomikronen und der VLDL. Die Aufgabe des Apolipoprotein E ist es, die Chylomikronen und VLDL an einen zugehörigen Rezeptor auf Leberzellen zu binden. Das anormale Apolipoprotein E Ihres Patienten ist nicht in der Lage, diese Wechselwirkung einzugehen. Die Chylomikronen und VLDL können nicht an den Rezeptor binden und werden daher von Makrophagen aufgenommen. Diese Makrophagen können zu den Fettablagerungen beitragen.

b) Die Zellen „hungern" nach Cholesterol, weil sie nicht in der Lage sind, Cholesterol aus Chylomikronen oder VLDL aufzunehmen. Sie antworten auf diesen Hunger mit der Ausbildung von LDL-Rezeptoren, um vermehrt Cholesterol aus LDL aufnehmen zu können.

c) Der Überfluß an LDL-Rezeptoren entfernt LDL aus dem Blut.

Ihr Patient hat eine Hyperlipoproteinämie Typ III (Dysbetalipoproteinämie)

Literatur

Mahley, R.W. und Rall, A.C. Type III hyperlipoproteinemia (dysbetalipoproteinemia): the role of apolipoprotein E in normal and abnormal lipoprotein metabolism. C.R. Scriver, A.L. Beaudet, W.S. Sly und D. Valle (Hrsg.) The Metabolic Basis of Inherited Disease. New York: McGraw-Hill, **1989**, Vol. I, Kap. 47, S. 1195

Antwort 24

a) Das fehlende Enzym wandelt 7α-Hydroxy-4-cholesten-3-on in 7α-26-Dihydroxy-4-cholesten-3-on um. Dies ist die mitochondriale 26α-Hydroxylase.

b) Die Reaktion der 26α-Hydroxylase ist in Abbildung A24-1 benannt.

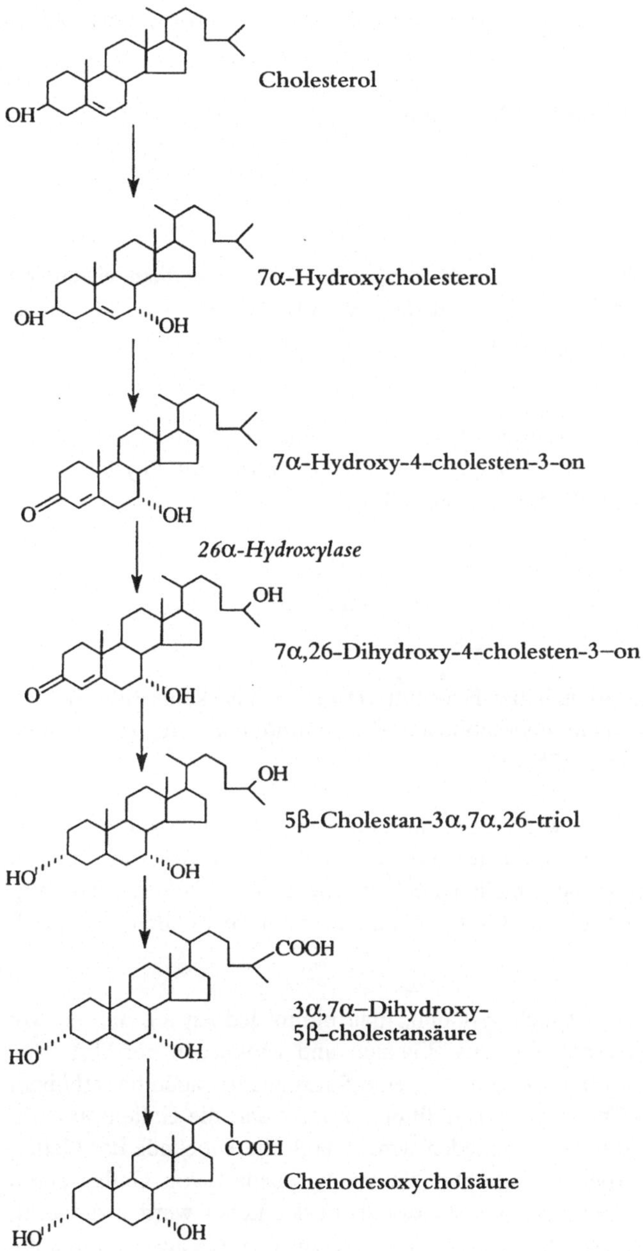

Abbildung A24-1: Die Umwandlung von Cholesterol zu Chenodesoxycholsäure.

c) Wenn Sie zu den Leberzellen Ihres Patienten radioaktiv markiertes 5β-Cholestan-3α,7α,12α-triol hinzugeben, würden Sie eine verringerte Produktion an 5β-Cholestan-3α,7α,12α,26-tetrol beobachten, weil die 26α-Hydroxylase benötigt wird, um C26 zu hydroxylieren.

Ihr Patient hat eine cerebrotendinöse Xanthomatose.

Literatur

Björkheim, I. und Skrede, S. Familial diseases with storage of sterols other than cholesterol: cerebrotendinous xanthomatosis and physterolemia. C.R. Scriver, A.L. Beaudet, W.S. Sly und D. Valle (Hrsg.) The Metabolic Basis of Inherited Disease. New York: McGraw-Hill, **1989**, Vol. I, Kap. 51, S. 1283

Salen, G. und Mosbach, E.H. The metabolism of sterols and bile acids in cerebotendinous xanthomatosis. P.P. Nair und D. Kritchevsky (Hrsg.) The Bile Acids: Chemistry, Physiology, and Metabolism. New York: Plenum Press, **1971**, Vol. 3, Kap. 6, S. 115.

Antwort 25

a) Ihr Patient sollte alle Speiseöle pflanzlicher Herkunft vermeiden und keine Muscheln zu sich nehmen. Diese enthalten in nicht unerheblichen Konzentrationen eine Reihe ungewöhnlicher Steroide (siehe Abbildung A25-1)

b) Er sollte pflanzliche Öle vermeiden, wie sie z.B. in Samen und Körner sowie Margarine vorkommen, nicht jedoch in Butter. Gleiches gilt für solche Öle wie sie z.B. in Schalentieren wie Muscheln vorkommen, nicht jedoch in Crustaceen. Reines Mehl birgt keine Probleme. Auch tierische Fette sind für Ihren Patienten zu verwenden (es spricht zumindest nichts dagegen).

c) Die Grund für diese Erkrankung ist nicht bekannt, man nimmt jedoch an, daß sie von einer vermehrten Aufnahme dieser Steroide aus Pflanzen und Molluscen herrührt. Eine Behandlung könnte die Gabe von Cholestyramin sein, eine Substanz, die auch bei erhöhtem Cholesterolspiegel gegeben wird. Cholestyramin stellt eine Matrix dar, die Gallensäuren im Darm bindet und dann mit dem Stuhl ausgeschieden wird. Durch die Blockade der Gallensäurereabsorption entsteht im Körper ein erhöhter Neusynthesebedarf von Gallensäuren. Der Cholesterolstoffwechsel wird entsprechend umgestellt. In der Leber werden daraufhin vermehrt LDL-Rezeptoren gebildet, der Spiegel an Blut-LDL fällt ab. Cholestyramin sollte ebenfalls die Absorption der oben erwähnten Steroide verhindern und wurde in diesem Zusammenhang erfolgreich eingesetzt.

Ihr Patient hat eine Phytosterolämie.

Literatur

Ast, M. und Frishman, W.H. Bile acid sequestrants. *J. Clin. Pharmacol.* 30: 99, **1990**

Belamarich, P.F., Deckelbaum, R.J., Starc, T.J., Dobrin, B.E., Tint, G.S. und Salen G. Response to diet and cholestyramine in a patient with sitosterolemia. *Pediatrics* 86: 977, **1990**

Björkheim, I. und Skrede, S. Familial diseases with storage of sterols other than cholesterol: cerebrotendinous xanthomatosis and phytosterolemia. C.R. Scriver, A.L. Beaudet, W.S. Sly und D. Valle (Hrsg.) The Metabolic Basis of Inherited Disease. New York: McGraw-Hill, **1989**, Vol. I, Kap. 51, S. 1283

Salen, G., Shefer, S., Nguyen, L., Ness, G.C., Tint, G.S. und Shore, V. Sitosterolemia. *J. Lipid Res.* 33: 945, **1992**

Sitosterol

22-Dehydrocholesterol

Campesterol

Brassicasterol

Stigmasterol

24-Methylencholesterol

Abbildung A25-1: Die Strukturen einiger Steroide aus Pflanzen und Molluscen. Pflanzliche Steroide sind auf der linken Seite, solche aus Muscheln auf der rechten Seite abgebildet.

Antwort 26

a) Im Gegensatz zu Mitochondrien sind Peroxisomen in der Lage, sehr langkettige Fettsäuren zu oxidieren. Die Tatsache, daß Ihre Patientin andere Fettsäuren metabolisieren kann, legt die Vermutung nahe, daß die Mitochondrien normal arbeiten und der Defekt in den Peroxisomen zu suchen ist. Gereinigte Peroxisomen sind nicht in der Lage, Stearat zu Palmityl-CoA umzuwandeln. Mit anderen Worten: Sie sind nicht in der Lage einen vollständigen Zyklus der β-Oxidation zu durchlaufen. Offensichtlich fehlt eines der Enzyme dieses Stoffwechselweges. Da Stearoyl-CoA akkumuliert und die nachfolgenden Substanzen in sehr viel niedrigeren Mengen vorliegen, muß das Enzym, welches Stearoyl-CoA in trans-Δ^2-Enoyl-CoA überführt, defekt sein. Dieses Enzym heißt Acyl-CoA-Oxidase. Die peroxisomale β-Oxidation ist in Abbildung A26-1 zusammengefaßt.

b) Wenn Sie zu den gereinigten Peroxisomen radioaktiv markiertes Palmitat hinzugeben, erwarten Sie, daß es ebenfalls nicht verstoffwechselt wird. Da die peroxisomale Acyl-CoA-Oxidase defekt ist, würden Sie eine Akkumulation von Palmityl-CoA beobachten.

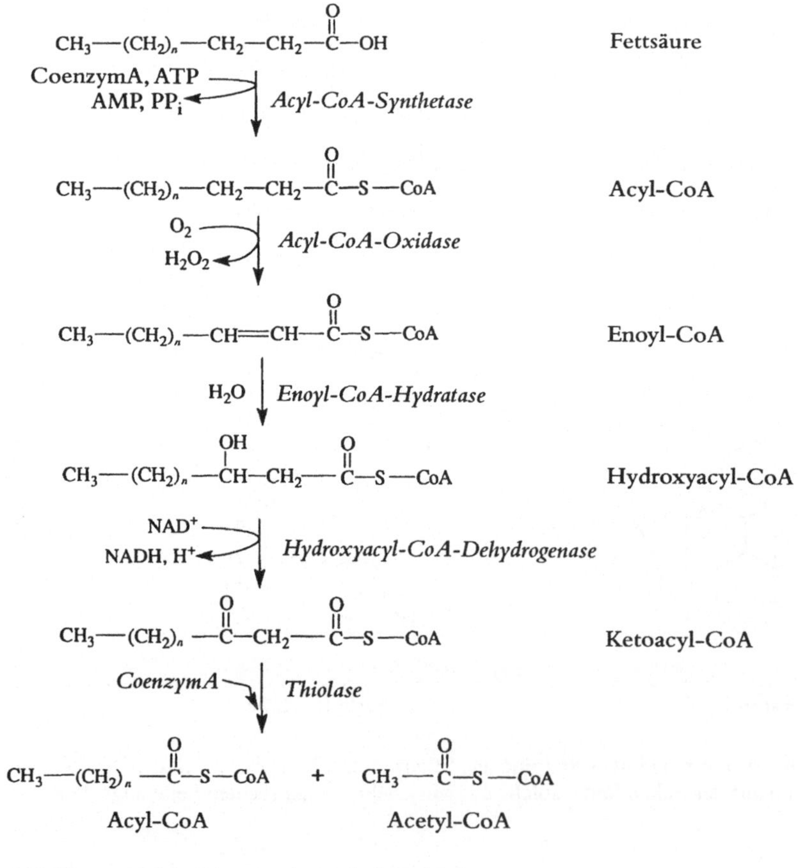

Abbildung A26-1: Die peroxisomale β-Oxidation.

Literatur

Lazarow, P.B. und Moser, H.W. Disorders of peroxisome biogenesis. C.R. Scriver, A.L. Beaudet, W.S. Sly und D. Valle (Hrsg.) The Metabolic Basis of Inherited Disease. New York: McGraw-Hill, **1989**, Vol. II, Kap. 57, S. 1479

Wanders, R.J.A., Van Roermund, C.W.T., Schutgens, R.B.H., Barth, P.G., Heymans, H.S.A., Van den Bosch, H. und Tager, J.M. The inborn errors of peroxisomal β-oxidation: a review. *J. Inherit. Metab. Dis.* 13: 4, **1990**.

Antwort 27

a) Der von NADH ausgehende Elektronentransport scheint bei Ihrem Patienten normal zu verlaufen. Der Elektronentransport, der bei Glutaryl-CoA oder Palmityl-CoA seinen Ausgang nimmt, ist hingegen nicht normal. Hypoglycin A aus ungeschälten Akee-Früchten wird zu Methylencyclopropylacetyl-CoA verstoffwechselt, welches mit Enzymen interagieren kann, die in den Elektronentransport eingeschaltet sind. Diese Enzyme sind das Elektronentransfer-Flavoprotein (ETF), die ETF-Ubichinon-Oxidoreduktase und die Acyl-CoA-Dehydrogenase. Die Strukturen von Hypoglycin A und Methylencyclopropylacetyl-CoA zeigt Abbildung A27-1.

b) Riboflavin ist ein Cofaktor von ETF. Man geht davon aus, daß Methylencyclopropylacetyl-CoA mit dem Flavinrest von ETF kovalent interagiert und es dadurch inaktiviert. Es ist damit ein Selbstmord-Inhibitor. Zunächst oxidiert die Acyl-CoA-Dehydrogenase Methylencyclopropylacetyl-CoA, welches daraufhin mit dem Flavinrest eine kovalente Bindung eingeht. Dadurch wird das Enzym inaktiviert. Es ist wahrscheinlich, daß zusätzliches Riboflavin den Effekt des Giftes kompensieren kann. Die hypothetische Reaktionsfolge zeigt Abbildung A27-2. Methylencyclopropylacetyl-CoA ist insbesondere ein Inhibitor für die kurz- und mittelkettigen Acyl-CoA-Dehydrogenasen und die Isovaleryl-CoA-Dehydrogenase.

Ihr Patient hat die „Jamaican vomiting sickness".

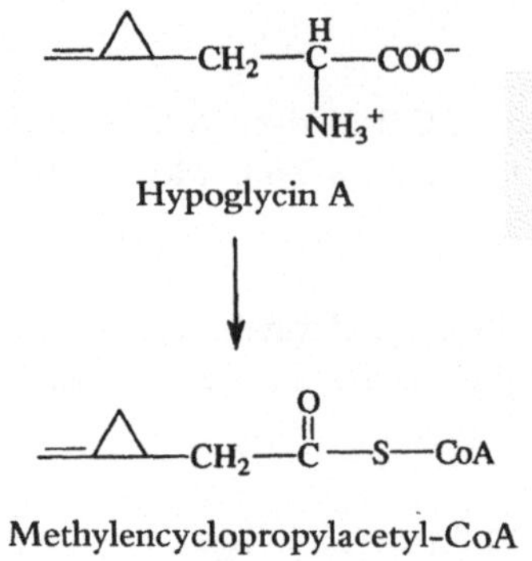

Hypoglycin A

Methylencyclopropylacetyl-CoA

Abbildung A27-1: Die Umwandlung von HypoglycinA zu Methylencyclopropylacetyl-CoA.

Methylencyclopropylacetyl-CoA

Acyl-CoA-Dehydrogenase

spontan

FAD   *spontan*

kovalent modifizierte Flavinreste

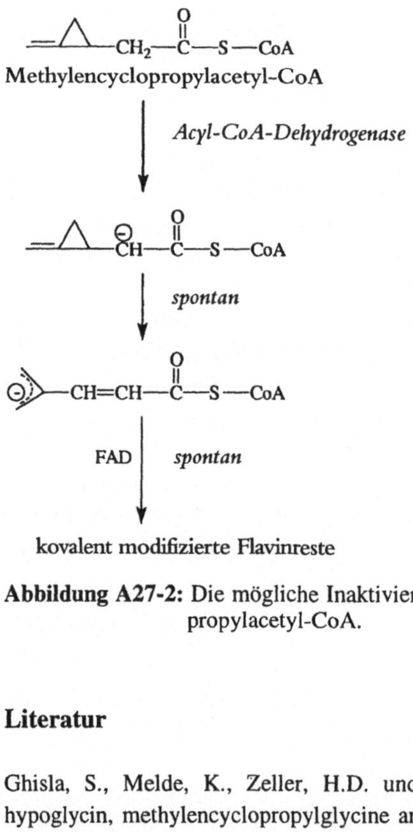

Abbildung A27-2: Die mögliche Inaktivierung der Acyl-CoA-Dehydrogenase durch Methylencyclopropylacetyl-CoA.

Literatur

Ghisla, S., Melde, K., Zeller, H.D. und Boschert, W. Mechanisms of enzyme inhibition by
hypoglycin, methylencyclopropylglycine and their metabolites. K. Tanaka und P.M. Coates (Hrsg.)
Fatty Acid Oxidation: Clinical, Biochemical, and Molecular Aspects (Progress in Clinical and
Biological Research, V. 321). New York: Alan R. Liss, S. 185

Ikeda, Y. und Tanaka, T. Selective interaction of various acyl-CoA dehydrogenases by
methylencyclopropylacetyl-CoA. *Biochim. Biophys. Acta* 1038: 216, **1990**

Tanaka, K. und Ikeda, Y. Hypoglycin and Jamaican vomiting sickness. K. Tanaka und P.M. Coates (Hrsg.) Fatty acid oxidation: Clinical, Biochemical, and Molecular Aspects (Progress in Clinical and Biological Researsch, V. 321). New York: Alan R. Liss, **1990**, S. 167

Wenz, A., Thorpe, C. und Ghisla, S. Inactivation of general acyl-CoA dehydrogenase from pig kidney by a metabolite of hypoglycin A. *J. Biol. Chem.* 256: 9809, **1981**

Antwort 28

a) Ganz offensichtlich liegt eine Störung des Gallensäurestoffwechsels vor. Da der Gesamt-gallensäurespiegel normal ist,kann der Defekt nicht am Anfang des Stoffwechselweges stehen. Cholsäure wird aus 3α,7α,12α-Trihydroxy-5β-cholestan-26-olat hergestellt, Cheno-desoxycholsäure aus 3α,7α-Dihydroxy-5β-cholestan-26-olat. Der Defekt muß also bei einem Enzym liegen, welches in die Synthesewege dieser Gallensäuren involviert ist. In diesen sind fünf Enzyme anzutreffen, deren Reaktionen in Abbildung A28-1 und A28-2 dargestellt sind. Drei der Enzyme (Enoyl-CoA-Hydratase, 3-Hydroxy-CoA-Dehydrogenase und 3-Oxoacyl-CoA-Thiolase) katalysieren auch oxidative Reaktionen der sehr langkettigen Fettsäuren. Da diese jedoch in normalen Mengen vorliegen, kann dies nicht der gesuchte Defekt sein. Bleiben zwei Enzyme übrig, die bei der Synthese von beiden Gallensäuren, Cholsäure und Chenodesoxycholsäure, beteiligt sind: die mikrosomale 3α,7α,12α-Trihydroxy-5β-cholestan-26-oyl-CoA-Synthetase und die 3α,7α,12α-Trihydroxy-5β-cholestan-26-oyl-CoA-Oxidase. Eine dieser beiden muß defekt sein.

Hier weist uns der erhöhte Spiegel der Dicarbonsäure mit 29 Kohlenstoffatomen die Lösung. Auch wenn die genaue Struktur an dieser Stelle unbekannt ist, erscheint es möglich, daß sie aus der Verlängerung einer Gallensäure wie z.B. 3α,7α,12α-Trihydroxy-5β-cholestan-26-olat um 2 Kohlenstoffatome hervorgeht. Die Verlängerung setzt voraus, daß das Substrat (3α,7α,12α-Trihydroxy-5β-cholestan-26-olat) an CoenzymA gekoppelt ist. Wenn also die C29-Gallensäure in normalem oder gar höherem Umfang hergestellt wird, muß das Enzym, welches 3α,7α,12α-Trihydroxy-5β-cholestan-26-olat an CoenzymA koppelt, vorhanden sein. Das defekte Enzym ist dann also die 3α,7α,12α-Trihydroxy-5β-cholestan-26-oyl-CoA-Oxidase sein.

b) Das Enzym ist in den Peroxisomen lokalisiert.

Literatur

Björkheim, I. Mechanism of bile acid biosynthesis in mammalian liver. H. Danielsson und J. Sjövall (Hrsg.) Sterols and Bile Acids. Amsterdam: Elsevier, **1985**, Kap. 9, S. 231

Cass, O.W., Williams, G.C. und Hanson, R.F. Competitive inhibition of side chain oxidation of 3α,7α-Dihydroxy-5β-cholestan-26-oic acid by 3α,7α,12α,Trihydroxy-5β-cholestan-26-oic acid in the hamster. *J. Lipid Res.* 21: 186, **1980**

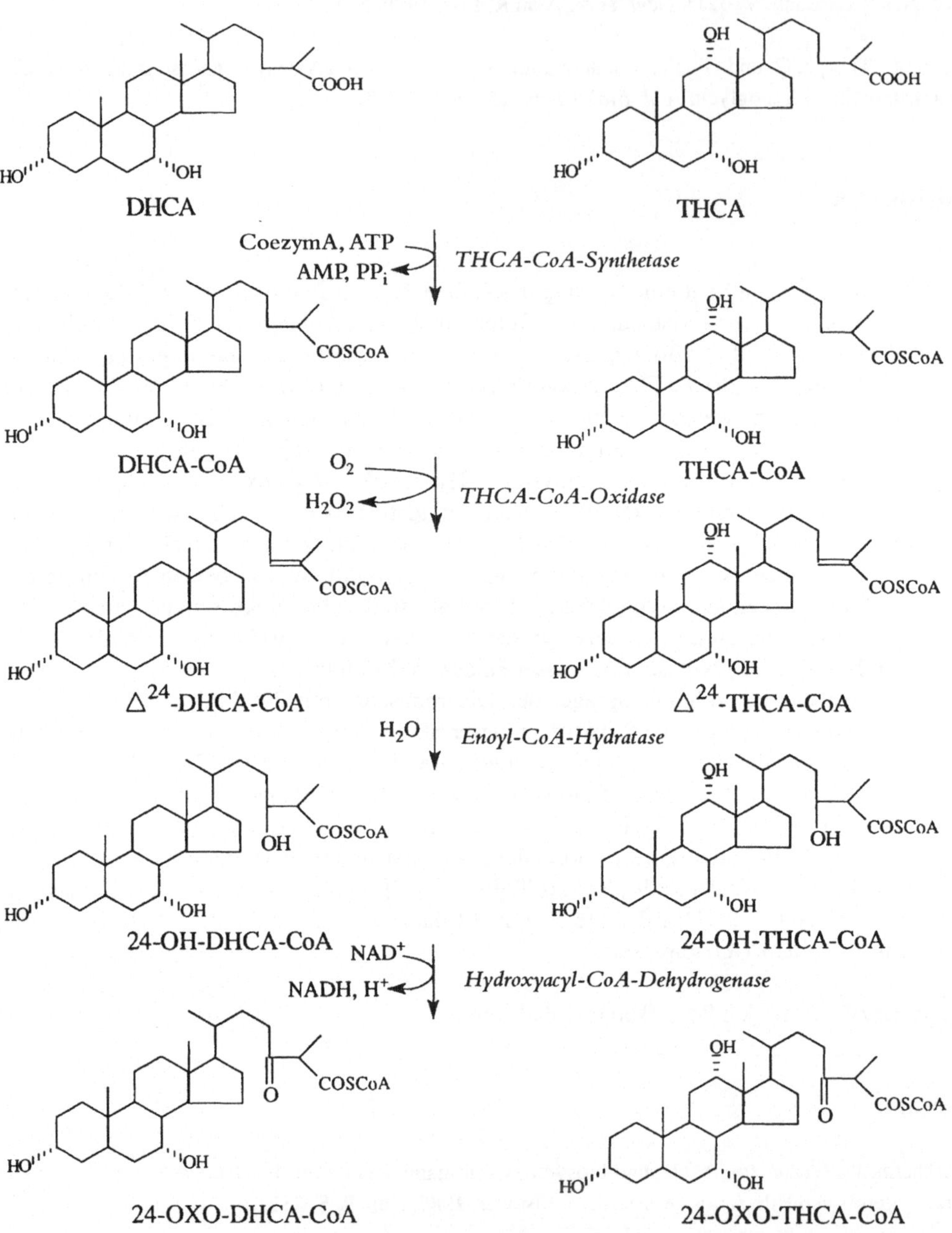

Abbildung A28-1: Synthese der Gallensäuren. Abkürzungen: DHCA, 3α,7α-Dihydroxy-5β-chole-stan-26-olat; THCA, 3α,7α,12α-Trihydroxy-5β-cholestan-26-olat.

24-OXO-DHCA-CoA

24-OXO-THCA-CoA

CoenzymA

Propionyl-CoA ◄   *3-Oxo-acyl-CoA-Thiolase*

CHENODEOXYCHOLYL-CoA

CHOLYL-CoA

Abbildung A28-2: Fortsetzung der Gallensäuresynthese. Abkürzungen wie bei Abbildung A28-1.

Christensen, E., Van Eldere, J., Brandt, N.J., Schutgens, R.B.H., Wanders, R.J.A., und Eyssen, H.J. A new peroxisomal disorder: di- and trihydroxycholestanaemia due to a persumed trihydroxycholestanoyl-CoA oxidase deficiency. *J. Inherit. Metab. Dis.* 13: 363, **1990**

Wanders, R.J.A., Van Roermund, C.W.T., Schutgens, R.B.H., Barth, P.G., Heymans, H.S.A., Van den Bosch, H. und Tager, J.M. The inborn errors of peroxisomal β-oxidation: a review. *J. Inherit. Metab. Dis.* 13: 4, **1990**

Antwort 29

a) In den Lysosomen werden Cholesterolester in freies Cholesterol und Fettsäuren gespalten. Im Falle Ihres Patienten sind die Lysosomen nicht in der Lage, diese Reaktion zu katalysieren. Das defekte Enzym ist also die lysosomale saure Lipase, welche diese Reaktion normalerweise katalysiert (Abbildung A29-1).

b) Wenn das Enzym zwar in Leukozyten vorkommt, nicht jedoch in deren Lysosomen, liegt das Problem beim Proteintargeting. Mit anderen Worten: Das Enzym wird nicht als ein Lysosomales gekennzeichnet, oder der Transport in die Lysosomen ist defekt.

Literatur

Schmitz, G. und Assman, G. Acid lipase deficiency: Wolman disease and cholesteryl ester storage disease. C.R. Scriver, A.L. Beaudet, W.S. Sly und D. Valle (Hrsg.) The Metabolic Basis of Inherited Disease. New York: McGraw-Hill, **1989**, Vol. II, Kap. 64, S. 1623

Cholesterolester

H_2O

R—C—OH   +

Fettsäure   Cholesterol

HO

Abbildung A29-1: Die Reaktion der lysosomalen sauren Lipase.

Antwort 30

a) Ihr Patient ist nicht in der Lage, N-Acetylglucosamin aus den Gangliosiden G_{M2} oder G_{A2} zu entfernen. Diese Reaktion wird durch die Hexosaminidase A katalysiert und ist in Abbildung A30-1 dargestellt.

b) Da die Lysosomen Ihres Patienten synthetische Substrate umsetzen können, ist die Hexosaminidase A präsent und funktionell. Der Befund, daß die Zugabe von Detergenzien die Reaktion ebenfalls ermöglicht, weist in dieselbe Richtung. Das Protein G_{M2}-Aktivator spaltet das Gangliosid G_{M2} aus der Membran ab und erlaubt seinen Abbau durch die Hexosaminidase A. Dieser Aktivator muß defekt sein. Interessanterweise gibt es einen weiteren Aktivator, der in den Stoffwechsel des Gangliosides G_{M1} involviert ist.

c) Da ein Detergenz das defekte Protein ersetzen kann, muß dieses selbst wie ein Detergenz wirken und die Membran aufbrechen, um die Freisetzung des Gangliosids G_{M2} zu erlauben.

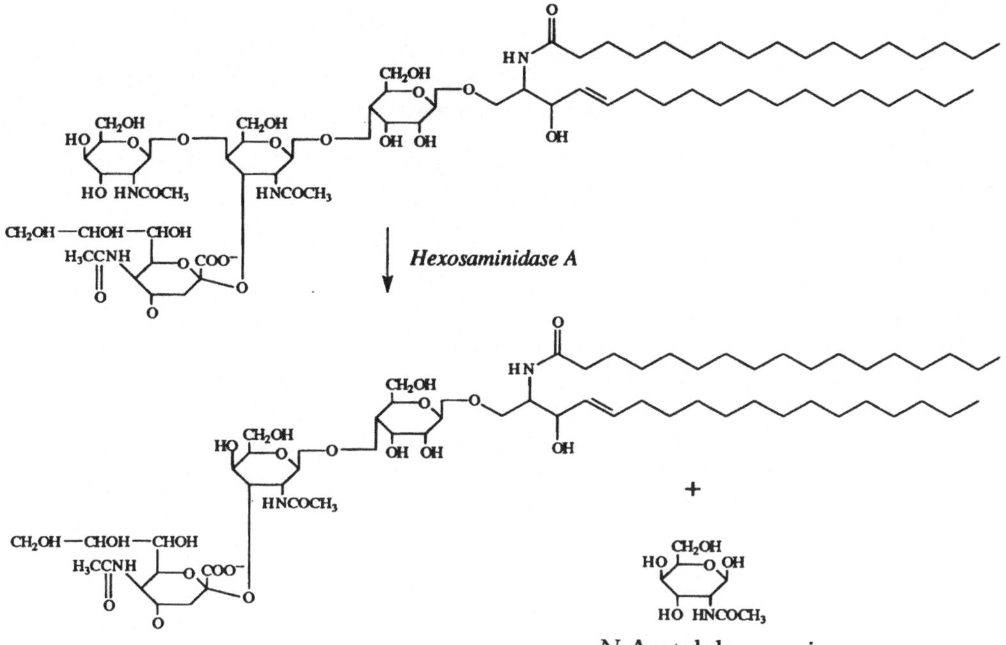

Abbildung A30-1: Die Spaltung des Gangliosids G_{M2} durch die Hexosaminidase A.

Literatur

Li, Y.T. und Li, S.C. Activator proteins for the catabolism of glycosphingolipids. R.W. Ledeen, Yu, R.K., Rapport, M.M. und Suzuki, K. (Hrsg.) Ganglioside Structure, Function, and Biomedical Potential (Advances in Experimental Medicine and Biology, V. 174). New York: Plenum Press, **1984**, S. 213

Sandhoff, K., Conzelmann, E., Neufeld, E.F., Kaback, M.M. und Suzuki, K. The G_{M2} gangliosidoses. C.R. Scriver, A.L. Beaudet, W.S. Sly und D. Valle (Hrsg.) The Metabolic Basis of Inherited Disease. New York: McGraw-Hill, **1989**, Vol. II, Kap. 72, S. 1807

Vitamine

Problem 31-33

Problem 31

Ihr Patient ist ein Säugling, der häufig erbricht, Atemprobleme hat und schlecht gedeiht. Im Serum finden sich hohe Werte an D- und L-Methylmalonat. Die Werte für das Vitamin B_{12} sind normal. Sein Zustand verändert sich auch nach der Injektion von Vitamin B_{12} nicht. Sie kultivieren einige seiner Fibroblasten, präparieren daraus ein zellfreies Extrakt und messen den Ablauf einiger ausgewählter Reaktionen nach Zugabe verschiedener Cobalamine. Die Ergebnisse sind in Tabelle P31-1 zusammengefaßt.

a) Welches Enzym ist defekt?

b) Notieren Sie den Stoffwechselweg, in dem dieses Enzym vorkommt.

Tabelle P31-1

Wertigkeit des Kobalts im Cobalamin	L-MethylmalonylCoA $\rightarrow$ Succinat	Homocystein $\rightarrow$ Methionin
+3	Reaktion erfolgt nicht	Reaktion ist normal
+1	Reaktion ist normal	nicht untersucht

Problem 32

Sie haben zwei Patienten mit perniziöser Anämie (Anämie, neurologische Probleme, Methylmalonyl-Azidose). Im Darm stellen Sie einen normalen Spiegel des intrinsischen Faktors fest, die Serumwerte für Cobalamin sind normal. Nach einer Leberbiopsie bemerken Sie, daß bei beiden die Leberwerte für Cobalamin sehr niedrig sind. Sie entschließen sich, das nachfolgend beschriebene Experiment mit Leberzellen Ihrer beiden Patienten und von Vergleichspersonen durchzuführen. Außerdem nehmen Sie von Ihren Patienten und Kontrollpersonen Serum ab. Mit Hilfe einer Immunaffinitätschromatographie haben Sie das gesamte Cobalamin aus den Proben entfernt. Sie benutzen dann verschiedene Kombinationen von Zellen sowie Serum und geben radioaktives Cobalamin hinzu. Sie messen dabei die Aufnahme von Cobalamin in die Zellen. Die Ergebnisse entnehmen Sie Tabelle P32-1.

a) Welches Enzym ist bei Patient 1 defekt?

b) Wo liegt möglicherweise der Defekt bei Patient 2?

Tabelle P32-1

Quelle der Zellen	Quelle des Serums	Aufnahme radioaktiven Cobalamins in die Zellen (% des Normalwertes)
Kontrollperson	Kontrollperson	100
Kontrollperson	Patient 1	5
Patient 1	Kontrollperson	100
Patient 1	Patient 1	5
Kontrollperson	Patient 2	100
Patient 2	Kontrollperson	5
Patient 2	Patient 2	5
Patient 2	Patient 1	5
Patient 1	Patient 2	100

Problem 33

Ihre Patientin, ein fünf Monate altes Mädchen, hat Atemprobleme, erscheint lethargisch und weist eine metabolische Azidose auf. Im Urin finden sich erhöhte Konzentrationen von β-Hydroxypropionat, Methylcitrat, β-Methylcrotonylglycin und anderer organischer Säuren. Sie kultivieren die Fibroblasten der Patientin und stellen aus ihnen ein zellfreies Extrakt her. Zu diesem fügen Sie radioaktiv markiertes Propionyl-CoA hinzu und stellen fest, daß relativ wenig Methylmalonyl-CoA gebildet wird. Nach Zugabe radioaktiv markierten Pyruvats entsteht wenig Oxalacetat; nach Zugabe von markiertem 3-Methylcrotonyl-CoA findet sich relativ wenig 3-Methylglutaconyl-CoA. Die Konzentration an Biotin in diesen Zellen ist normal. Als letztes Experiment geben Sie radioaktiv markiertes Biotin hinzu und messen, wieviel Radioaktivität in Proteine eingebaut wird. Dabei stellt sich heraus, daß der Einbau sehr viel geringer ausfällt als in Vergleichszellen.

a) Wie heißt das defekte Enzym? Welche Reaktion katalysiert es?

b) Beschreiben Sie den Stoffwechselzusammenhang, in dem dieses Enzym auftaucht.

c) Biotin in der Nahrung kann die Krankheit lindern, aber nicht in allen Fällen. Warum?

Antwort 31

a) Derivate von Vitamin B_{12} (Cobalamin) nehmen als Cofaktoren an einigen wenigen Stoff-wechselreaktionen teil. Eine von ihnen, katalysiert durch die Homocystein-Methyltrans-ferase, bedarf Methylcobalamin und überführt im Cytosol Homocystein zu Methionin. Die andere, im Mitochondrium lokalisierte Reaktion wird durch die Methylmalonyl-CoA-Muta-se katalysiert und überführt L-Methylmalonyl-CoA zu Succinyl-CoA, welches weiter zu Succinat umgesetzt wird. Das Enzym benötigt Desoxyadenosylcobalamin. In beiden, Me-thylcobalamin und Desoxyadenosylcobalamin, muß das Cobaltatom im Oxidationszustand +1 vorliegen, obwohl das Cobalt, welches wir mit der Nahrung aufnehmen, im Zustand +3 vorkommt.

Tabelle P31-1 zeigt, daß die cytosolische Reaktion (Umwandlung von Homocystein zu Methionin) normal verläuft, auch wenn das Cobalt im Oxidationszustand +3 vorliegt. Dies bedeutet, daß die cytosolische Cobalamin-Reduktase, welche Cobalt vom Zustand +3 in den Zustand +1 überführt, funktionell ist und die Methylierung des Cobalamin normal ist. Die mitochondriale Reaktion hingegen (Methylmalonyl-CoA-Mutase) läuft nicht ab, wenn Cobalt im Oxidationszustand +3 ist. Da die Reaktion mit Cobalt im +1 Zustand normal verläuft, stellt es kein Problem dar, Cobalt in die Mitochondrien zu bekommen oder die Adenosylgruppe anzuhängen. Der Defekt muß daher in der mitochondrialen Cobalamin-Reduktase liegen.

b) Cobalamin-Reduktase überführt Cobalamin (III) zu Cobalamin (II) und dann zu Cobalamin (I). Siehe dazu Abbildung A31-1.

Ihr Patient hat eine Methylmalonat-Azidämie.

Literatur

Gimsing, P. und Nexo, E. The forms of cobalamin in biological materials. Hall, C.A. (Hrsg.) The Cobalamins. Edinburgh: Churchill Livingstone, **1983**, Kap. 1, S.7

Zittoun, J. und Marquet, J. Inherited disorders of cobalamin metabolism. J. Zittoun und B.A. Cooper (Hrsg.) Folates and Cobalamins. Berlin: Springer-Verlag, **1989**, Kap. 18, S.219

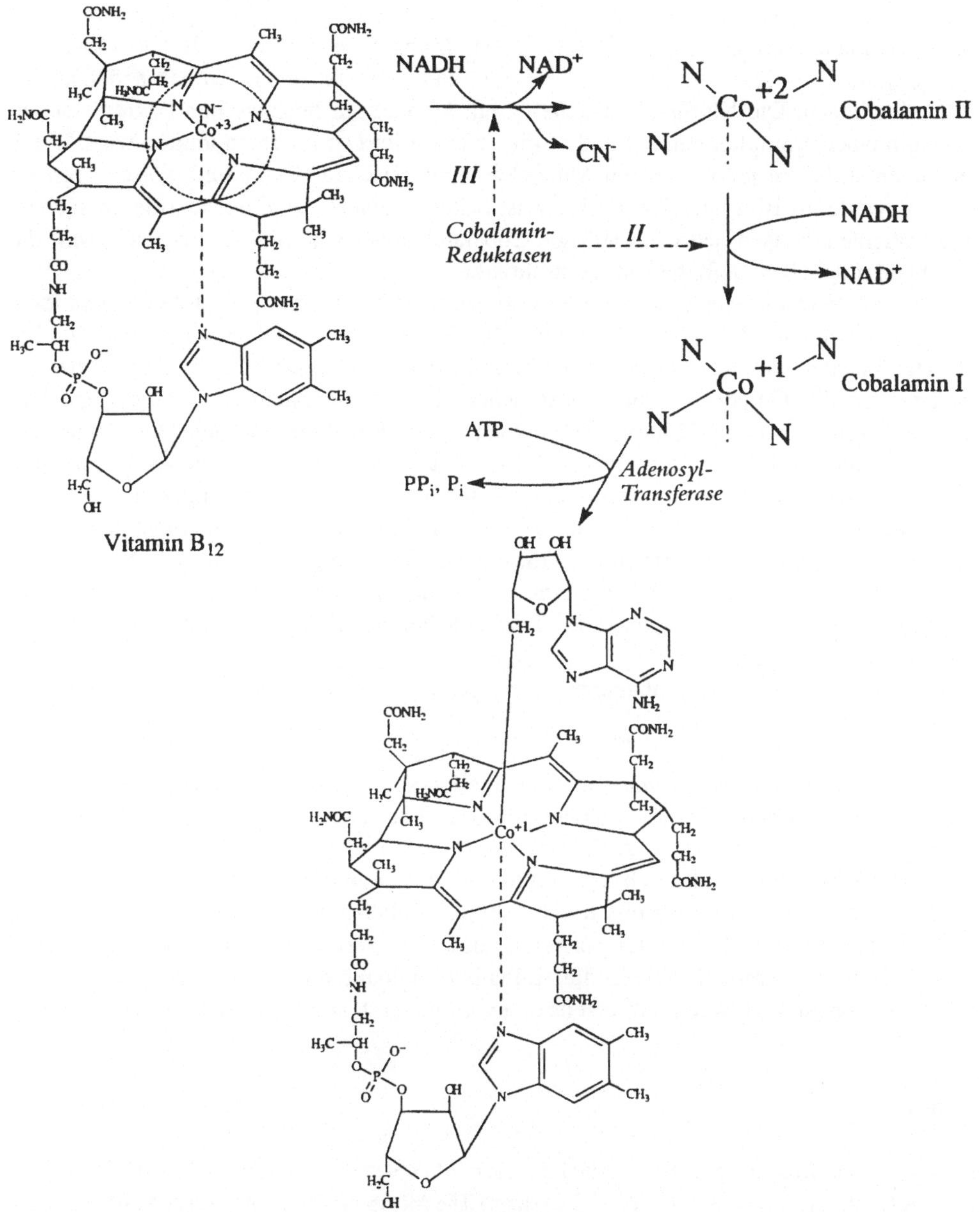

Abbildung A31-1: Die Synthese von Desoxyadenosylcobalamin. Der gepunktete Kreis in der Strukturformel von Vitamin B_{12} zeigt die Region an, welche oben rechts vergrößert dargestellt ist. Co^{3+} wird durch die Cobalamin-Reduktase zu Co^+ reduziert.

Antwort 32

a) Die pernizöse Anämie wird durch einen Mangel an Vitamin B_{12} (Cobalamin) hervorgerufen. Dies kann an der Art der Ernährung oder an einem Aufnahmedefekt des Cobalamins liegen. Die häufigste Ursache ist ein Mangel am intrinsischen Faktor, der mit Cobalamin einen Komplex eingeht und in dieser Form im Darm aufgenommen wird. Beide Ihrer Patienten haben jedoch keinen Mangel am intrinsischen Faktor und weisen normale Cobalaminwerte im Blut auf. Das Problem ist daher in einem der Folgeschritte zu suchen. Beide Patienten weisen jedoch niedrige Cobalaminspiegel in der Leber auf, was die Auswahl an möglichen Defekten stark einschränkt.

Cobalamin wird im Blut nicht frei transportiert, sondern an Transportproteine gebunden, die Transcobalamine. Von diesen existieren drei Stück, Transcobalamin I, II und III. Sie sind untereinander und auchmit dem intrinsischen Faktor verwandt. In die Aufnahme von Cobalamin in die Gewebe ist im wesentlichen das Transcobalamin II involviert. Der Transcobalamin-Cobalamin-Komplex bindet an einen Rezeptor auf der Oberfläche der Leberzellen und wird dann internalisiert. Im Falle des Patienten 1 können die Leberzellen radioaktives Cobalamin aus dem Serum einer gesunden Person aufnehmen. Gesunde Leberzellen hingegen können das Cobalamin aus dem Serum Ihres Patienten nicht verwerten. Dies zeigt, daß der Rezeptor normal ist, Transcobalamin II hingegen nicht. Die Situation ist in Wirklichkeit noch etwas komplizierter. Obwohl mit der Nahrung aufgenommenes Cobalamin sofort einen Komplex mit Transcobalamin bildet und von den Geweben aufgenommen wird, liegt das meiste Cobalamin an Transcobalamin I gebunden vor. Die Funktion dieses Proteins ist unbekannt. Dies ist der Grund, warum Ihr Patient normale Serumwerte für Cobalamin hat.

b) Im Falle Ihres Patienten 2 können die Leberzellen kein radioaktiv markiertes Cobalamin aufnehmen, auch nicht aus Serum, welches normales Transcobalamin II enthält. Hier ist also der Rezeptor defekt, der für die Aufnahme des Transcobalamin-II-Cobalamin-Komplexes verantwortlich ist. Dies wird durch den Befund erhärtet, daß das Serum Ihres Patienten die Aufnahme radioaktiven Cobalamins durch normale Zellen ermöglicht. Die Gesamtlösung des Problems ergibt sich aus der Tatsache, daß das Serum des Patienten 2, welches normales Transcobalamin II enthält, die Aufnahme radioaktiven Cobalamins in die Zellen von Patient 1 begünstigt, welche ihrerseits einen normalen Rezeptor enthalten.

Literatur

Fenton, W.A. und Rosenberg, L.E. Inherited disorders of cobalamin transport and metabolism. C.R. Scriver, A.L. Beaudet, W.S. Sly und D. Valle (Hrsg.) The Metabolic Basis of Inherited Disease. New York: McGraw-Hill, **1989**, Vol. II, Kap. 82, S. 2065

Johnston, J., Yang-Feng, T. und Berliner, N. Genomic structure and mapping of the chromosomal gene for transcobalamin I (TCN1): comparison to human intrinsic factor. *Genomics* 12: 459, **1992**

Platica, O., Janeczko, R., Quadros, E.V., Regec, A., Romain, R. und Rothenberg, S.P. The cDNA sequence and the deduced amino acid sequence of human transcobalamin II show homology with rat intrinsic factor and human transcobalamin I. *J. Biol. Chem.* 266: 7860, **1991**

Antwort 33

a) Das Spektrum verschiedener Säuren, deren Konzentrationen erhöht sind, läßt einen Defekt vermuten, der eine weitgestreute Wirkung zeigt. Die Enzym-Assays, die Sie durchführen, zeigen, daß die Enzyme defekt sind, die Propionyl-CoA zu Methylmalonyl-CoA, Pyruvat zu Oxalacetat und 3-Methylcrotonyl-CoA zu 3-Methylglutaconyl-CoA überführen. Dies sind im Einzelnen: Propionyl-CoA-Carboxylase, Pyruvatcarboxylase und β-Methylcrotonyl-CoA-Carboxylase. Ein Überfluß an Propionyl-CoA kann in Methylcitrat und 3-Hydroxypropionat überführt werden, während überflüssiges 3-Methylcrotonyl-CoA in 3-Methylcrotonylglycin umgewandelt wird. Ein Defekt in den oben genannten Enzymen könnte also die beobachteten Effekte erklären.

Was ist all diesen Enzymen gemein? Alle sind Carboxylasen, welche Biotin als Coenzym verwenden. Biotin wird durch das Enzym Holocarboxylase-Synthetase kovalent an die Carboxylasen gebunden. Die Biotinkonzentrationen bei Ihrer Patientin sind normal, eine unzureichende Zufuhr mit der Nahrung oder eine schlechte Aufnahme scheiden daher aus. Daß radioaktiv markiertes Biotin nicht in Proteine eingebaut wird, weist auf das Enzym Holocarboxylase-Synthetase als defektes Enzym hin. Die Reaktion des Enzyms Holocarboxylase-Synthetase ist in Abbildung A33-1 gezeigt.

b) Der Reaktionszyklus, durch den Biotin an die Carboxylase gebunden und wieder freigesetzt wird, ist in Abbildung A33-1 gezeigt.

c) Unter den Umständen, daß das Enzym Holocarboxylase-Synthetase defekt ist, könnte die Zufuhr von Biotin mit der Nahrung je nach Art des Defektes eventuell Abhilfe schaffen. Ist z.B. die Affinität des Enzyms zu Biotin vermindert, könnte dies durch ein Überangebot von Biotin ausgeglichen werden. Bindet das Enzym im Gegensatz dazu jedoch gar kein Biotin, bringt eine erhöhte Zufuhr von Biotin keine Abhilfe. Der Defekt des Enzyms kann natürlich auch den katalytischen Mechanismus betreffen, wodurch die Bindung an die Holocarboxylase oder die Bindung von ATP verhindert wird. Auch in diesen Fällen bringt die Zufuhr von Biotin nichts. Wichtige Prozesse, wie z.B. die Gluconeogenese, würden inhibiert.

Literatur

Wolf, B. und Heard, G.S. Disorders of biotin metabolism. C.R. Scriver, A.L. Beaudet, W.S. Sly und D. Valle (Hrsg.) The Metabolic Basis of Inherited Disease. New York: McGraw-Hill, **1989**, Vol. II, Kap. 83, S. 2083

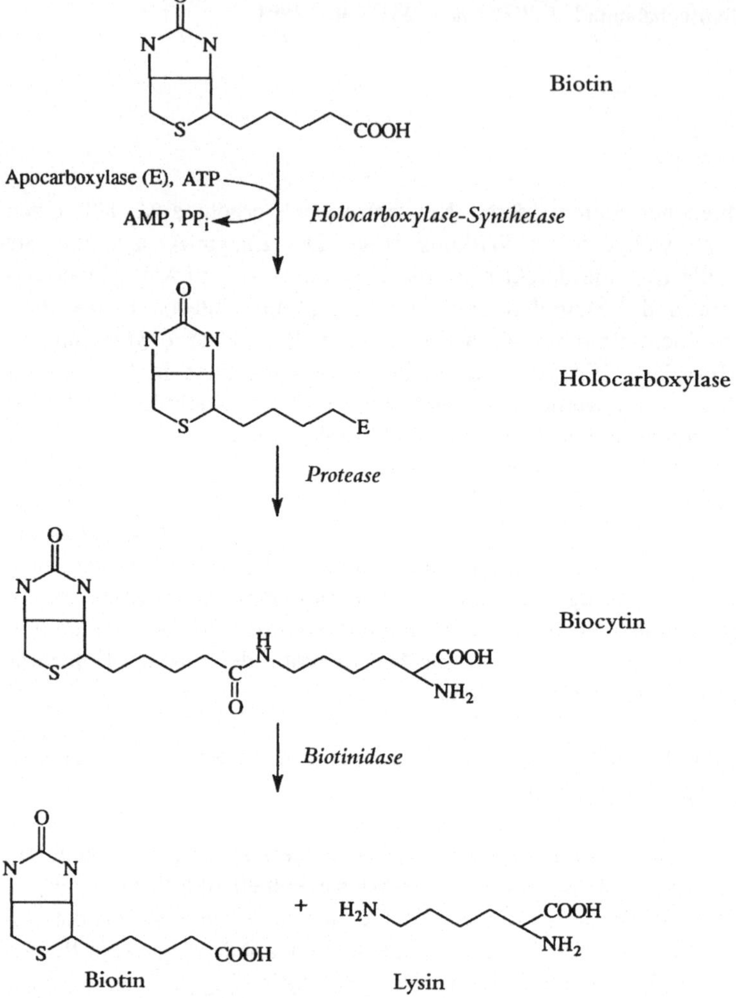

Biotin

Apocarboxylase (E), ATP

AMP, PP_i

Holocarboxylase-Synthetase

Holocarboxylase

Protease

Biocytin

Biotinidase

Biotin + Lysin

Abbildung A33-1: Der Biotinzyklus.

Mineralstoffwechsel

Problem 34-40

Problem 34

Dies ist ein hypothetisches Problem. Es ist denkbar, daß sich jemand über Monate hinweg mit einer künstlichen Diät ernährt, der jegliche Spuren von Selen fehlt. Diese Person könnte unter Umständen Symptome eines Hypothyreodismus entwickeln. Der Iod-Spiegel in der Nahrung wie auch in der Schilddrüse wäre normal. Die Konzentration zirkulierenden Thyroxins wäre normal, der Spiegel an 3,5,3'-Triiodthyronin wäre gering.

a) Welches Enzym wäre in Mitleidenschaft gezogen? Was macht es?

b) Warum würde gerade ein Mangel an Selen die Wirkung dieses Enzyms beeinträchtigen?

c) Welche anderen Enzyme enthalten Selen? Wie wird Selen in diese Enzyme eingebaut?

Problem 35

Ihr Patient, ein 2 Monate alter Junge, muß häufig erbrechen, leidet an Anfällen und ist psychomotorisch retardiert. Nach einer Leberbiopsie stellen Sie fest, daß die Konzentration an Sulfit (SO_3^{2-}) sehr hoch ist. In den isolierten Zellen ist die Aktivität der Xanthin-Oxidase sehr gering. Eine Blutanalyse ergibt, daß seine Nahrung völlig ausreichend ist.

a) Was stimmt bei Ihrem Patienten nicht?

b) Wie sieht die Struktur der fehlenden Substanz aus? Wie wird diese hergestellt?

c) Würden Sie erwarten, daß die Aktivität der Aldehydoxidase höher oder niedriger ist? Warum?

Problem 36

Ihr Patient hat eine metabolische Azidose. Im Plasma liegt ein geringer Spiegel an HCO_3^- vor, die Werte für den Urin fallen hingegen vergleichsweise höher als normal aus. Sie identifizieren das Problem als eine Manifestation einer proximalen, renal-tubulären Azidose. Das System, mit dessen Hilfe die Nieren HCO_3^- rückresorbieren, beruht auf folgenden Proteinen: An der apikalen Membran ein Na^+/H^+-Antiporter, an der basolateralen Membran eine Na^+/K^+-ATPase, an der apikalen Seite eine H^+-ATPase, an der basolateralen Seite ein $Na(HCO_3^-)$-Symporter und eine luminale Carboanhydrase. Beschreiben Sie, wie die hohen Urinwerte für HCO_3^- entstehen können, unter der Annahme, daß folgende Proteine defekt sind:

a) der apikale Na^+/H^+-Antiporter,

b) die basolaterale Na^+/K^+-ATPase oder

c) die apikale H^+-ATPase.

Problem 37

Ihre Patientin ist ein zweijähriges Mädchen aus einem Beduinenstamm, in dem es schon viele Heiraten innerhalb des Stammes gegeben hat. Die Patientin hat Verformungen des Skeletts und Knochenschmerzen. Sie würden ihre Symptome als Ausdruck einer Rachitis diagnostizieren, mit der Ausnahme, daß der Serumgehalt an 1α,25-Dihydroxycholecalciferol erhöht ist. Die Serumwerte für Phosphat sind sehr niedrig. Auch die Werte für Parathormon sind niedrig. Die Konzentrationen von Phosphat und Calcium im Blut sind hoch. Ein Test, bei dem Sie oral Calcium und Phosphat verabreichen, zeigt, daß sowohl Calcium als auch Phosphat leicht resorbiert werden. Eine Injektion von Parathormon verursacht einen Anstieg der cAMP-Konzentration im Urin. Sie stellen außerdem fest, daß die orale Gabe von Calcium allein Ihrer Patientin nicht hilft. Genauso sieht es mit der oralen Gabe von Vitamin D oder 1α,25-Dihydroxycholecalciferol aus. In dem Moment aber, in dem Phosphat zur Nahrung zugegeben wird, verschwinden die Symptome.

a) Welches Protein ist bei Ihrer Patientin wahrscheinlich defekt?

b) Wie führt dieser Defekt zu Rachitis?

Problem 38

Die Lungen Ihrer Patientin sind mit zähflüssigem Schleim belegt, der das Atmen erschwert und die Patientin anfällig für Pneumonien und andere z.T. lebensbedrohliche Lungenerkrankungen macht. Die Verdauungsenzyme des Pankreas liegen in verminderter Menge vor, so daß sie einen Fettstuhl hat und nur langsam wächst. Wenn sie stark schwitzt, erscheinen NaCl-Kristalle auf ihrer Haut. Die Konzentration von Chloridionen in ihrem Lungensekret ist außergewöhnlich niedrig. Sie stellen fest, daß in den Epithelzellen des respiratorischen Traktes ein Protein verändert ist. Mit Hilfe eines geeigneten Plasmides transfizieren Sie Epithelzellen Ihrer Patientin und einer Vergleichsperson sowohl mit der veränderten Form des Proteins als auch mit der normalen Form. Sie messen den Chloridtransport und fassen die Daten in Tabelle P38-1 zusammen.

Sie vergleichen die Sequenz der Mutante und des normalen Proteins und stellen fest, daß das Phenylalanin, welches normalerweise in Position 508 gefunden wird, bei ihrer Patientin fehlt. Normalerweise liegt in dieser Region vermutlich eine β-Faltblattstruktur vor. Unter Verwendung eines Antikörpers gegen das Protein machen Sie Immunfluoreszenzstudien. Dabei ergibt sich, daß bei Ihrer Patientin das Protein in Kernnähe und nicht auf der Membran zu finden ist. Bei Kontrollpersonen stellen Sie fest, daß das Protein an vielen Stellen in der Zelle zu finden ist, auch auf der Zellmembran. Bei der Kontrollperson ist das Protein darüber hinaus glykosyliert, bei Ihrer Patientin nicht.

Sie reinigen das veränderte Protein Ihrer Patientin und rekonstituieren es mit Phospholipiden. An den dabei entstehenden Liposomen messen Sie den Chloridtransport. Es ergeben sich normale Werte.

Sie inkubieren das Protein Ihrer Patientin und das äquivalente Protein der gesunden Kontrollperson mit dem Protein Calnexin. Beide binden an letzteres gleich gut, mit der Zeit aber verläßt Calnexin den Komplex, der das Protein der Kontrollperson enthält. Der Komplex aus dem Patientenprotein und Calnexin erweist sich als stabil.

a) Welche Funktion übernimmt dieses Protein normalerweise?

b) Stellen Sie eine Kausalkette auf, beginnend bei der Veränderung des Proteins und endend bei den Symptomen. Gehen Sie sicher, alle oben erwähnten experimentellen Ergebnisse zu erklären. Spekulieren Sie.

Tabelle P38-1

Quelle der Epithelzellen	Quelle des transfizierten Proteins	Chloridtransport (% des Vergleichswertes)
Kontrollperson	keines	100
Patientin	keines	5
Patientin	Patientin	10
Patientin	Kontrollperson	100

Problem 39

Ihr Patient, ein 5-jähriger Junge, hat seine Milchzähne schon früh verloren. Er scheint Rachitis zu haben und benötigte lange, um Laufen zu lernen. Der Serumspiegel für Phosphoethanolamin, anorganisches Pyrophosphat und Pyridoxal-5'-phosphat sind sehr viel höher als normal. Die intrazelluläre Konzentration an Pyridoxal-5'-phosphat ist normal. Sie nehmen Blut ab und fügen radioaktives Pyrophosphat hinzu. Anschließend messen Sie die Freisetzung radioaktiven Phosphats. Es zeigt sich, daß diese geringer ausfällt als normal. Sie veranlassen eine Biopsie des Darms und stellen aus den so gewonnenen Zellen ein zellfreies Extrakt her und wiederholen den Versuch. Hier ist die Freisetzung radioaktiven Phosphats normal.

a) Welches Enzym ist defekt?

b) Wie erklären Sie, daß die Reaktion im Darm normal verläuft, im Blut jedoch herabgesetzt ist?

c) Wie erklären Sie, daß Ihr Patient abgesehen von dem Befund extrazellulär erhöhter Pyridoxal-5'-phosphat-Konzentrationen keine Anzeichen einer Vitamin-B_6-Vergiftung zeigt?

Problem 40

Ihre Patientin ist geistig zurückgeblieben. Auf der Röntgenaufnahme erscheinen ihre Knochen ausgesprochen dicht. Ein CT ergibt, daß Teile ihres Gehirns calcifiziert sind. Sie entnehmen eine Knochenprobe und isolieren die Osteoklasten. Zu einem zellfreien Extrakt fügen Sie radioaktiv markiertes CO_2 hinzu. Sie stellen fest, daß die Synthese von HCO_3^- vergleichsweise gering ist.

a) Benennen Sie das defekte Enzym, und zeigen Sie seine Reaktion auf.

b) Wie erklärt dies die außerordentlich hohe Knochendichte?

Antwort 34

a) Die Tyroxinwerte sind normal, was darauf hinweist, daß die Synthese der Schilddrüsenhormone keinerlei Probleme bereitet. Die niedrigen Konzentrationen von 3,5,3'-Triiodthyronin (T_3) lassen den Defekt bei der Umwandlung von Thyroxin zu T3 vermuten. Wir besitzen zwei Enzyme, welche diese Reaktion übernehmen: Typ-I und Typ-II-Iodothyronin-5'-Deiodase. Das Typ-I-Enzym enthält Selen, Typ-II hingegen nicht. Das Typ-I-Enzym finden wir in der Leber und der Niere. Man nimmt an, daß dieses Enzym eine Hauptrolle in der Regulation des T3-Spiegels übernimmt. Das Typ-II-Enzym wird in der Hypophyse und im braunen Fettgewebe gefunden. Es spielt eine Rolle bei der lokalen Umwandlung von Thyroxin zu T_3. Aus diesen Gründen ist es wahrscheinlich, daß das defekte Enzym die Typ-I-Iodothyronin-5'-Deiodase ist, welche die in Abbildung A34-1 dargestellte Reaktion katalysiert.

Da T3 aktiver und wirksamer ist als Thyroxin, zeigen Personen mit einem Defekt in diesem Enzym Symptome einer Hypothyreose.

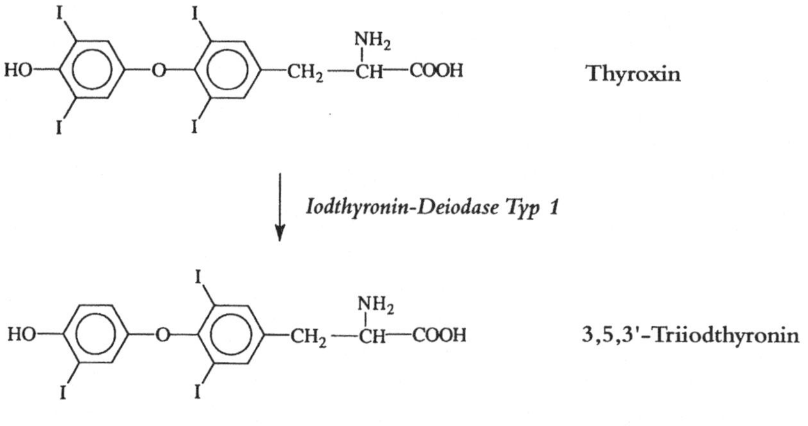

Abbildung A34-1: Die Reaktion der Iodothyronin-5'-Deiodase.

b) Typ-I-Iodothyronin-5'-Deiodase enthält die Aminosäure Selenocystein, welche für die katalytische Aktivität von Bedeutung ist.

c) Selen ist auch Bestandteil der Glutathionperoxidase, welche die Reaktion

$$2GSH + H_2O_2 \rightarrow GSSG + 2H_2O$$

katalysiert. Selen ist ein wichtiges Spurenelement unserer Nahrung. Obwohl ein Selenmangel sehr selten ist, gibt es einige Gebiete in China, in denen er unter der Bezeichnung Keshanerkrankung auftritt. Er tritt dort bei Kindern von Bauern auf, die ihre Nahrung auf Selen-armen Böden anbauen. Ein Symptom stellt die Kardiomyopathie dar.

Selen ist Bestandteil des Restes Selenocystein. Achten Sie dabei auf die Ähnlichkeit zu Cystein und Serin (Abbildung A34-2).

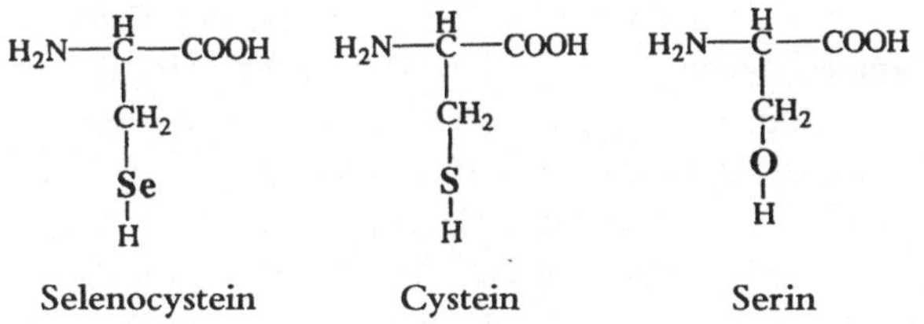

$$H_2N\!-\!\overset{\displaystyle H}{\underset{\displaystyle \substack{CH_2 \\ | \\ Se \\ | \\ H}}{C}}\!-\!COOH \qquad H_2N\!-\!\overset{\displaystyle H}{\underset{\displaystyle \substack{CH_2 \\ | \\ S \\ | \\ H}}{C}}\!-\!COOH \qquad H_2N\!-\!\overset{\displaystyle H}{\underset{\displaystyle \substack{CH_2 \\ | \\ O \\ | \\ H}}{C}}\!-\!COOH$$

Selenocystein   Cystein   Serin

Abbildung A34-2: Die Strukturformeln von Selenocystein, Cystein und Serin.

Selenocystein gehört nicht zu den 20 proteinogenen Aminosäuren und wird nicht während der normalen Proteinbiosynthese in ein Protein eingebaut. Selenocystein wird aber auch nicht durch durch eine posttranslationale, sondern im Rahmen einer cotranslationalen Modifikation hergestellt. Dieser Prozeß wird in Abbildung A34-3 dargestellt. Zunächst bindet eine Aminoacyl-tRNA-Synthetase Serin an eine bestimmte tRNA, die sich durch eine Reihe einzigartiger Strukturmerkmale auszeichnet. Dann ersetzt die Selenocystein-Synthase das Sauerstoffatom des Serins durch ein Selenatom. Es entsteht eine Selenocysteinyl-tRNA.

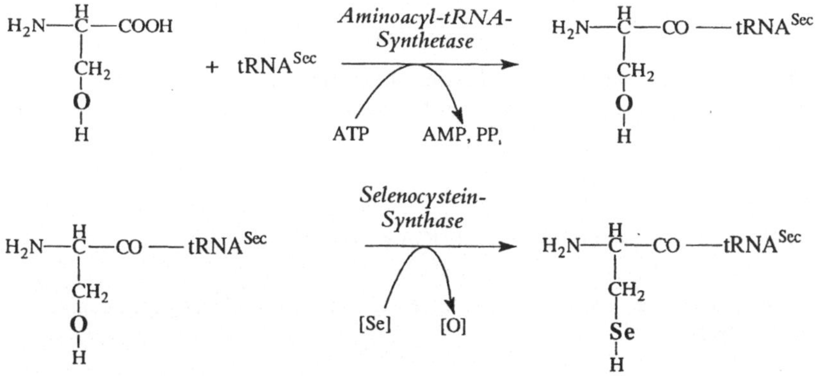

Abbildung A34-3: Der Einbau von Selen in Proteine.

Während die Deiodase am Ribosom hergestellt wird, erkennt die tRNA^{Sec} ein UGA-Codon im richtigen Leserahmen und baut Selenocystein in Position 126 der Aminosäuresequenz ein. Freies Selenocystein bindet nicht an tRNA und wird auch nicht in Proteine inkorporiert.

Warum wird dieses UGA aber nicht als ein Stopcodon gelesen? Am 3'-Ende der mRNA befindet sich eine lange, nicht translatierte Region. Der offene Leserahmen befindet sich zwischen den Nukleotiden 7 und 780 der mRNA, der nicht translatierte Bereich umfaßt die Nukleotide 781 bis 2106. Zwischen den Basen 1440 und 1615 befindet sich eine Region, die kontrolliert, wie das UGA-Codon (382-384) gelesen wird. Wird das UGA-Codon zu UGU mutiert, einem Cysteincodon, wird das Enzym mit einem Cysteinrest anstelle des Selenocystein an Position 126 hergestellt. Es ist vollständig aktiv, weist jedoch einen 10-fach niedrigeren K_m-Wert für 3,5,3'-Triiodthyronin auf. Entfernt man die Kontrollregion im 3'-nicht-translatierten Bereich, hat dies keine Auswirkung auf die Aktivität des Enzyms. Anders jedoch bei dem Enzym mit dem normalen UGA-Codon: Hier wird kein aktives Enzym mehr hergestellt, das UGA als ein Stopcodon gelesen. Der angesprochene Bereich der mRNA kontrolliert also, wie das UGA-Codon gelesen wird. Ist es präsent, kodiert UGA für Selenocystein. Interessanterweise finden wir ein analoges Sequenzmotiv im 3'-nicht-translatierten Bereich der mRNA für die Glutathionperoxidase. Zwei solcher Abschnitte sind in der mRNA des Selenoproteins P zu finden, dem einzigen anderen Selenoprotein bei Säugern. Selenoprotein P enthält 8-10 UGA-Codons, die alle als Selenocystein gelesen werden. In allen Fällen läßt sich für diese Abschnitte eine Haarnadelstruktur voraussagen. Entfernt man acht Basen, die für die Schleife verantwortlich sind, wird die Expression der Deiodase bzw. der Peroxidase vollständig gehemmt. Es sieht so aus, als gäbe es einen Faktor, vielleicht einen Elongationsfaktor, welcher spezifisch die Sekundärstruktur der Schleifenregion der mRNA erkennt. Es wird postuliert, daß der Komplex aus Haarnadelstruktur und Faktor mit dem UGA-Codon interagiert und sicherstellt, daß eine Selenocystein-tRNA an dieser Position bindet.

Gibt es eine Möglichkeit für Selenocystein direkt in ein Protein eingebaut zu werden? Die Antwort ist NEIN, da es ein Enzym gibt, die Selenocystein-Lyase, welches Selenocystein zu Alanin und Selenwasserstoff (H_2Se) abbaut.

Literatur

Berry, M.J., Banu. L., Chen, Y., Mandel, S.J., Kieffer, J.D., Harney, J.W. und Larsen, P.R. Recognition of UGA as a selenocysteine codon in type I deiodinase requires sequences in the 3' untranslated region. *Nature* 353: 273, **1991**

Berry, M.J., Banu, L., Harney, J.W. und Larsen, P.R. Functional characterization of the eukaryotic SECIS elements which direct selenocysteine insertion at UGA codons. *EMBO J.* 12: 3315, **1993.**

Berry, M.J., Banu, L., und Larsen, P.R. Type I iodothyronine deiodinase is a selenocystein-containing enzyme. *Nature* 349: 438, **1991**

Berry, M.J. und Larsen, P.R. Molecular cloning of the selenocystein-containing enzyme type I iodothyronine deiodinase. *Am. J. Clin. Nutr. Suppl.* 57: 249S, **1993**

Daher, R. und Van Lente, F. Characterization of selenocysteine lyase in human tissues and its relationship to tissue selenium concentrations. *J. Trace Elem. Elektrolytes Health Dis.* 6: 189, **1992**

Hill, K.E., Lloyd, R.S. und Burk, R.F. Conserved nucleotide sequences in the open reading frame and the 3' untranslated region of selenoprotein P mRNA. *Proc. Nat. Acad. Sci. USA* 90: 537, **1993**

Litov, R.E. und Combs, G.F. Selenium in pediatric nutrition. *Pediatrics* 87: 339, **1991**

Liu, S.Y. und Wang. F. Damage to hepatic thyroxine 5'-deiodination induced by pathogenic factors of Keshan disease and the preventive effects of selenium and vitamin E. *Biomed Environ. Sci.* 4: 359, **1991**

Shen, Q., Chu, F.-F. und Newburger, P.E. Sequences in the 3' untranslated region of the human glutathione cellular peroxidase gene are necessary and sufficient for selenocysteine incorporation at the UGA codon. *J. Biol. Chem.* 268: 11463, **1993**

Sturchler, C., Westhof, E., Carbon, P. und Krol, A. Unique secondary and tertiary structural features of the eucaryotic selenocysteine tRNA^{Sec}. *Nucleic Acids Res.* 21: 1073, **1993**

Antwort 35

a) Hohe Sulfitkonzentrationen (SO_3^{2-}) zeigen an, daß der Sulfitstoffwechsel blockiert sein muß. Der wichtigste Stoffwechselweg des Sulfits wird durch die Sulfit-Oxidase eingeleitet, welche Sulfit zu Sulfat (SO_4^{2-}) umwandelt. Die Sulfit-Oxidase ist bei Ihrem Patienten wahrscheinlich defekt. Er besitzt außerdem keinerlei funktionelle Xanthin-Oxidase. Da beide Enzyme nicht in denselben Stoffwechselweg involviert sind, ist es unwahrscheinlich, daß ein Defekt eines der beiden die Aktivität des anderen beeinflußt. Es sieht daher so aus, daß der fehlende Faktor etwas sein muß, was beiden Enzymen gemein ist. Der logischste Kanditat ist das Molybdänion, welches beide Enzyme benötigen. Da die Ernährung Ihres Patienten normal ist, ist ein Molybdänmangel unwahrscheinlich. Molybdän wirkt in diesen Proteinen aber nicht als einfaches Metallion, sondern in Form eines Pteridinkomplexes, genannt Molybdänkofaktor oder auch Molybdopterin. Diese Substanz muß also defekt sein oder fehlen. (Abbildung A35-1).

b) Der Stoffwechselweg, über den Molybdopterin beim Menschen synthetisiert wird, ist bisher noch nicht aufgeklärt worden. Im Bakterium Escherichia coli, wird es jedoch aus einem Molybdopterinvorläufer hergestellt (Abbildung A35-1). Schwierigkeiten bei der Aufklärung des Syntheseweges bereitet die Instabilität von Molybdopterin, dessen benachbarte Sulfhydrylgruppen sehr reaktiv sind. Interessanterweise haben auch Archaebakterien einen „Molybdänkofaktor", bei dem das Molybdän jedoch durch Wolfram ersetzt ist.

c) Sie würden erwarten, daß die Aktivität der Aldehyd-Oxidase ebenfalls niedrig ist, da sie auch Molybdän benötigt.

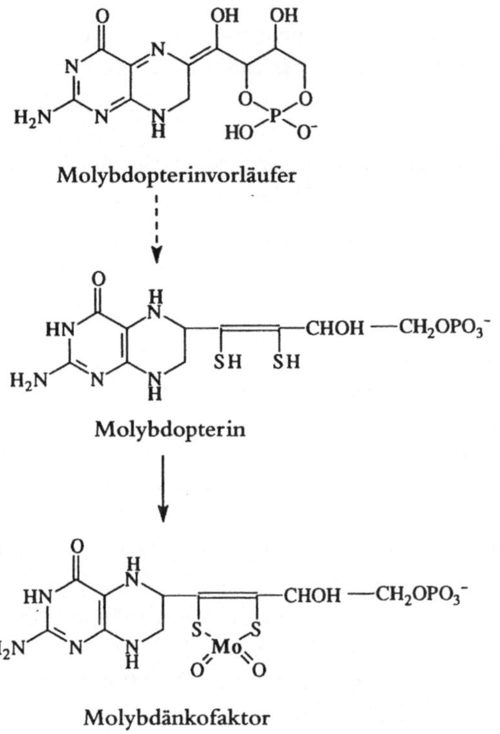

Molybdopterinvorläufer

Molybdopterin

Molybdänkofaktor

Abbildung A35-1: Eine mögliche Biosynthese von Molybdopterin.

Literatur

Gardlik, S. und Rajagopalan, K.V. The state of reduction of molybdopterin in xanthine oxidase and sulfite oxidase. *J. Biol. Chem.* 265: 13047, **1990**

Johnson, J.L. Rajagopalan, K.V., Mukund, S. und Adams, M.W.W. Identification of molybdopterin as the organic component of the tungsten cofactor in four enzymes from hyperthermophilic. *Archea. J. Biol. Chem.* 268: 4848, **1993**

Johnson, J.L. und Wadman, S.K. Molybdenum cofactor deficency C.R. Scriver, A.L. Beaudet, W.S. Sly und D. Valle (Hrsg.) The Metabolic Basis of Inherited Disease. New York: McGraw-Hill, **1989**, Vol. I, Kap. 56, S. 1463

Pitterle, D.M., Johnson, J.L. und Rajagopalan, K.V. In vitro synthesis of molybdopterin from precursor Z using purified converting factor: role of protein-bound sulfur in formation of the dithiolene. *J. Biol. Chem.* 268: 13506, **1993**

Pitterle, D.M. und Rajagopalan, K.V. The biosynthesis of molybdopterin in Escherichia coli: purification and characterization of the converting factor. *J. Biol. Chem.* 268: 13499, **1993**

Wuebbens, M.M. und Rajegopalan, K.V. Structural characterization of molybdopterin precursor. *J. Biol. Chem.* 13493, **1993**

Antwort 36

a) Der Antiporter pumpt H^+ im Austausch mit Na^+ aus der Zelle, wobei die treibende Kraft des Geschehens der Natriumkonzentrationsgradient ist. Die Protonen reagieren mit HCO_3^- und bilden dabei H_2CO_3, welches durch die Carboanhydrase in CO_2 und H_2O zerlegt wird. CO_2 wird leicht reabsorbiert. Ein Defekt des Antiporters würde zu weniger H^+-Ionen im Lumen führen und zu weniger gebildetem H_2CO_3. Daraus resultiert eine hohe HCO_3^--Konzentration. Mit anderen Worten, gemäß der Gleichung

$$HCO_3^- + H^+ \rightarrow H_2CO_3$$

führt eine Abnahme der H^+-Konzentration im Lumen zu weniger gebildeten H_2CO_3.

b) Die basolaterale Na/K-ATPase pumpt Na^+ gegen einen Gradienten aus der Zelle. Dabei wird Energie verbraucht. Die Bildung dieses Gradienten treibt die H^+-Exkretion. Ein Defekt in dieser Pumpe senkt die H^+-Konzentration im Lumen.

c) Die apikale H^+-ATPase pumpt H^+ aus der Zelle in das Lumen. Die Protonen reagieren mit HCO_3^- und bilden dabei H_2CO_3, welches durch die Carboanhydrase in CO_2 und H_2O zerlegt wird. CO_2 wird leicht reabsorbiert. Ein Defekt der apikalen H^+-ATPase würde zu weniger H^+-Ionen im Lumen führen und zu weniger gebildetem H_2CO_3. Daraus würde eine hohe HCO_3^--Konzentration resultieren.

Literatur

DuBose, T.D. und Alpern, R. J. Renal tubular acidosis. C.R. Scriver, A.L. Beaudet, W.S. Sly und D. Valle (Hrsg.) The Metabolic Basis of Inherited Disease. New York: McGraw-Hill, **1989**, Vol. II, Kap. 103, S. 2539

Antwort 37

a) Rachitissymptome weisen auf ein Problem im Knochenstoffwechsel hin. Entweder wird nicht genug Calcium und Phosphat im Knochen abgelagert oder aber zu viel von beiden aus dem Knochen herausgelöst. Da der Spiegel an $1\alpha,25$-Dihydroxycholecalciferol (Vitamin D_3) normal ist, ist ein Mangel an Vitamin D_1 ausgeschlossen, eine weit verbreitete Ursache von Rachitis. Vitamin D_1 ist ein Vorläufer von $1\alpha,25$-Dihydroxycholecalciferol. Der Parathormonspiegel ist niedrig. Wäre er hoch, ließen sich die Symptome erklären, weil hohe Konzentrationen an Parathormon Calciumphosphat aus dem Knochen löst. Da dies nicht der Fall ist, scheidet das Parathormon als Ursache aus. Die beiden Hauptregulatoren des Knochenstoffwechsels scheinen beide gut zu arbeiten.

Untersuchen wir deshalb die Aufnahme und den Transport der beiden Knochenbausteine Calcium und Phosphat. Die Aufnahme von Calcium und Phosphat ist normal. Die Urinkonzentrationen von Calicium und Phosphat sind hoch, die Konzentration von Phosphat im Blut hingegen niedrig. Es liegt eindeutig kein Problem bei der Aufnahme aus dem Darm vor, die einzige bemerkenswerte Tatsache ist der niedrige Phosphatwert im Blut bei gleichzeitig hohen Urinwerten. Werden normale Mengen an Phosphat aufgenommen und kein Phosphat im Knochen abgelagert, sollte die Konzentration im Blut eher hoch sein. Da die Konzentration im Urin hoch und im Blut niedrig ist, weist auf einen Defekt in der Rückresorption in der Niere hin und der Defekt liegt wahrscheinlich im renalen Phosphattransporter.

b) Der Knochen ist ein Mineral aus Calciumphophat (ungefähre Zusammensetzung: $Ca_{10}(PO_4)_6(OH)_2$). Sowohl Defekte im Calcium- als auch solche im Phosphatstoffwechsel können zu einer schlechten Mineralisation des Knochens führen und Rachitissymptome auslösen. In diesem Fall liegt der Defekt im renalen Phosphattransporter. Niedrige Phosphatwerte im Blut führen immer zu einer schlechten Mineralisation, unabhängig von der Menge an Calcium in der Nahrung. Da Calicum nicht im Knochen abgelagert wird, wird es mit dem Urin ausgeschieden. Die Calciumkonzentration im Urin ist also hoch. Das Problem wird durch eine phosphatreiche Ernährung des Kindes gelöst. Das Mehrangebot an Phosphat stellt eine Kompensation zu dem schlecht funktionierenden renalen Phosphattransporter dar.

Literatur

Rasmussen H. und Tenenhouse, H.S. Hypophosphatemias. C.R. Scriver, A.L. Beaudet, W.S. Sly und D. Valle (Hrsg.) The Metabolic Basis of Inherited Disease. New York: McGraw-Hill, **1989**, Vol. II, Kap. 105, S. 2581

Antwort 38

a) Ihre Patientin hat einen defekten Chloridtransport, der durch die Transfektion eines bestimmten Proteines einer gesunden Person behoben werden kann. Die Tatsache, daß die Transfektion mit ihrem eigenen Protein nicht zu einer Lösung des Problems führt, zeigt, daß eine Transfektion an sich nicht den Chloridtransport erlaubt. Ganz eindeutig ist das defekte Protein in den Transport von Chloridionen involviert. In den Schweißdrüsen zum Beispiel gibt es einen Mechanismus, der Natrium- und Chloridionen aus dem Lumen durch die Epithelschicht transportiert. Bei einem Defekt akkumulieren Natrium- und Chloridionen in der Schweißdrüse und führen bei der Verdunstung des Schweißes zur Ablagerung von Salzkristallen. Im Atemtrakt einer gesunden Person sichert die Sekretion von Chlorid aus dem Epithel in das Lumen die richtige Viskosität und damit den Abtransport des Schleimes. Ist der Chloridtransport defekt, akkumuliert der Schleim und ist zudem sehr zähflüssig. Die verstopften Atemwege stellen eine ideale Umgebung für Pseudomonas und Staphylokokken dar, die zu Lungeninfektionen führen. Diese sind schwer zu behandeln und zeigen einen schlechten Verlauf. Das Protein, welches bei Ihrer Patientin verändert ist, wird als „cystic fibrosis transmembrane conductance regulator" (CFTR) bezeichnet.

b) Ihre Experimente zeigen, daß das Protein Ihrer Patientin funktionell ist, da es in Liposomen den Transport von Chloridionen durchführen kann. Das Problem liegt daher in der richtigen Lokalisation oder dem Prozessing des Proteins. Bei einer normalen Person gelangt das Protein in die Membran, nicht so bei Ihrer Patientin. Bei einer gesunden Person wird das Protein glykosyliert, nicht so bei Ihrer Patientin. Dies kann nicht daran liegen, daß die Stelle zur Glykosylierung verloren gegangen ist, da Phenylalanin keine Glykosylierungsstelle darstellt. Es sieht so aus, als wäre das Prozessing des Proteins ein Problem. Der beobachtete Zusammenhang mit Calnexin, einem Chaperon, ist sehr erhellend. Chaperone bilden eine Familie von Proteinen, die anderen Proteinen bei der korrekten Faltung helfen. Ganz allgemein gesprochen, binden Caperone an ein Protein, helfen bei der Faltung und verlassen das Protein anschließend wieder. Da Calnexin Schwierigkeiten hat, das Protein Ihres Patienten wieder zu verlassen, beeinträchtigt die Mutation zwar nicht die Funktion, wohl aber die Interaktion mit Calnexin. Das Protein wird nicht korrekt prozessiert und erreicht seinen Bestimmungsort erreicht. Vielleicht kann das veränderte Protein seine Konformation nicht so beeinflußen, daß hydrophobe Reste nach innen weisen, und bleibt daher im Inneren des Calnexins gebunden.

Warum sollte die Deletion von Phenylalanin 508 diesen Effekt haben? Das ist schwierig zu sagen. Man nimmt an, daß die Position 508 Teil einer β-Faltblattstruktur ist. Bei dieser Struktur weisen die Aminosäurereste abwechselnd in entgegengesetzte Richtung vom Polypeptidrückgrat weg. Bei einer Deletion innerhalb der β-Faltblattstruktur gibt es zwei Möglichkeiten. Bei der ersten wird die Struktur durch eine andere ersetzt. Dies hat leicht weitreichende Effekte auf die Interaktionmöglichkeiten mit anderen Proteinen. Bei der zweiten Möglichkeit bleibt die Struktur intakt, jedoch um eine Aminosäure kürzer: die Anordnung der Aminosäuren verändert sich gemäß Abbildung A38-1. Auch das hat Auswirkungen auf die Konformation des Proteins und könnte die Interaktion mit Calnexin beeinflußen.

Ihre Patientin hat cystische Fibrose.

Normaler CFTR

$$\text{Ile}^{507} \quad (\text{Gly}^{509}) \quad \text{Ser}^{511}$$
$$\text{Ile}^{506} \quad \text{Phe}^{508} \quad \text{Val}^{510} \quad \text{Tyr}^{512}$$

Mutierter CTFR (ΔF508)

$$\text{Ile}^{507} \quad \text{Val}^{510} \quad \text{Tyr}^{512}$$
$$\text{Ile}^{506} \quad \text{H} \quad \text{Ser}^{511}$$
$$(\text{Gly}^{509})$$

Abbildung A38-1. Der Einfluß einer Deletion von Phe^{508} auf die β-Faltblattstruktur. Bei dieser Abbildung schauen wir seitlich auf die Faltblattstruktur. Die Wasserstoffbrückenbindungen, welche die Struktur zusammenhalten, sind senkrecht zur Papierebene angeordnet und nicht gezeigt. Die Abbildung zeigt die Orientierung der Seitenketten. Beachten Sie die Anordnung der hydrophoben Aminosäureseitenketten Ile^{506}, Phe^{508}, Val^{510}. Tyr^{512} im normalen CFTR, die hier alle in eine Richtung zeigen. Bei einer Deletion von Phe^{508} zeigt der polare Rest von Ser^{511} in diese Richtung. Die unpolaren Seitenketten von Val^{510} und Tyr^{512} befinden sich nun in einer Region, die normalerweise aus polaren Resten aufgebaut ist. An die Stelle des geräumigeren Restes von Val^{510} tritt nun außerdem die kleine Aminosäure Glycin, die keine Seitenkette aufweist.

Literatur

Boat, T.F., Welsh, M.J. und Beaudet, A.L. Cystic fibrosis. C.R. Scriver, A.L. Beaudet, W.S. Sly und D. Valle (Hrsg.) The Metabolic Basis of Inherited Disease. New York: McGraw-Hill, **1989**, Vol. II, Kap. 108, S. 2649

Cheng, S.H., Gregory, R.J., Marshal, L.J., Paul, S., Souza, D.W., White, G.A., O'Riordan, C.R. und Smith, A.E. Defective intracellular transport and processing of CFTR is the molecular basis of most cystic fibrosis. *Cell* 63: 827, **1990**

Dalemans, W., Barbry, P., Champigny, G., Jallat, S., Dott, K., Dreyer, D., Crystal, R.G., Pavirani, A., Lecocq, J.P. und Lazdunski, M. Altered chloride ion channel kinetics associated with the ΔF508 cystic fibrosis mutation. *Nature* 354: 526, **1991**

Gregory, R.J., Rich, D.P., Cheng, S.H., Souza, D.W., Paul, S., Manavalan, P., Anderson, M.P., Welsh, M.J. und Smith, A.E. Maturation and function of cystic fibrosis transmembrane conductance regulator variants bearing mutations in putative nucleotide binding domains 1 and 2. *Mol. Cell. Biol.* 11: 3886, **1991**

Kerem, E., Corey, M., Kerem, B., Rommens, J., Markiewicz, D., Levison, H.K., Tsui, L.-C. und Durie, P. The relation between genotype and phenotype in cystic fibrosis: analysis of the most common mutation (ΔF_{508}). *New. Engl. J. Med.* 323: 1517, **1990**

Pind, S., Riordan, J.R. und Williams, D.B. Participation of the ER chaperone calnexin (p88, IP90) in the biogenesis of CFTR. *J. Biol. Chem.* 269, **1994**

Antwort 39

a) Es liegt eindeutig eine veränderte Umwandlung von Pyrophosphat zu Phosphat vor, die nach folgender Gleichung abläuft:

$$H_2P_2O_7^{2-} + H_2O \rightarrow 2\ H_2PO_4$$

Das Enzym, welches diese Reaktion katalysiert, ist die alkalische Phosphatase. Dieses Enzym entfernt auch Phosphatreste von Phosphoethanolamin und Pyridoxal-5'-phosphat. Die Tatsache, daß diese beiden Substanzen ebenso wie Pyrophosphat in erhöhten Konzentrationen vorliegen, zeigt einen Defekt der alkalischen Phosphatase an. Der Spiegel an Pyridoxal-5'-phosphat in der Zelle ist normal, so daß die alkalische Phosphatase ein extrazelluläres Enzym sein muß.

b) Die alkalische Phosphatase existiert in drei Isoformen. Eine von ihnen kommt im Darm vor, eine in der Plazenta und die letzte Isoform kommt überwiegend im Knochen, der Leber und der Niere vor. Es ist möglich, daß die intestinale Isoform sowohl eine fetale als auch eine adulte Form aufweist. Die genaue Funktion der alkalischen Phosphatase ist nicht klar. Möglicherweise ist die intestinale und die plazentale Form in den Phosphattransport involviert. Die dritte Isoform, welche im Knochen vorkommt, könnte für die Mineralisation von Bedeutung sein, z.B. durch die Bindung von Calcium, die Vernichtung von Mineralisationsinhibitoren (Pyrophosphat) oder einfach durch die Erhöhung der lokalen Phosphatkonzentration. Der Grund, warum die gemessene alkalische Phosphataseaktivität im Blut niedrig, im Darm jedoch normal war, liegt daran, daß die intestinale Form von der Störung nicht betroffen ist. Der Defekt bei Ihrem Patienten betrifft die dritte Isoform, die in verschiedenen Geweben wie auch Blut und Knochen vorkommt.

c) Pyridoxal-5'-phosphat war an seinem Wirkungsort, der Zelle, normal. Die Quelle von Pyridoxal-5'-phosphat ist das Vitamin B_6, eine Mischung von Pyridoxol, Pyridoxal und Pyridoxamin. Diese Verbindungen werden in der Zelle in Pyridoxal-5'-phosphat überführt. Dies geschieht über eine Reihe von Reaktionen, in die unter anderem ein Kinase-abhängige

Phosphorylierung involviert ist. Das Pyridoxal-5'-phosphat des Blutes gelangt nicht in die Zellen. Ein Überfluß an Pyridoxal-5'-phosphat im Blut hat jedoch keine negativen Folgen.

Ihr Patient hat eine Hypophosphatämie.

Literatur

Whyte, M.P. Hypophosphatasia. C.R. Scriver, A.L. Beaudet, W.S. Sly und D. Valle (Hrsg.) The Metabolic Basis of Inherited Disease. New York: McGraw-Hill, **1989**, Vol. II, Kap. 116, S. 2843

Antwort 40

a) Das defekt Enzym muß in die Umwandlung von CO_2 zu HCO_3^- involviert sein. Dieses Enzym ist die Carboanhydrase, welches folgende Reaktion katalysiert:

$$CO_2 + H_2O \rightleftharpoons H_2CO_3$$

Das H_2CO_3 zerfällt spontan:

$$H_2CO_3 \rightleftharpoons H^+ + HCO_3^-$$

Sechs menschliche Isoenzyme der Carboanhydrase sind bekannt. Von diesen kommt Typ IV in der Lunge und der Niere vor. Dort ist sie membrangebunden und ist daher in zellfreien Extrakten nicht zu finden, auch nicht wenn dieser aus Osteoklasten hergestellt wird. Typ V kommt in den Mitochondrien der Leber vor und würde mit den Mitochondrien aus der Präparation entfernt. Typ VI kommt im Speichel vor und wird daher sekretiert. Dieser Typ wird in einem zellfreien Extrakt aus Osteoklasten ebenfalls nicht gefunden. Die Typen I, II und III sind lösliche Formen, die auch in einem zellfreien Extrakt zu erwarten wären. Von diesen kommt der Typ I in Erythrozyten und Typ III im Skelettmuskel vor. Typ II hingegen wird von einer Vielzahl von Zelltypen exprimiert. Dieser Typ kommt also vermutlich in Osteoklasten vor und ist das gesuchte defekte Enzym.

b) Die Resorption von Knochen spielt eine wichtige Rolle im Knochenstoffwechsel. Damit eine Resorption stattfindet, müssen die Osteoklasten einen sauren pH-Wert außerhalb der Zellen aufrecht erhalten. Dies ist die Aufgabe einer ATPase, welche Protonen über die Zellmembran nach außen pumpt. Der extrazelluläre pH-Wert wird so bei etwa 4,5 gehalten. Durch diesen Prozeß wird H_2O zu H^+ und OH^- gespalten. Die OH^--Ionen verbleiben wahrscheinlich innerhalb des Osteoklasten. Die Carboanhydrase II im Inneren des Osteoklasten regeneriert dann Protonen, die mit OH^- wieder zu Wasser reagieren. Ohne die Carboanhydrase würde die OH^--Konzentration innerhalb der Zelle bis auf Werte ansteigen, bei denen die ATPase nicht mehr in der Lage ist, Protonen nach außen zu pumpen.

Ihre Patientin hat ein Carboanhydrase-II-Mangelsyndrom, das auch unter dem Namen Guibaud-Vainsel-Syndrom bekannt ist.

Literatur

Sly, W.S. The carbonic anhydrase II deficiency syndrome: osteopetrosis with renal tubular acidosis and cerebral calcification. C.R. Scriver, A.L. Beaudet, W.S. Sly und D. Valle (Hrsg.) The Metabolic Basis of Inherited Disease. New York: McGraw-Hill, **1989**, Vol. II, Kap. 117, S. 2857

Sauerstoff

Problem 41

Problem 41

Ihr Patient war im wesentlichen symptomfrei. Lediglich häufige Entzündungen im Mund-
bereich machten ihm zu schaffen. Sie geben eine verdünnte Lösung von Wasserstoffperoxid
auf die entzündeten Stellen und bemerken, daß sich das umgebende Gewebe schwarz
verfärbt, anstatt farblos zu bleiben und Gasblasen freizusetzen. Aus einer Blutprobe isolieren Sie die Erythrozyten des Patienten. Im Gegensatz zu Erythrozyten einer Kontrollperson
bemerken Sie bei Zugabe von H_2O_2 auch hier keine Gasentwicklung. Eine Analyse des
Urins ergibt fünfmal höhere Bilirubin- und Coproporphyrinkonzentrationen als üblich. Es
gibt keine Hinweise darauf, daß die Erythrozyten schneller abgebaut würden oder eine
Leberfunktionsstörung vorläge.

Sie isolieren das Gen für ein Enzym und bestimmen den genetischen Code. Folgende
Sequenzänderung stellen Sie im Vergleich zu einer gesunden Kontrollperson fest. Die
Sequenz eines Exons ist unterstrichen.

Ihr Patient: 5'-<u>TTGGTA</u>gATAATA-3'
Kontrollperson: 5'-<u>TTGG</u>TAGGTAATA-3'

a) Benennen Sie das Enzym, dessen Aktivität herabgesetzt ist.

b) Woraus bestehen die Gasblasen?

c) Erklären Sie, wie die Änderung der Sequenz die beobachteten Symptome hervorufen
kann. Spekulieren Sie zur Ursache der vermehrten Bilirubinsekretion.

Antwort 41

a) Ihr Patient muß einen Defekt in einem Enzym haben, welches H_2O_2 in eine gasförmige Substanz spaltet. Unser Körper besitzt zwei Stoffwechselwege, mit Hilfe derer er H_2O_2 eliminiert. Bei einem wird H_2O_2 durch Peroxidasen in Wasser und ein oxidiertes Substrat umgesetzt. Der andere Stoffwechselweg, katalysiert durch die Katalase, überführt H_2O_2 zu Wasser und O_2, welches gasförmig ist:

$$2H_2O_2 \rightarrow 2H_2O + O_2$$

Ihr Patient hat daher keine funktionelle Katalase.

b) Die Gasblasen bestehen aus O_2, einem Gas, welches durch die Reaktion der Katalase gebildet wird.

c) Die erhöhten Bilirubinwerte geben hier einen Lösungshinweis. Unter der Annahme, daß keine weiteren Leberprobleme vorliegen, entspringen die erhöhten Bilirubinwerte vermutlich einem verstärkten Abbau hämhaltiger Proteine. Oft ist dies ein Zeichen für eine Hämolyse, dem Abbau von Erythrozyten mit nachfolgendem Abbau von Hämoglobin. Andere hämhaltige Proteine können aber auch eine Hämquelle sein. Katalase enthält Häm; ein verstärkter Abbau könnte zu dem Anstieg der Bilirubinwerte führen. Der Defekt könnte also den Abbau der Katalase betreffen.

Warum liegt ein erhöhter Abbau der Katalase vor? Die gefundene Mutation liegt in einem Intron, fünf Basen abseits eines Exons. Wahrscheinlich führt diese Mutation zu Fehlern während des Spleißens der mRNA. Die dabei synthetisierte Katalase ist offensichtlich gegenüber einem Abbau sehr anfällig.

Ihr Patient hat einen Katalasemangel.

Literatur

Eaton, J.W. Acatalasemia. C.R. Scriver, A.L. Beaudet, W.S. Sly und D. Valle (Hrsg.) The Metabolic Basis of Inherited Disease. New York: McGraw-Hill, **1989**, Vol. II, Kap. 60, S. 1551

Kishimoto, Y., Murakami, Y., Hayashi, K., Takahara, S., Sugimura, T. und Sekiya, T. Detection of a common mutation of the catalase gene in Japanese acatalasemic patients. *Hum. Genet.* 88: 487, **1992**

Ogata, M. Acatalasemia. *Hum. Genet.* 86: 331, **1991**

Wen, J.-K., Osumi, T., Hashimoto, T. und Ogata, M. Molecular analysis of human acatalasemia: identification of a splicing mutation. *J. Mol. Biol.* 211: 383, **1990**

Hormone

Problem 42-56

Problem 42

Ihr Patient hat einen Kropf und zeigt einen Entwicklungsrückstand. Die Konzentrationen zirkulierenden Thyroxins und Triiodthyronins sind außergewöhnlich niedrig. Ihre Diagnose lautet Hypothyreose. Sie bemerken, daß es der Schilddrüse keinerlei Probleme bereitet, radioaktiv markiertes Iodid aufzunehmen. Aus dem Material einer Schilddrüsenbiopsie fertigen Sie ein zellfreies Extrakt an. Nach Zugabe von radioaktiv markiertem Iodid stellen Sie fest, daß keinerlei markiertes Thyroxin oder Triiodthyronin synthetisiert wird. In Gegenwart hoher Konzentrationen Hematin hingegen verläuft die Synthese normal. Eine Untersuchung des Thyreoglobulins ergibt keinerlei Auffälligkeiten.

a) Welches Enzym ist defekt?

b) Was genau ist vermutlich der Defekt?

Problem 43

Ihr Patient hat einen Kropf und zeigt einen Entwicklungsrückstand. Die Konzentrationen zirkulierenden Thyroxins und Triiodthyronins sind außergewöhnlich niedrig. Ihre Diagnose lautet Hypothyreose. Sie bemerken, daß es der Schilddrüse keinerlei Probleme bereitet, radioaktiv markiertes Iodid aufzunehmen. Aus dem Material einer Schilddrüsenbiopsie fertigen Sie ein zellfreies Extrakt an. Nach Zugabe von radioaktiv markiertem Iodid stellen Sie fest, daß die Synthese von Monoiodthyrosin, Diiodthyrosin, Thyroxin und Triiodthyronin in normalem Umfang abläuft. Die Ausscheidung markierten Diiodthyrosins im Urin ist hingegen 15-mal größer als bei Kontrollpersonen. Sie setzen Ihren Patienten auf eine iodreiche Diät, die Symptome verschwinden.

a) Benennen Sie das defekte Enzym.

b) Warum verschwinden die Symptome bei einer iodreichen Ernährung?

Problem 44

Im Blut Ihres Patienten stellen Sie geringe Mengen zirkulierenden Thyroxins fest. Sie bemerken, daß die Injektion von Thyreotropin (TSH) den Spiegel an Thyroxin wieder auf normale Werte einstellen kann. Die Injektion von Pyroglutamylhistidylprolinamid führt nicht zu einer Synthese von Thyreotropin. Ihr Patient verstirbt derweil an Ursachen, die nichts mit seiner Erkrankung zu tun haben. Sie entnehmen daraufhin während der Autopsie seine Schilddrüse. Zu den Zellen der Schilddrüse geben Sie radioaktiv markiertes Pyroglutamylhistidylprolinamid und stellen fest, daß dieses nicht an den Zellen gebunden wird.

a) Welchen Defekt wies Ihr Patient vermutlich auf?

b) Beschreiben Sie die regulatorischen Aufgaben des Hypothalamus und der Hypophyse bei der Synthese der Schilddrüsenhormone. Wie beeinflußt Thyroxin die Sekretion von Thyreotropin (TSH)?

Problem 45

Im Blut Ihres Patienten weisen Sie geringe Konzentrationen an Natriumionen, hingegen hohe Konzentrationen an Kaliumionen nach. Außerdem erscheint Ihnen der Patient ausgetrocknet. Im Blut finden Sie erhöhte 18-Hydroxycorticosteron- und sehr niedrige Aldosteronwerte.

Ihr Patient hat eine Veränderung in einem Enyzm, welches Sie reinigen. Inkubieren Sie dieses mit radioaktiv markiertem Desoxycorticosteron, stellen Sie eine signifikant erniedrigte Syntheserate von 18-Hydroxycorticosteron fest. Radioaktiv markiertes Aldosteron wird überhaupt nicht hergestellt.

Sie analysieren die Nucleotidsequenz des zugehörigen Gens. Sie erhalten folgendes Ergebnis und vergleichen dieses mit der Sequenz einer gesunden Kontrollperson:

Codon Nummer:	178	179	180	181	182	183
Ihr Patient:	CAG	AAC	GCC	TGG	GGG	AGC
Kontrolle:	CAG	AAC	GCC	CGG	GGG	AGC

a) Benennen Sie das defekte Enzym und notieren Sie den Weg, über den Progesteron zu Aldosteron umgewandelt wird.

b) Identifizieren Sie die Mutation, und spekulieren Sie, wie dies zu einer Strukturänderung des Proteins führen könnte.

c) Wie verträgt sich der experimentelle Befund, daß das Enzym Ihres Patienten in vitro nur geringe Mengen an 18-Hydroxycorticosteron bildet, mit dem Befund, daß die Serumwerte für 18-Hydroxycorticosteron erhöht sind?

Problem 46

Ihr Patient wurde mit einer Mißbildung des Penis geboren, bei welcher der Austritt der Harnröhre auf der Unterseite des Penis liegt. Im Serum finden sich nur geringe Konzentrationen an Dehydroepiandrosteron, Testosteron und Δ^4-Androstendion. Andere Steroide sind unverändert.

a) Benennen Sie das defekte Enzym.

b) Notieren Sie den Weg, über den Pregnenolon zu Testosteron umgewandelt wird.

c) Warum erwarten Sie, daß Cyanid dieses Enzym inhibiert?

Problem 47

Ihr Patient ist offensichtlich ein Hermaphrodit. Genetisch weist er männliche Merkmale auf. Äußerlich sind weibliche Geschlechtsorgane angelegt, im Körperinneren finden sich jedoch männliche Anlagen. Die Nebenniere ist vergrößert. Im Blut finden sich sehr niedrige Werte für Natrium und diverse Steroide, mit Ausnahme von Cholesterol. Sie präparieren aus der Nebenniere ein zellfreies Extrakt und fügen radioaktiv markiertes Cholesterol hinzu. Dabei stellt sich die Syntheserate von Pregnenolon als sehr gering heraus. Geben Sie hingegen markiertes 20α-Hydroxycholesterol hinzu, erfolgt die Umwandlung zu Pregnenolon normal.

a) Welches Enzym ist defekt?

b) Warum erwarten Sie, daß Cyanid dieses Enzym hemmt?

c) Beschreiben Sie die drei Schritte der Reaktion, die durch dieses Enzym katalysiert wird.

Problem 48

Stellen Sie sich vor, Sie haben eine Patientin mit erhöhtem Puls. Der Grundumsatz ist erhöht. Die Blutwerte für Thyroxin, Triiodthyronin und Thyreotropin (TSH) sind sehr hoch. Bei einem Experiment nehmen Sie etwas Blut ab und geben radioaktiv markiertes Pyroglutamylhistidylprolinamid hinzu. Nach zehn Minuten stellen Sie fest, daß das markierte Pyroglutamylhistidylprolinamid noch immer im Reaktionsansatz vorhanden ist. Im Blut von Kontrollpersonen wäre Pyroglutamylhistidylprolinamid innerhalb von zehn Minuten verstoffwechselt worden.

a) Was ist Pyroglutamylhistidylprolinamid?

b) Was ist das Problem Ihrer Patientin, und wie führt dieses zu den oben angesprochenen erhöhten Blutwerten für Thyroxin, Triiodthyronin und Thyreotropin (TSH) ?

Problem 49

Ihr Patient ist ein Hermaphrodit, der genetisch männlich ist, äußerlich jedoch weibliche Geschlechtsmerkmale aufweist. Die Serumwerte für Testosteron sind für einen Mann normal. Sie nehmen eine Biopsie der Genitalschleimhaut und fügen zu den so gewonnenen Fibroblasten [^{3}H]-Testosteron hinzu. Sie stellen fest, daß die Synthese von [^{3}H]-Dihydrotestosteron nur 3% des zu erwartenden Kontrollwertes beträgt. Bei steigenden Mengen zugegebenem [^{3}H]-Testosterons erhalten Sie bezogen auf den Kontrollwert bis zu 20% [^{3}H]-Dihydrotestosteron,. Eine weitergehende Steigerung gelingt auch bei weiterer Zugabe von [^{3}H]-Testosteron nicht.

Sie sind in der Lage, das defekte Enzym zu reinigen, das zugehörige Gen zu isolieren und die Sequenz zu bestimmen. Bei Codon 34 stellen Sie folgende Änderung fest.

Ihr Patient: AGG
Kontrollperson: GGG

a) Wie heißt das defekte Enzym, und welche Reaktion katalysiert es?

b) Wie erklärt dieser Defekt den Phänotyp? Sie stellen fest, daß die inneren Geschlechtsorgane (Epididymis und Vas deferens) ausgebildet sind, wie man es für einen Mann erwartet. Woher rührt der Unterschied zwischen äußeren und inneren Geschlechtsorganen?

c) Es stellt sich heraus, daß gesunde Kontrollpersonen für diese Reaktion zwei Enzyme haben. Nur eines von beiden ist bei Ihrem Patienten defekt. Warum hat er dann die angesprochenen Symptome?

d) Wo genau liegt der Defekt im Enzym Ihres Patienten?

Problem 50

Ihre Patientin wurde von ihrer Mutter zu Ihnen in die Sprechstunde gebracht, weil ihre Regel bisher ausgeblieben ist. Sie analysieren den Karyotyp und stellen fest, daß Ihre Patientin eigentlich ein Junge ist, obwohl ihre äußerlichen Merkmale weiblich sind. Eine genau Untersuchung ergibt, daß die Hoden des Patienten im Bauchraum liegen. Die Serumwerte für Testosteron sind etwas höher als für einen Mann zu erwarten wäre, das Verhältnis Testosteron/Dihydrotestosteron ist normal. Sie kultivieren einige Zellen der Schamlippe und fügen radioaktiv markiertes Testosteron hinzu. Sie messen eine normale Synthese von Dihydrotestosteron. Anders als zu erwarten, ist dieses nicht im Kern lokalisiert.

Sie finden, daß Ihr Patient ein verändertes Gen aufweist. Im Vergleich zum normalen Gen zeigt sich:

Codon:	713	714	715	716	717	718	719	720	721	722
Patient:	CAC	GTG	GTC	AAG	TGA	GCC	AAG	GCC	TTG	CCT
Normal:	CAC	GTG	GTC	AAG	TGG	GCC	AAG	GCC	TTG	CCT

a) Benennen Sie das defekte Protein.

b) Wie erklärt die oben angeführte Mutation den Phänotyp?

c) Welcher Natur ist der Defekt? Welche Eigenschaft des Proteins ist vermutlich am meisten betroffen?

Problem 51

Afrikanische Pygmäen haben normale Konzentrationen an humanen Wachstumshormon und vom Insulin-ähnlichen Wachstumsfaktor II. Vor der Pubertät ist der Spiegel des Insulin-ähnlichen Wachstumsfaktor I normal, während der Pubertät steigt er jedoch nicht an. Im Gegensatz zu anderen Personen sprechen afrikanische Pygmäen nicht auf die Injektion von humanen Wachstumshormon an, was normalerweise zu einer Zunahme des Insulin-ähnlichen Wachstumsfaktors I führt.

a) Was denken Sie unter Kenntnis der obigen Information, ist die Aufgabe der steroidalen Geschlechtshormone bei der Vermittlung der Effekte von Wachstumshormonen.

b) Was macht der Insulin-ähnlichen Wachstumsfaktor I?

Problem 52

Ihr Patient erscheint normal. Die Phosphatkonzentration im Blut ist hoch, diejenige von Calcium niedrig. Die Werte für Parathormon sind hoch. Sie führen eine Nierenbiopsie durch und geben Parathormon zu den so gewonnenen Zellen. Der intrazelluläre Anstieg von cAMP fällt sehr viel geringer aus als erwartet. Daraufhin führen Sie eine Biopsie der Schilddrüse durch und fügen Thyreotropin (TSH) zu den Zellen. Hier ist der Anstieg von cAMP normal. Leberzellen reagieren auf Glucagon ebenfalls mit einer normalen cAMP-Antwort. In einem letzten Experiment geben Sie Choleratoxin zur gereinigten Membranfraktion der Nierenzellen. Außerdem geben Sie radioaktiv markierte ADP-Ribose in den Versuchsansatz. Der Einbau von Radioaktivität in die Membran ist normal.

a) Welches Protein ist vermutlich defekt?

b) Welchen Defekt hätten Sie hingegen erwartet, wenn die cAMP-Antwort in der Schilddrüse (auf TSH) und der Leber (auf Glucagon) niedriger ausgefallen wäre? Nehmen Sie an, das Experiment mit Choleratoxin ergäbe dasselbe Ergebnis.

Problem 53

Ihre Patientin scheint an Rachitis zu leiden. Der Brustkorb ist verformt, die Zähne sind erst spät durchgebrochen und schlecht mineralisiert. Sie ist vier Jahre alt und kann ohne Hilfe nicht alleine gehen. Die Muskeln sind schwach, der Bauch aufgebläht. Außerdem hat sie keine Haare. Bluttests ergeben niedrige Calcium- und hohe Parathormonwerte. Der Wert für $1\alpha,25$-Dihydroxycholecalciferol ist normal. Wenn Sie diese Patientin mit hohen Dosen an $1\alpha,25$-Dihydroxycholecalciferol behandeln, erreichen Sie eine leichte Besserung der Symptomatik. Nehmen Sie die Fibroblasten der Patientin in Kultur und geben radioaktiv markiertes $1\alpha,25$-Dihydroxycholecalciferol hinzu, stellen Sie im Vergleich zur Kontrolle fast keine Bindung der markierten Substanz an die Zellen fest. Geben Sie hingegen sehr hohe Mengen an markiertem $1\alpha,25$-Dihydroxycholecalciferol hinzu, ist die Bindung ebenso effizient wie in der Kontrolle.

a) Benennen Sie das Protein, welches defekt ist.

b) Was genau stimmt mit diesem Protein nicht? Seien Sie in Ihrer Antwort so genau wie möglich.

Problem 54

Ihr Patient hatte einen irischen Nachnamen und wurde in Westvirginia geboren. Während der letzten 15 Jahre seines Lebens hatte er aufgrund von Amyloidosen ständig Probleme. Bei einer Autopsie bemerken Sie Proteinaggregate im Nervengewebe, im Herzen und der Schilddrüse. Die immer weiter ansteigende Menge der Aggregate im Herzen führte schließlich zum Tode. Sie identifizieren das Protein, welches die Aggregate verursachte, als Transthyretin (auch als Präalbumin bekannt). Sie machen eine Leberbiopsie und sequenzieren das zugehörige Gen. Ein Teil der Sequenz lautet:

Codon Nummer:	59	60	61
Patient:	ACA	GCT	GAG
Normal:	ACA	ACT	GAG

a) Worin unterscheiden sich die Transthyretinsequenzen? Wie könnte dies die Ausbildung von Proteinaggregaten erklären?

b) Welche Funktion hat Transthyretin normalerweise?

Problem 55

Ihr Patient hat erhöhte Thyroxinwerte und weist auch Symptome eines Hyperthyreodismus auf. Sie geben ihm ^{131}I und analysieren seine Schilddrüse. In einigen Bereichen der Schilddrüse reichert sich markierte Iod an. In den übrigen Bereichen finden Sie weniger Iod als üblich. Sie führen eine Biopsie durch und isolieren ein Gen aus den Bereichen, die überproportional Iod akkumulieren, und aus den Bereichen, die weniger Iod als üblich aufweisen. Nennen wir diese Zellen „aktiv" und „inaktiv". Sie sequenzieren die Gene und stellen fest, daß sie sich unterscheiden. Die Sequenzen sind nachfolgend mit der Nummer des Aminosäurerestes des zugehörigen Proteins dargestellt.

Rest:	619	620	621	622	623	624	625	626	627	628	629	630
aktiv:	GAC	ACC	AAG	ATT	ATC	AAG	AGG	ATG	GCC	GTG	TTG	ATC
inaktiv:	GAC	ACC	AAG	ATT	GCC	AAG	AGG	ATG	GCC	GTG	TTG	ATC

Eine genauere Analyse der Sequenz ergibt, daß das zugehörige Protein in Bereiche unterteilt werden kann, die sich in der Hydrophobizität der Aminosäurereste unterscheiden. (Tabelle P55-1). Im Bereich 1 treten die Sequenzen Asn-X-Ser dreimal und die Abfolge Asn-X-Thr zweimal auf.

Tabelle P55-1

Bereich	Nummern Aminosäurereste	Hydrophobe Aminosäuren
1	1-415	198
2	416-440	22
3	441-450	3
4	451-473	18
5	474-494	10
6	495-516	13
7	517-537	11
8	538-560	20
9	561-581	12
10	582-605	19
11	606-625	7
12	626-648	18
13	649-661	7
14	662-681	16
15	682-764	35

Mit dem Gen aus den aktiven Zellen und den inaktiven Zellen tranzfizieren Sie eine Zellinie. Zu diesen Zellen geben Sie dann ein bestimmtes Hormon und messen die Synthese von cAMP durch die Zellen. Als Kontrolle verwenden Sie Zellen, die lediglich mit dem Plasmidvektor transfiziert worden sind und keines der beiden Gene enthalten (Tabelle P55-2).

a) Welches Protein ist defekt? Welches Hormon haben Sie in diesem Experiment benutzt?

b) Welches Gen ist mutiert, das aktive oder das inaktive? Wie führt diese Mutation zu dem beobachteten Phänotyp? Warum sind beide Gene vorhanden?

c) Warum sind bestimmte Bereiche der Schilddrüse weniger aktiv als normal?

Tabelle P55-2

Transfektion	Hormon	cAMP (künstliche Einheiten)
Vektor allein	nein	2
	ja	2
aktives Gen	nein	16
	ja	30
inaktives Gen	nein	6
	ja	32

Problem 56

Ihr Patient hat Bluthochdruck. Die Serumwerte für Aldosteron, 18-Oxocortisol und 18-Hydroxycortisol sind erhöht. Behandeln Sie ihn mit Glucocorticoiden, bessert sich seine Hochdrucksituation und die Werte für die drei oben genannten Hormone normalisieren sich wieder. Sie führen eine Biopsie der Nebenniere durch und trennen die Zellen der Zona glomerulosa von denen der Zona fasciculata. Sie führen folgendes Experiment durch und vergleichen die Ergebnisse, die Sie für Ihren Patienten erhalten, mit denen von einer gesunden Kontrollperson. Sie geben radioaktiv markiertes 18-Hydroxycorticosteron zu den Zellen und messen die Synthese markierten Aldosterons. Es wurden folgende Ergebnisse gemessen.

	Zona fasciculata	Zona glomerulosa
Ihr Patient:		
- ACTH	20	20
+ ACTH	100	100
Kontrollperson		
- ACTH	0	20
+ ACTH	0	100

Sie sequenzieren bestimmte Bereiche des Genoms und stellen fest, daß das Enzym, welches Sie in Ihrem Assay untersucht haben, normal ist. Auch das Gen für 11β-Hydroxylase ist normal. Sie finden jedoch einen chimären Genabschnitt, welcher 5' regulatorische Bereiche der 11ß-Hydroxylase enthält und einen großen Abschnitt des von Ihnen untersuchten Gens.

a) Von welchem Enzym haben Sie die Aktivität bestimmt?

b) Wie erklärt die Existenz des chimären Gens die beobachteten Werte?

c) Warum spricht der Patient auf eine Behandlung mit Glucocorticoiden an?

Antwort 42

a) Die Konzentrationen der Schilddrüsenhormone sind niedrig. Eine unzureichende Synthese der Schilddrüsenhormone kann mannigfaltige Ursachen haben. Es könnte ein Synthesedefekt des Thyreotropins (TSH) vorliegen, die Antwort auf TSH könnte eingeschränkt sein oder der Defekt liegt in der Schilddrüse selbst. Die Tatsache, daß das zellfreie Extrakt nicht in der Lage ist, Schilddrüsenhormone herzustellen, läßt die ersten beiden Möglichkeiten als Lösung ausscheiden. Liegt das Problem in der Schilddrüse, gibt es wiederum verschiedene Möglichkeiten. Eine schlechte Iodidaufnahme liegt nicht vor. Thyreoglobulin ist normal. Die Tatsache, daß Hämatin, ein Hämderivat, in der Lage ist, den Defekt zu beheben, weist auf das Enzym Thyreoperoxidase hin, ein hämbindendes Protein.

b) Wenn der Defekt in der Thyreoperoxidase durch die Zugabe eines Hämanalogons behoben werden kann, weist dies auf eine Störung der Hämbindung hin. In anderen Worten, die Thyreoperoxidase Ihres Patienten scheint eine geringe Affinität für Häm zu haben.

Literatur

Dumont, J.E., Vassart, G. und Refetoff, S. Thyroid disorders. C.R. Scriver, A.L. Beaudet, W.S. Sly und D. Valle (Hrsg.) The Metabolic Basis of Inherited Disease. New York: McGraw-Hill, **1989**, Vol. II, Kap. 73, S. 1843

Antwort 43

a) Ein Synthesedefekt der Schilddrüsenhormone kann seine Ursache in einem Problem der Schilddrüse, der Hypophyse oder des Hypothalamus haben. Die Tatsache, daß die Symptome verschwinden, wenn in der Nahrung ein großes Iodidangebot vorliegt, weist darauf hin, daß das Problem in der Schilddrüse zu suchen ist, dem einzigen Organ, welches Iodid verstoffwechselt. Diiodtyrosin wird nicht umgesetzt, folglich liegt der Defekt bei dem Enzym, welches Iod von Diiodtyrosin entfernt, der Iodthyrosin-Deiodase.

b) Eine normal ernährte Person benötigt das Enzym Iodthyrosin-Deiodase, um das Iod aus den teilweise iodierten Abbauprodukten der Schilddrüsenhormone zu recyclen. Ist dieses Enzym defekt, wird ein Großteil dieses Iods ausgeschieden und nicht weiter verstoffwechselt. Dies führt zu einem Mangel an Iod, welcher durch vermehrte Aufnahme mit der Nahrung ausgeglichen werden kann.

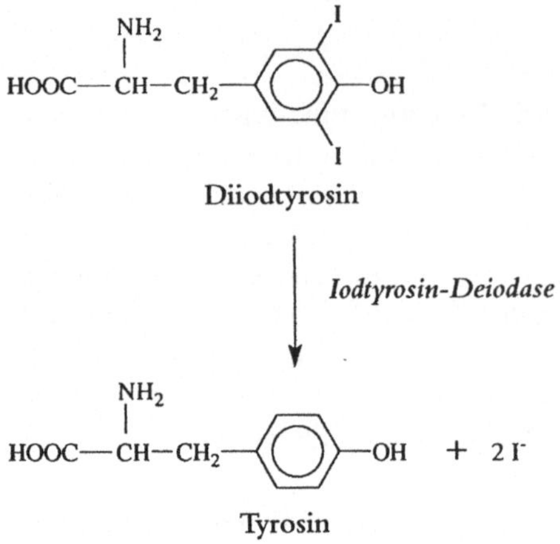

Diiodtyrosin

Iodtyrosin-Deiodase

Tyrosin

Abbildung A43-1: Die Reaktion der Iodtyrosin-Deiodase.

Literatur

Dumont, J.E., Vassart, G. und Refetoff, S. Thyroid disorders. C.R. Scriver, A.L. Beaudet, W.S. Sly und D. Valle (Hrsg.) The Metabolic Basis of Inherited Disease. New York: McGraw-Hill, **1989**, Vol. II, Kap. 73, S. 1843

Antwort 44

a) Pyroglutamylhistidylprolinamid (Abbildung A44-1) ist Thyreoliberin (Thyreotropin-releasing Hormon, TRH), welches vom Hypothalamus hergestellt wird. Das Zielorgan von Thyreoliberin ist die Hypophyse, welche dadurch zur Bildung von Thyreotropin (TSH) angeregt wird. Bindet Pyroglutamylhistidylprolinamid nicht an die Hypophyse, liegt der gesuchte Defekt im Rezeptor für Thyreoliberin.

b) Der Hypothalamus stellt Thyreoliberin her, welches in der Hypophyse die Synthese von Thyreotropin einleitet, das seinerseits die Schilddrüse zur Produktion von Thyroxin und Triiodthyronin anregt. In der Hypophyse wird Thyroxin zu Triiodthyronin umgewandelt, welches die Sekretion von Thyreotropin (TSH) inhibiert. Auf diese Weise regulieren die Schilddrüsenhormone über eine Rückkopplungsschleife ihre eigene Synthese.

Ihr Patient hat eine familiäre hypophysäre Hypothyreose.

(Pyroglutamat) (Histidin)   (Prolinamid)

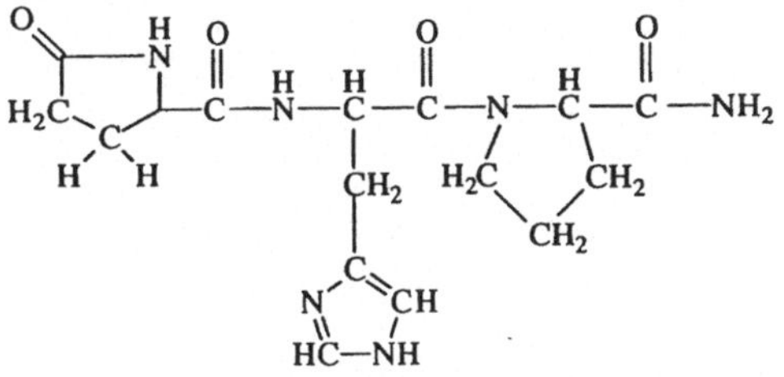

Thyrotropin-releasing hormone (TRH)
(Pyroglutamylhistidylprolinamid)

Abbildung A44-1: Die Struktur von Thyreoliberin (Thyreotropin-releasing Hormon, TRH)

Literatur

Dumont, J.E., Vassart, G. und Refetoff, S. Thyroid disorders. C.R. Scriver, A.L. Beaudet, W.S. Sly und D. Valle (Hrsg.) The Metabolic Basis of Inherited Disease. New York: McGraw-Hill, **1989**, Vol. II, Kap. 73, S. 1843

Antwort 45

a) Da der Spiegel an Aldosteron niedrig, derjenige von 18-Hydroxycorticosteron hingegen hoch ist, muß das defekte Enzym für die Umwandlung von 18-Hydroxycorticosteron zu Aldosteron verantwortlich sein. Es heißt 18-Hydroxydehydrogenase oder auch Corticosteronmethyl-Oxidase II (Abbildung A45-1).

b) Zunächst wird die Mutation identifiziert:

Codon Nummer:	178	179	180	181	182	183
Ihr Patient:						
DNA:	CAG	AAC	GCC	TGG	GGG	AGC
RNA:	CAG	AAC	GCC	UGG	GGG	AGC
Protein:	Gln	Asn	Ala	Trp	Gly	Ser
Gesunde Person:						
DNA:	CAG	AAC	GCC	CGG	GGG	AGC
RNA:	CAG	AAC	GCC	CGG	GGG	AGC
Protein:	Gln	Asn	Ala	Arg	Gly	Ser

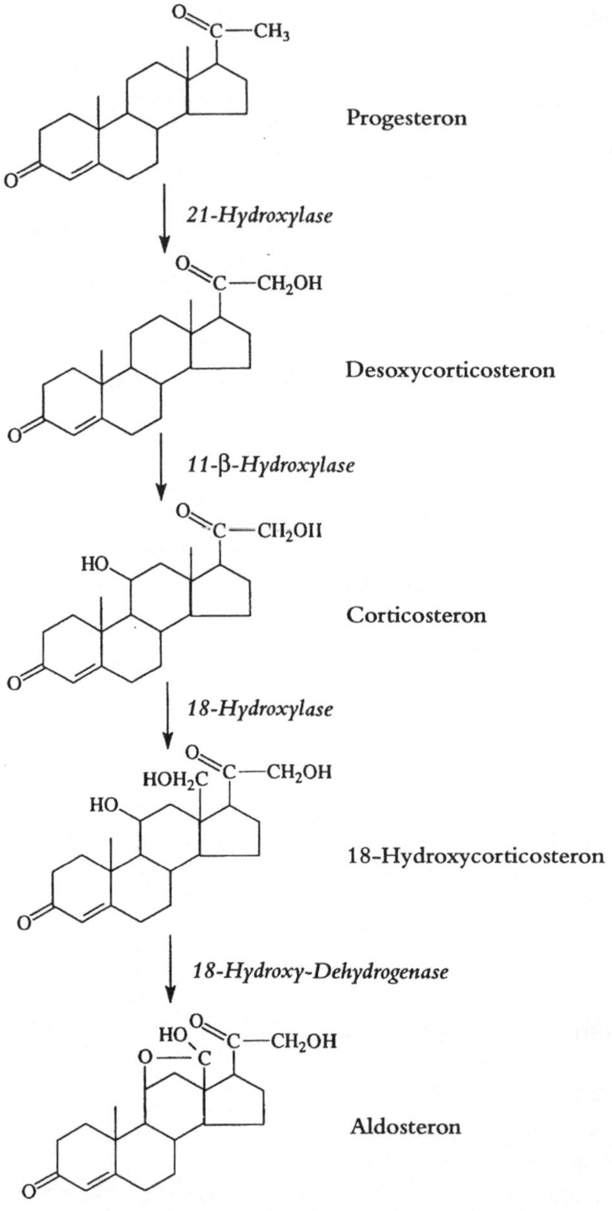

O=C—CH₃

Progesteron

21-Hydroxylase

O=C—CH₂OH

Desoxycorticosteron

11-β-Hydroxylase

O=C—CH₂OH

HO

Corticosteron

18-Hydroxylase

HOH₂C   O=C—CH₂OH

HO

18-Hydroxycorticosteron

18-Hydroxy-Dehydrogenase

HO   O=C—CH₂OH
O—C

Aldosteron

Abbildung A45-1: Die Umwandlung von Progesteron zu Aldosteron. 18-Hydroxylase ist auch unter dem Namen Corticosteronmethyl-Oxidase II bekannt.

Ihr Patient hat eine Mutation in Position 181, durch die ein Arginin gegen ein Tryptophan ausgetauscht wurde. Dies ist eine dramatische Änderung. Arginin ist eine geladene Aminosäure, deren Seitenkette vermutlich auf der Außenseite des Proteins zu finden ist und sich eventuell an der Ausbildung von Wasserstoffbrücken- oder Ionenbindungen beteiligt. Tryptophan ist im Gegensatz dazu ungeladen und hydrophob. Es findet sich vermutlich im Inneren des Proteins. Die einzigen Wechselwirkungen, welche diese Aminosäure eingeht, sind hydrophobe Wechselwirkungen. Diese Mutation kann also sehr leicht drastische Änderungen der Proteinstruktur hervorrufen.

b) Die Antwort auf die Frage, warum das gereinigte Enzym eine verringerte Fähigkeit zur Synthese von 18-Hydroxycorticosteron aufweist, wohin gegen diese Verbindung bei Ihrem Patienten in erhöhter Konzentration vorliegt, ist recht komplex. Um dies zu verstehen, müssen Sie sich mit dem Wesen des Enzyms vertraut machen. Das Enzym ist Cytochrom P450cmo, welches drei enzymatische Aktivitäten beherbergt: 11-Hydroxylase, 18-Hydroxylase und 18-Hydroxydehydrogenase (Corticosteronmethyl-Oxidase II). Darüber hinaus gibt es ein anderes Enzym, nahezu ein Isoenzym des ersten, Cytochrom P450cll genannt. Es hat zwei enzymatische Aktivtäten: 11-β-Hydroxylase und 18-Hydroxylase. Die Mutation in Position 181 im Protein Ihres Patienten schaltet die 18-Hydroxydehydrogenase-Aktivität aus und vermindert die 18-Hydroxylase-Aktivität, die jedoch durch die 18-Hydroxylase-Aktivität des Cytochroms P450cll kompensiert wird. Ihr Patient verwendet also die 18-Hydroxylase-Aktivität des Cytochroms P450cll zur Synthese von 18-Hydroxycorticosteron, welches jedoch nicht weiter zu Aldosteron umgesetzt werden kann und so zu höheren Konzentrationen akkumuliert.

Die Sache ist aber noch komplexer. Personen mit einem defekten Enzym haben auch eine Mutation an Position 386, durch die ein Valin in ein Alanin verwandelt wurde. Dies sollte eigentlich eine unbedeutendere Mutation sein. Wie dem auch sei, Personen die entweder eine Mutation in Position 181 oder eine Mutation in Position 386 haben, zeigen keinerlei Symptome. Diese treten nur auf, wenn beide Mutationen vorliegen. Obwohl die Mutation in Position 386 eine unbedeutendere ist, muß es eine Interferenz mit der Mutation in Position 181 geben. Nur so entsteht ein defektes Protein.

Ihr Patient hat eine Hyperplasie der Nebennierenrinde.

Literatur

Globermann, H., Rösler, A., Theodor, R., New, M.I. und White, P.C. An inherited defect in aldosterone biosynthesis caused by a mutation in or near the gene for steroid 11-hydroxylase. *New Engl. J. Med.* 319: 1193, **1988**

Mitsuuchi, Y., Kawamoto, T., Naiki, Y., Miyahara, K., Toda, K., Kuribayashi, I., Orii, T., Yasuda, K., Miura,K., Nakao, K., Imura, H., Ulick, S. und Shizuta, Y. Congenitally defective aldosterone biosynthesis in humans: the involvement of point mutations of the P450$_{c18}$ gene (CYP11B2) in CMO II deficient patients. *Biochem. Biophys. Res. Commun.* 182: 974, **1992**

New, M.I., White, P.C., Pang, S., Dupont, B. und Speiser, P.W. The adrenal hyperplasias. C.R. Scriver, A.L. Beaudet, W.S. Sly und D. Valle (Hrsg.) The Metabolic Basis of Inherited Disease. New York: McGraw-Hill, **1989**, Vol. II, Kap. 74, S. 1881

Pascoe, L., Curnow, K.M., Slutsker, L., Rösler, A. und White, P.C. Mutations in the human CYP11B2 (aldosterone synthase) gene causing corticosterone methyloxidase II deficiency. *Proc. Natl. Acad. Sci. USA* 89, 4996, **1992**

Picco, P., Garibaldi, L., Cotellessa, M., DiRocco, M. und Borrone, C. Corticosterone methyl oxidase type II deficiency: a cause of failure to thrive and recurrent dehydration in early infancy. *Eur. J. Pediatr.* 151: 170, **1992**

Rösler, A. und White, P.C. Mutations in human 11β-hydroxylase genes: 11β-hydroxylase deficiency in Jews of Marocco and corticosterone methyloxidase deficiency in Jews of Iran. *J. Steroid Biochem. Mol. Biol.* 45: 99, **1993**

Antwort 46

a) Die Symptome lassen vermuten, daß niedrige Testosteronwerte vorliegen. Dies ist in der Tat der Fall. Wenn die Werte für zirkulierendes Dehydroepiandrosteron, Testosteron und Δ^4-Androstendion niedrig sind, ist es wahrscheinlich, daß eines der Enzyme defckt ist, welche in die Synthese dieser Verbindungen involviert ist. Drei Enzyme sind hier zu nennen. Ein Mangel an einem der Enzyme führt zu niedrigeren Testosteronwerten. Das Enzym 17β-Hydroxysteroid-Dehydrogenase überführt Δ^4-Androstendion zu Testosteron. Dieses Enzym kann nicht defekt sein, weil dies normale oder gar höhere Δ^4-Androstendion-Werte nach sich zieht. Das Enzym 3β-Hydroxysteroid-Dehydrogenase überführt Dehydro-epiandrosteron zu Δ^4-Androstendion. Auch hier kann kein Defekt vorliegen, denn dann wären die Werte für Dehydroepiandrosteron erhöht. Das Enzym 17,20-Lyase setzt 17-Hydroxypregnenolon zu Dehydroepiandrosteron und 17-Hydroxyprogesteron zu Δ^4-Androstendion um. Da Testosteron aus Δ^4-Androstendion gebildet wird, führt ein Defekt der 17,20-Lyase zu einer verminderten Testosteron- Dehydroepiandrosteron- und Δ^4-Androstendionsynthese. Das defekte Enzym ist also die 17,20-Lyase.

Läge der Defekt weiter vorne im Stoffwechselweg, z.B. bei der 17-Hydroxylase, wäre zwar auch die Testosteronsynthese inhibiert, zusätzlich aber auch die Werte für 17-Hydroxypregnenolon und 17-Hydroxyprogesteron vermindert. Diese Tatsache geht aus den festgehaltenen Befunden jedoch nicht hervor.

b) Siehe Abbildung A46-1.

c) Das Enzym ist Cytochrom P450c17, welches Häm enthält. Letzteres wird durch Cyanid gehemmt.

Ihr Patient hat eine Hyperplasie der Nebennierenrinde.

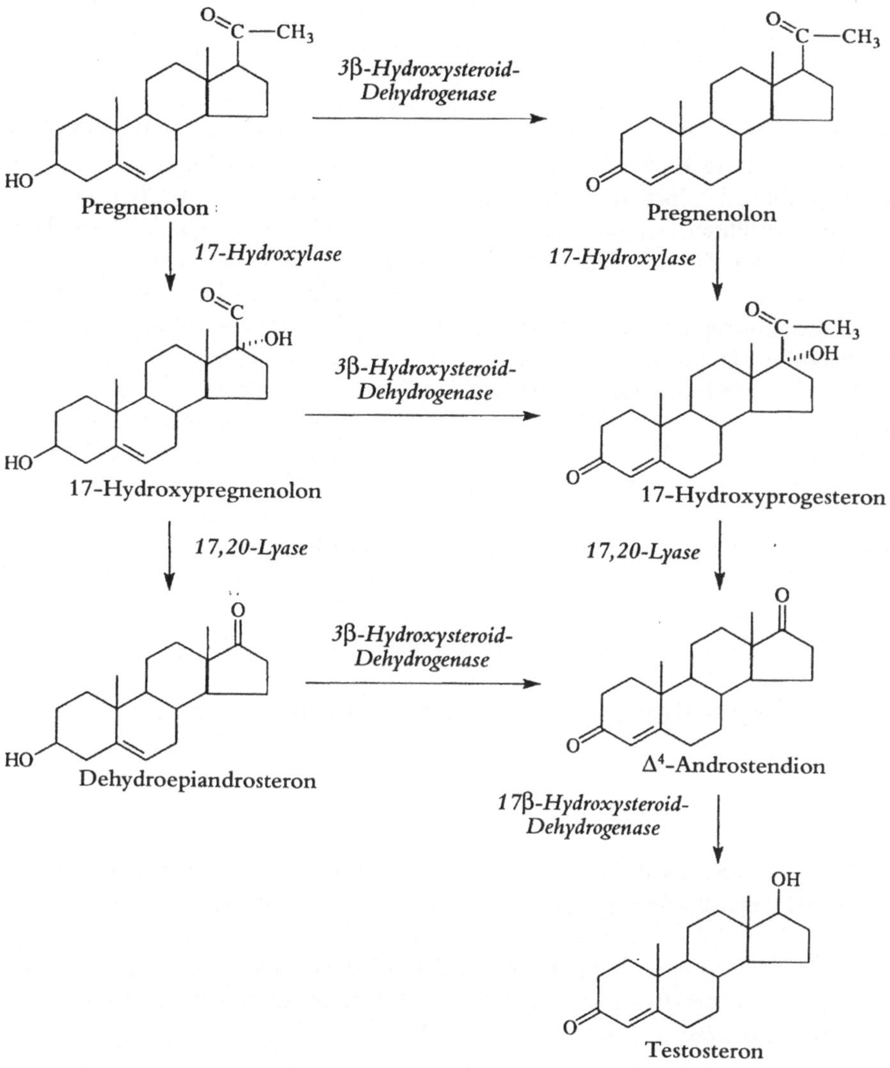

Abbildung A46-1: Die Umwandlung von Pregnenolon zu Testosteron.

Literatur

New, M.I., White, P.C., Pang, S., Dupont, B. und Speiser, P.W. The adrenal hyperplasias. C.R. Scriver, A.L. Beaudet, W.S. Sly und D. Valle (Hrsg.) The Metabolic Basis of Inherited Disease. New York: McGraw-Hill, **1989**, Vol. II, Kap. 74, S. 1881

Smith, E.L., Hill, R.L., Lehmann, I.R., Lefkowitz, R.J., Handler, P. und White, A. Principles of Biochemistry: Mammalian Biochemistry. New York: McGraw-Hill, **1983**, S. 502

Antwort 47

a) Ihr Patient hat niedrige Werte für alle Steroide, mit einer Ausnahme: Cholesterol. Dies impliziert, daß das defekte Enzym eine Reaktion katalysiert, die von Cholesterol zu den anderen Steroiden führt. Da Ihr Patient ganz eindeutig Schwierigkeiten hat, Cholesterol zu Pregnenolon zu überführen, ist das defekte Enzym die Cholesterol-20,22-Desmolase, welche die drei Schritte dieser Reaktion katalysiert (Siehe Abbildung A47-1). Die drei Aktivitäten dieses Enzyms werden 20α-Hydroxylase, 22R-Hydroxylase und 20αR-Dihydroxycholesterolisocapronaldehyd-Lyase genannt. Da die Umwandlung von 20α-Hydroxycholesterol zu Pregnenolon normal ist, muß der Defekt in dem Teil des Enzyms liegen, welcher die 20α-Hydroxylase-Reaktion katalysiert. Die niedrigen Natriumwerte zeigen eine geringe Aldosteronproduktion an, da die Wirkung des Aldosterons in einer Erhöhung des Natriumspiegels liegt. Dies ist ein weiteres Steroid, welches bei dieser Erkrankung in niedrigen Mengen hergestellt wird.

b) Das Enzym ist ein Cytochrom P450scc, welches Häm enthält und daher durch Cyanid gehemmt wird.

c) Siehe Abbildung A47-1.

Ihr Patient hat eine lipöse Hyperplasie der Nebennierenrinde.

Literatur

Degenhart, H.J., Visser, H.K.A. und Boon, H. A study of the cholesterol splitting enzyme system in normal adrenals and in adrenal lipoid hyperplasia. *Acta Paediatr. Scand.* 60: 611, **1971**

Prader, A. und Gurtner, H.P. Das Syndrom des Pseudoheramaphroditismus masculinus bei kongenitaler Nebennierenrinden-Hyperplasie ohne Androgenüberproduktion (adrenaler Pseudohermaphroditismus masculinus). *Helv. Paediatr. Acta* 10: 397, **1955**

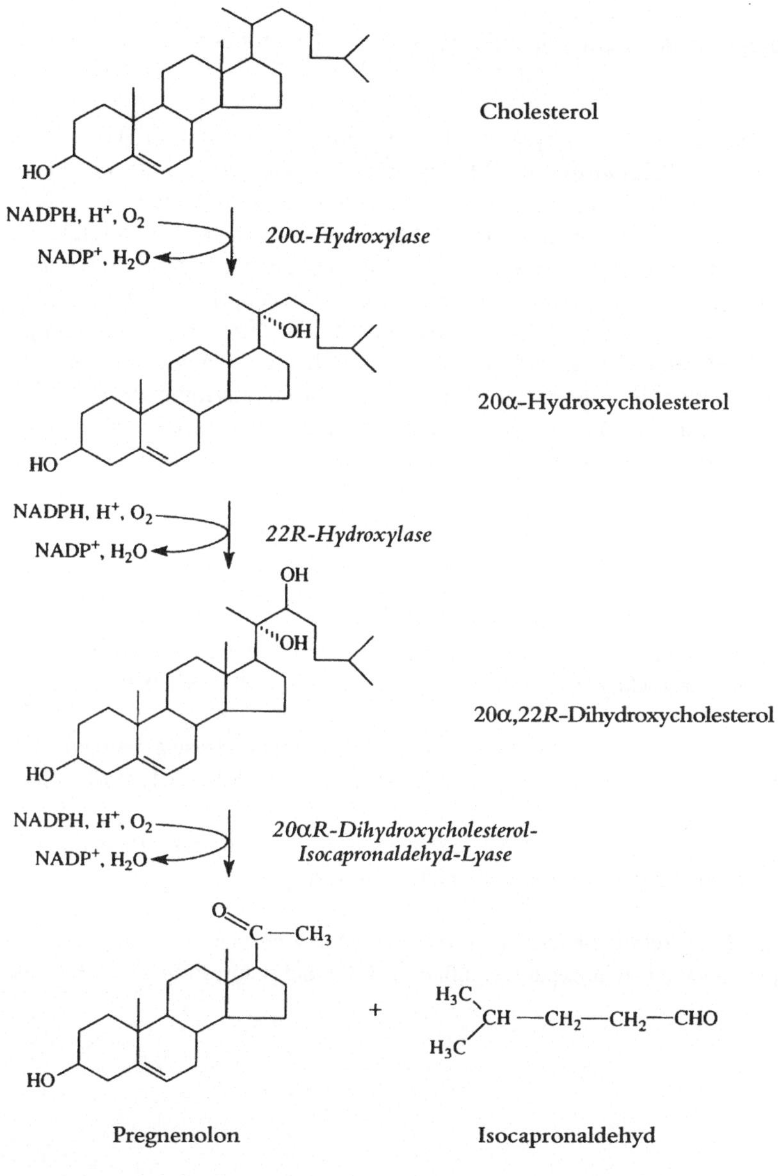

Abbildung A47-1: Die Reaktion der Cholesterol-20,22-Desmolase.

Antwort 48

a) Pyroglutamylhistidylprolinamid, ein Tripeptid, ist auch als Thyreoliberin (Thyreotropin-releasing Hormon, TRH) bekannt (Abbildung A44-1).

b) Thyreoliberin stimuliert in der Hypophyse die Bildung von Thyreotropin (TSH). Dieses Hormon wiederum regt in der Schilddrüse die Bildung von Thyroxin und Triiodthyronin an. Wird Thyreoliberin nicht schnell genug aus dem Blut entfernt, so ist sein Abbau zu langsam oder - weniger wahrscheinlich - es findet seinen Rezeptor nicht. Die zweite Möglichkeit kann ausgeschloßen werden, ansonsten würden wir nur sehr wenig Thyreotropin finden. Der Defekt muß daher im Abbau des Thyreoliberins liegen. Der Stoffwechsel von Thyreoliberin (TRH) ist komplex. Im Blut wird Thyreoliberin durch das Enzym Pyroglutamyl-Aminopeptidase Typ II abgebaut. Was mit den dabei anfallenden Fragmenten im Blut weiter geschieht, ist nicht klar. Es gibt einige Hinweise, daß Triiodthyronin die Aktivität dieses Enzyms im Blut verstärkt. Das würde im Rahmen einer negativen Rückkopplung durchaus Sinn machen. Im Gehirn ist der Stoffwechsel von Thyreoliberin (TRH) noch komplizierter (siehe Abbildung A48-1).

Literatur

Fuse, Y., Polk, D.H., Lam, R.W., Reviczky, A.L. und Fisher, D.A. Distribution and ontogeny of thyrotropin-releasing hormone degrading enzymes in rats. *Am. J. Physiol.* 259: E787, **1990**

O'Cuinn, G., O'Connor, B. und Elmore, M. Degradation of thyrotopin-releasing hormone and luteinising hormone-releasing hormone by enzymes of brain tissue. *J. Neurochem.* 54:1, **1990**

Suen, C.-S. und Wilk, S. Regulation of thyrotropin releasing hormone degrading enzymes in rat brain and pituitary by L-3,5,3'-triiodothyronine. *J. Neurochem.* 52: 884, **1989**

Yamada, M. und Mori, M. Thyrotropin-releasing hormone-degrading enzyme in human serum is classified as type II of pyroglutamyl aminopeptidase: influence of thyroid status. *Proc. Soc. Exp. Biol. Med.* 194: 346, **1990**

Antwort 49

a) Das defekte Enzym muß für die Umwandlung von Testosteron zu Dihydroxytestosteron verantwortlich sein. Dies ist die 5α-Reduktase, deren Reaktion in Abbildung A49-1 wiedergegeben ist. Zwei Formen der 5α-Reduktase existieren beim Menschen. Nur für die 5α-Reduktase 2 wurden bisher Mutationen beschrieben.

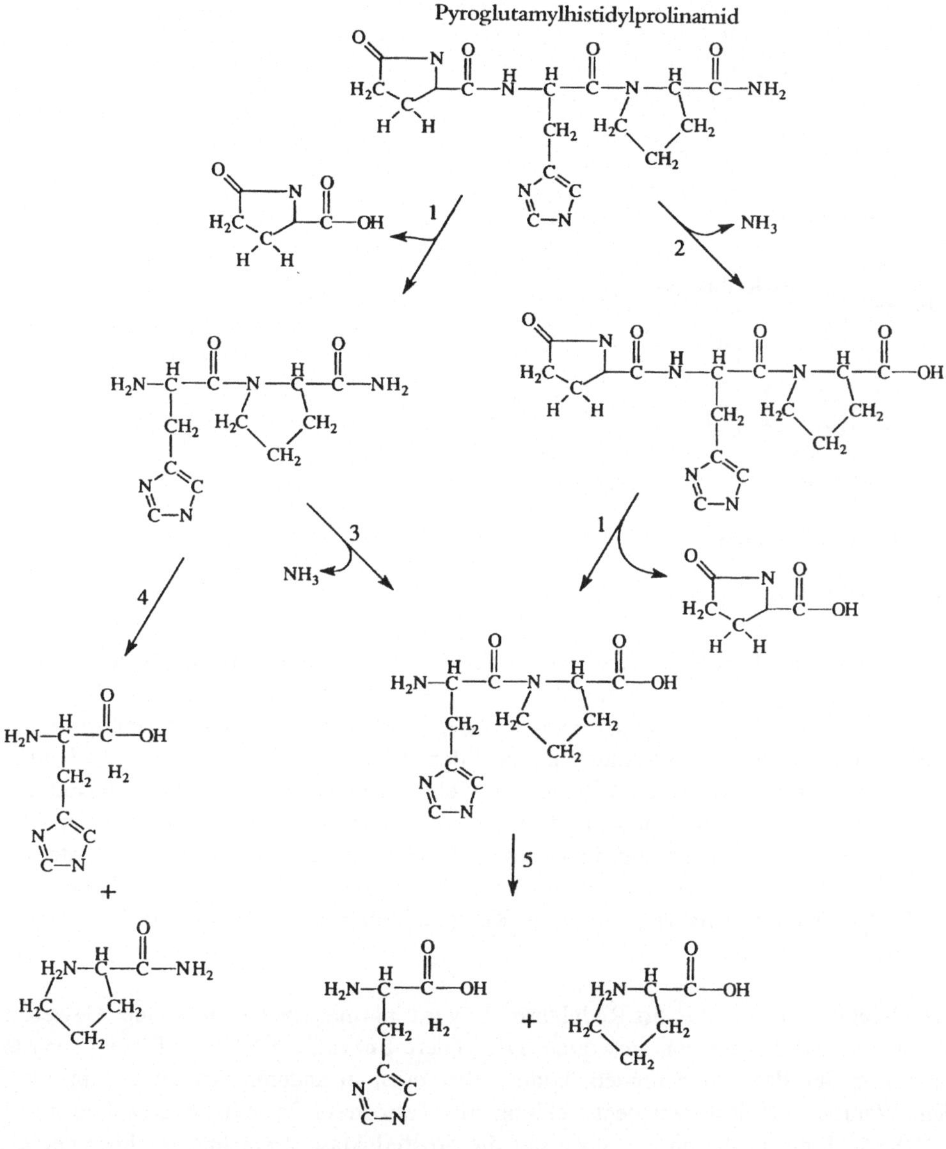

Abbildung A48-1: Der Stoffwechsel von Thyreoliberin im Gehirn. Die Enzyme heißen wie folgt: 1, Pyroglutamyl-Aminopeptidase Typ I; 2, Endopeptidase; 3, Dipeptidyl-Endopeptidase; 4, Imidopeptidase; 5, Prolin-Dipeptidase.

OH

Testosteron

NADPH, H$^+$

NADP$^+$

5α-Reduktase

OH

O

H

Dihydrotestosteron

Abbildung A49-1: Die Reaktion der 5α-Reduktase

b) Die männlichen Geschlechtshormone arbeiten folgendermaßen: Wenn Testosteron in eine Zielzelle gelangt, wird ein Teil durch die Reaktion der 5α-Reduktase in Dihydroxytestosteron überführt. Testosteron und Dihydroxytestosteron binden an das Rezeptorprotein. Beide Komplexe binden an bestimmte Regionen der DNA und aktivieren diese. Die beiden Komplexe haben unterschiedliche Effekte, die vielleicht unterschiedliche DNA-Bindungsstellen der Komplexe wiederspiegeln. Der Testosteron-Rezeptor-Komplex induziert die Ausbildung der Epididymis und der inneren Geschlechtsorgane. Der Dihydroxytestosteron-Rezeptor-Komplex ist in die Ausbildung der äußeren Geschlechtsorgane involviert. Die äußerliche Virilisierung wird also durch die Komplexierung des Rezeptors mit Dihydroxytestosteron hervorgerufen.

c) Das defekte Enzym, die 5α-Reduktase 2, wird normalerweise in vielen Geweben exprimiert, die auf Testosteron antworten. Das andere Enzym, die 5α-Reduktase 1, wurde bisher nur in der Prostata gefunden, könnte aber auch in anderen Geweben exprimiert werden. Während der Embryonalentwicklung ruft Testosteron in einigen Geweben einen Effekt hervor. Liegt in diesen Geweben nur die 5α-Reduktase 2 vor und ist diese defekt, wird indort kein Dihydroxytestosteron gebildet und ihre Entwicklung gestört sein. Dies kann nicht durch ein äquivalentes und funktionierendes Enzym kompensiert werden, welches sich in einem anderen Gewebe befindet.

d) Die 5α-Reduktase 2 Ihres Patienten hat an Position 34 einen Arginrest anstelle eines Glycins. Dies kann zu größeren strukturellen Veränderungen des Enzyms führen. Glycin hat keine Seitenkette und ist oft an Stellen eines Proteins zu finden, wo zwei Segmente sehr eng aufeinander stoßen. Glycin kann sowohl auf der Außenseite als auch im Inneren eines Proteins zu finden sein. Arginin hingegen ist recht groß und geladen. Damit ist es, wenn es nicht gerade in eine Ionenbindung involviert ist, auf der Außenseite eines Proteins zu finden. Die Veränderungen in der Enymstruktur können hier natürlich nicht genau vorhergesagt werden, sie führen jedoch zu einem deutlich verringerten Wert für v_{max}. Die Affinität zu Testosteron ist ebenfalls niedriger als normal. Da Testosteron jedoch immer in geringen Konzentrationen vorkommt, kann eine Abnahme der Affinität zu schweren Problemen führen.

Literatur

Andersson, S. und Russel, D.W. Structural and biochemical properties of clones and expressed human and rat steroid 5α-reductases. *Proc. Natl. Acad. Sci. USA* 87: 3640, **1990**

Griffin, J.E. und Wilson, J.D. The androgen resistance syndromes: 5α-reductase deficiency, testicular feminization, and related disorders. C.R. Scriver, A.L. Beaudet, W.S. Sly und D. Valle (Hrsg.) The Metabolic Basis of Inherited Disease. New York: McGraw-Hill, **1989**, Vol. II, Kap. 75, S. 1919

Thigpen, A.E., Davis, D.L., Gautier, T., Imperato-McGinley, J. und Russell, D.W. Brief report: the molecular basis of steroid 5α-reductase deficiency in a large Dominican kindred. *New Engl. J. Med.* 327: 1216, **1992**

Thigpen, A.E.,, Davis, D.L., Milatovich, A., Mendonca, B.B., Imperato-McGinlay, J., Griffin, J.E., Francke, U., Wilson, J.D. und Russell, D.W. Molecular genetics of steroid 5α-reductase 2 deficiency. *J. Clin. Invest.* 90: 799, **1992**

Antwort 50

a) Die Entwicklung der männlichen Genitalien wird durch die Wirkung von Testosteron und Dihydroxytestosteron in den Zielzellen ausgelöst. Dihydroxytestosteron wird durch die 5α-Reduktase gebildet. Testosteron und Dihydroxytestosteron binden an denselben Rezeptor, welcher dann mit der DNA in Wechselwirkung tritt und bestimmte Gene aktiviert. Welche Gene aktiviert werden, hängt von dem Androgen ab, welches an den Rezeptor bindet. Während der Embryonalentwicklung ist Testosteron für die Ausbildung der inneren männlichen Genitalien verantwortlich, während Dihydroxytestosteron die Ausbildung der äußeren männlichen Geschlechtsorgane bewirkt. Ihr Patient hat irgendwo in diesem Stoffwechselweg einen Defekt. Da er in der Lage ist, Testosteron zu Dihydroxytestosteron zu überführen, muß das Enzym 5α-Reduktase, das diese Reaktion katalysiert, normal sein. Da das radioaktiv markierte Dihydroxytestosteron nicht in den Kern transloziert wird, liegt der Defekt vermutlich bei dem Rezeptor. In Abwesenheit eines Rezeptors würde sich Dihydroxytestosteron wahllos in der Zelle bewegen und keinen Einfluß auf die Genexpression haben.

b) Der Komplex aus Dihydroxytestosteron und dem Rezeptor bindet an spezifischen Stellen der im Kern befindlichen DNA und aktiviert Gene, die für die Virilisierung verantwortlich sind. Wenn der Rezeptor defekt ist, werden diese Gene niemals exprimiert.

c) Zunächst wird die Mutation identifiziert.

Codon:	713	714	715	716	717	718	719	720	721	722

Ihr Patient:

	713	714	715	716	717	718	719	720	721	722
DNA	CAC	GTG	GTC	AAG	TGA	GCC	AAG	GCC	TTG	CCT
RNA	CAC	GUG	GUC	AAG	UGA	GCC	AAG	GCC	UUG	CCU
Protein	His	Val	Val	Lys	STOP					

Normal:

	713	714	715	716	717	718	719	720	721	722
DNA	CAC	GTG	GTC	AAG	TGG	GCC	AAG	GCC	TTG	CCT
RNA	CAC	GUG	GUC	AAG	UGG	GCC	AAG	GCC	UUG	CCU
Protein	His	Val	Val	Lys	Trp	Ala	Lys	Ala	Leu	Pro

Im Androgenrezeptor Ihres Patienten befindet sich eine Unsinnmutation in Position 717 der Aminosäuresequenz. Solche Mutationen sind grundsätzlich sehr schwerwiegend. Der Androgenrezeptor besitzt drei Domänen. Die Funktion der N-terminalen Domäne ist unbekannt und zeigt einige ungewöhnliche Sequenzmotive auf, so z.B. eine Abfolge von 20 Glutaminresten, eine Folge von 8 Prolinen und eine von 23 Glycinresten. Die zweite Domäne bindet an die DNA, während die dritte Domäne für die Interaktion des Rezeptors mit Testosteron oder Dihydroxytestosteron verantwortlich ist. Das vorzeitige Stopcodon liegt in der dritten Domäne, der Rezeptor kann folglich keine Androgene mehr binden. Dies ist der Primäreffekt, aber ohne Androgen kann der Rezeptor auch nicht mehr an die DNA binden.

Ihr Patient hat eine komplette Androgeninsensitivität.

Literatur

Griffin, J.E. Androgen resistance: the clinical and molecular spectrum. *New Engl. J. Med.* 326: 611, **1992**

Griffin, J.E. und Wilson, J.D. The androgen resistance syndromes: 5α-reductase deficiency, testicular feminization, and related disorders. C.R. Scriver, A.L. Beaudet, W.S. Sly und D. Valle (Hrsg.) The Metabolic Basis of Inherited Disease. New York: McGraw-Hill, **1989**, Vol. II, Kap. 75, S. 1919

Lubahn, D.B., Brown, T.R., Simental, J.A., Higgs, H.N., Migeon, C.J., Wilson, E.M. und French, F.S. Sequence of the intro/exon junctions of the coding region of the human androgen receptor gene and identification of a point mutation in a family with complete androgen insensitivity. *Proc. Natl. Acad. Sci. USA* 86: 9534, **1989**

Sai, T., Seino, S., Chang, C., Trifiro, M., Pinsky, L., Mhatre, A., Kaufman, M., Lambert, B., Trapman, J., Brinkmann, A.O., Rosenfield, R.L. und Liao, S. An exonic point mutation of the androgen receptor gene in a family with complete androgen insensitivity. *Am. J. Hum. Genet.* 46: 1095, **1990**

Antwort 51

a) Afrikanische Pygmäen antworten auf Injektionen humanen Wachstumshormons nicht mit einer Synthese des Insulin-ähnlichen Wachstumsfaktors I. Dies impliziert, daß Pygmäen entweder weniger Rezeptoren besitzen, oder aber nicht in der Lage sind das Insulin-ähnliche Wachstumshormon zu bilden. Da Pygmäen bis zur Pubertät normale Konzentrationen des Insulin-ähnlichen Wachstumshormons aufweisen, zeigt, daß letzteres nicht der Fall ist. Die wahrscheinlichste Situation ist, daß Pygmäen mit Einsetzen der Pubertät keine gesteigerte Synthese des Rezeptors aufnehmen. Eine Rolle der steroidalen Geschlechtshormone ist neben vielen anderen während der Pubertät die gesteigerte Synthese des Wachstumshormonrezeptors.

b) Das Insulin-ähnliche Wachstumshormon I wird auch Somatomedin C genannt und ist ein Peptid, welches aus 70 Aminosäuren besteht. Die Sequenz ist zu der des Proinsulins verwandt. Es hat verschiedene biologische Aktivitäten, u.a. die Stimulation der Knorpelbildung, der Kollagensynthese und der Synthese der Glycosaminoglykane. Die Glucoseaufnahme wird gesteigert und Zellen zur Teilung angeregt.

Literatur

Phillips, J.A. Inherited defects in growth hormone synthesis and action. C.R. Scriver, A.L. Beaudet, W.S. Sly und D. Valle (Hrsg.) The Metabolic Basis of Inherited Disease. New York: McGraw-Hill, **1989**, Vol. II, Kap. 77, S. 1965

Phillips, L.S. und Vassilopoulou-Sellin, R. Somatomedins. *New Engl. J. Med.* 302: 371, **1980**

Antwort 52

a) Ihr Patient hat erhöhte Parathormonwerte im Blut, zeigt jedoch gleichzeitig Symptome, die eher auf ein Problem mit der Schilddrüse hinweisen (niedrige Calcium- und hohe Phosphatwerte). Die logische Schlußfolgerung daraus ist, daß Ihr Patient ein Problem mit der Signalweitergabe für Parathormon hat. Die Experimente, die im Anschluß an die Nierenbiopsie durchgeführt worden sind, bekräftigen diese Annahme. Da die Zugabe von Parathormon nicht zu einem Anstieg der cAMP-Konzentration führt, liegt eindeutig ein Defekt der Signalweitergabe vor. Prinzipiell kann das Problem bei dem Rezeptor selbst liegen, bei den G-Protein-Komponenten oder bei der Adenylatzyklase. Die Beobachtung, daß die cAMP-Produktion nach Gabe von Thyreotropin (TSH) oder Glucagon normal ist, weist auf einen für Parathormon spezifischen Defekt hin, und damit auf den Parathormonrezeptor.

b) Hier betrachten wir eine andere Ausgangslage, nämlich die Frage, was für ein Defekt liegt vor, wenn weder auf die Gabe von Parathormon, noch auf die Gabe von Thyreotropin oder Glucagon eine gesteigerte cAMP-Synthese zu beobachten ist. Dies würde auf einen allgemeineren Defekt hinweisen, also nicht spezifisch auf einen Rezeptor, sondern auf Teile des Signaltransduktionsweges. Ein guter Kandidat wäre die Adenylatzyklase, das Enzym, welches ATP in cAMP überführt. Da das Choleratoxin in der Lage ist, das G_S-Protein zu ADP-ribosylieren, zeigen Ihre Experimente, daß G_S normal ist. Es wäre jedoch auch denkbar, daß das G_i-Protein bei Ihrem Patienten anormal ist, z.B. überaktiv. Es würde zu einer stärkeren Einschränkung der cAMP-Synthese führen.

Ihr Patient hat einen Pseudohypoparathyreodismus Typ Ib.

Literatur

Spiegel, A.M. Pseudohypoparathyroidism. C.R. Scriver, A.L. Beaudet, W.S. Sly und D. Valle (Hrsg.) The Metabolic Basis of Inherited Disease. New York: McGraw-Hill, **1989**, Vol. II, Kap. 79, S. 2013

Antwort 53

a) Die traditionelle Ursache von Rachitis ist ein Mangel an Vitamin D, welches bei einer gesunden Person durch die Wirkung von UV-Strahlung hergestellt wird. Es kann ebenfalls Bestandteil der Nahrung sein. Vitamins D wird zur aktiven Form 1α,25-Dihydroxycholecalciferol nach Abbildung A53-1 verstoffwechselt. Die mobilisierenden Effekte des Vitamin D auf Calcium werden durch 1α,25-Dihydroxycholecalciferol bewirkt. Ihr Patient hat eindeutig normale Werte für 1α,25-Dihydroxycholecalciferol im Blut, aber niedrige Calciumwerte. Dies impliziert, daß 1α,25-Dihydroxycholecalciferol nicht in der Lage ist, seinen Effekt auszulösen. In anderen Worten, das Problem liegt beim 1α,25-Dihydroxycholecalciferol-Rezeptor. Daß höhere 1α,25-Dihydroxycholecalciferol-Spiegel das Problem lindern, unterstützt diese These.

b) Da höhere Konzentrationen an 1α,25-Dihydroxycholecalciferol den Rezeptor genauso sättigen können, wie es bei einer normalen Person der Fall ist, schließen wir daraus, daß das Problem nicht in der Anzahl der Rezeptoren liegt, sondern daß die Affinität zu 1α,25-Dihydroxycholecalciferol niedriger als normal ist.

Literatur

Marx, S.J. Vitamin D and other calciferols. C.R. Scriver, A.L. Beaudet, W.S. Sly und D. Valle (Hrsg.) The Metabolic Basis of Inherited Disease. New York: McGraw-Hill, **1989**, Vol. II, Kap. 80, S. 2029

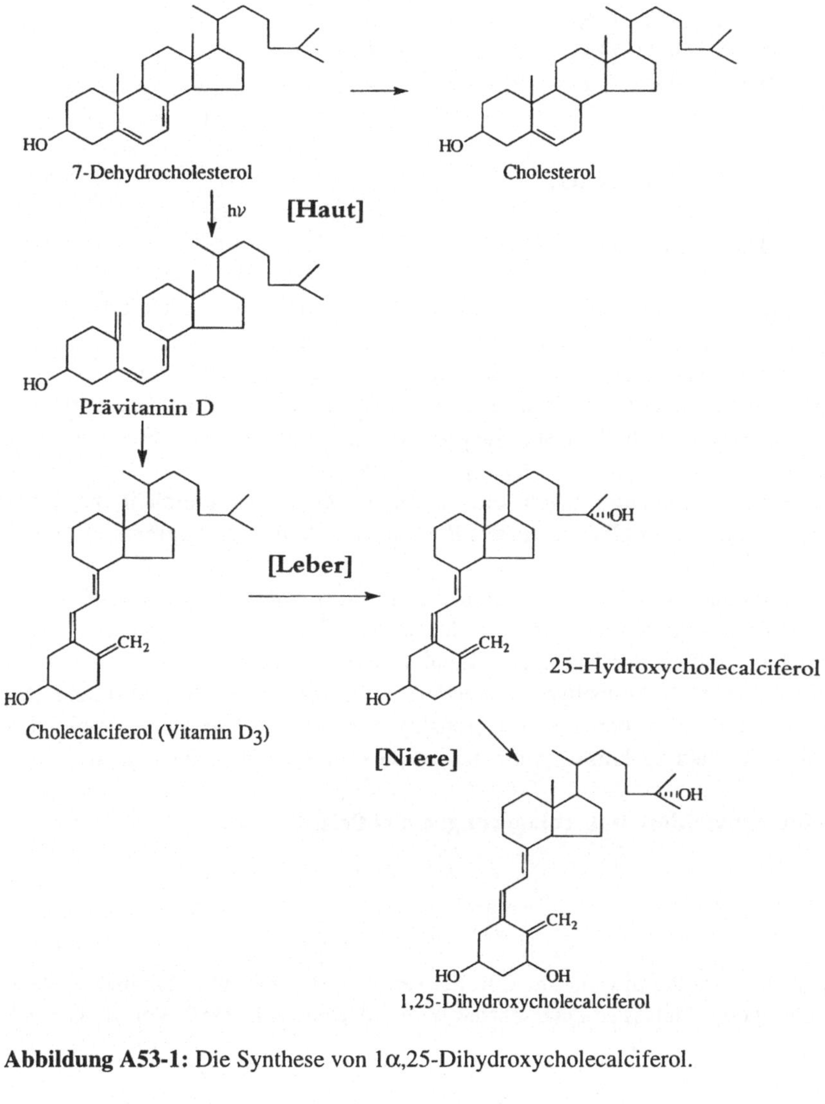

Abbildung A53-1: Die Synthese von 1α,25-Dihydroxycholecalciferol.

Antwort 54

a) Ausgehend von der Nukleotidsequenz bestimmen Sie die Aminosäuresequenz:

Codon Nummer: 59   60   61

Ihr Patient:
DNA: ACA   GCT   GAG
RNA: ACA   GCU   GAG
Protein: Thr   Ala   Glu

Normale Person:
DNA: ACA   ACT   GAG
RNA: ACA   ACU   GAG
Protein: Thr   Thr   Glu

Das Transthyretin Ihres Patienten zeigt an Position 60 ein Alanin, wo normalerweise ein Threonin zu finden ist. Alanin ist hydrophober als Threonin. Da Position 60 auf der Außenseite des Proteins ist, kann das Einführen einer hydrophoben Aminosäure zur Aggregation führen, insbesondere, da dieses Protein als Tetramer existiert. Die tetramere Struktur des Proteins bedeutet, daß diese Mutation zu vier hydrophoben Spots auf der Oberfläche des Proteins führt. Dies ist in Analogie zur Sichelzellanämie zu sehen, bei der das Austauschen eines Glutamats gegen ein Valin in der β-Untereinheit zu einer hydrophoben Aminosäure auf der Oberfläche des Proteins und damit zur Aggregation führt.

b) Transthyretin, früher auch Präalbumin genannt, ist ein Plasmaprotein, welches Thyroxin und Retinol transportiert. Transthyretin kommt als Tetramer vor. Die vier Untereinheiten sind derart angeordnet, daß in der Mitte ein Kanal frei bleibt, in dem Thyroxin bindet. Retinol bindet nicht direkt an Transthyretin, sondern zunächst an ein Retinol-bindendes Protein, welches dann auf der Außenseite des Transthyretins bindet. Das Retinol-bindende Protein nimmt keinen Kontakt zu Transthyretin auf, wenn kein Retinol vorhanden ist.

Ihr Patient hat eine Amyloidose mit Ablagerungen aus Präalbumin.

Literatur

Benson, M.D. und Wallace, M.R. Amyloidosis. C.R. Scriver, A.L. Beaudet, W.S. Sly und D. Valle (Hrsg.) The Metabolic Basis of Inherited Disease. New York: McGraw-Hill, **1989**, Vol. II, Kap. 97, S. 2439

Antwort 55

a) Die Schilddrüse reagiert auf das Hormon Thyreotropin (TSH) mit der Synthese von Thyroxin und Triiodthyronin. In dem durchgeführten Experiment ist Thyreotropin dasjenige Hormon, welches einen Effekt hervorruft. Das defekte Enzym muß also in dem Signalweg vom Thyreotropin bis hin zum cAMP liegen. Mit anderen Worten: Die Veränderung muß im Rezeptor, dem G-Protein oder der Adenylatzyklase liegen. Der Defekt wird in Abwesenheit des Hormons manifest. In Gegenwart des Hormons stellen sowohl die aktiven, wie auch die inaktiven Zellen die gleiche Menge cAMP her (Tabelle P55-2). Ist das Hormon hingegen nicht vorhanden, synthetisieren die inaktiven Zellen weniger cAMP als die aktiven. Die Sequenz des veränderten Proteins ist sehr aufschlußreich. Wenn Sie Tabelle P55-1 in Tabelle A55-1 überführen, bemerken Sie eine große Region mit relativ wenig hydrophoben Aminosäuren, gefolgt von solchen Regionen, die abwechselnd viel und wenig hydrophobe Reste tragen.

Tabelle A55-1

Bereich	Länge des Segmentes	% an hydrophoben Aminosäuren	Lage hinsichtlich der Membran
1	415	48	außen
2	25	88	transmembranär
3	10	30	innen
4	23	78	transmembranär
5	21	48	außen
6	22	59	transmembranär
7	21	52	innen
8	23	87	transmembranär
9	21	57	außen
10	24	79	transmembranär
11	20	35	innen
12	23	78	transmembranär
13	13	54	außen
14	20	80	transmembranär
15	83	42	innen

Die Bereiche, welche sich durch eine hohe Hydrophobizität auszeichnen, sind etwa 20-25 Aminosäuren lang und sind wahrscheinlich innerhalb der Membran lokalisiert. Der N-terminale Bereich weist fünf potentielle Glykosylierungsstellen auf und befindet sich daher außerhalb der Zelle. Ein Protein, das einen extrazellulären Bereich und Transmembranabschnitte hat, ist weder ein G-Protein, noch die Adenylatzyklase. Das veränderte Protein ist der Thyreotropinrezeptor.

b) Das aktive Gen muß aus mehreren Gründen die Mutante, das inaktive Gen die normale Form sein. Stellen wir uns vor, die inaktiven Zellen exprimierten die Mutante. Dann sollten die aktiven Zellen normale Mengen an Schilddrüsenhormonen herstellen. Ihr Patient zeigt Symptome eines Hyperthyreose. Das aktive Gen muß also mutiert sein. Auch die Antwort der inaktiven und der aktiven Zellen auf Thyreotropin ist gleich. Sie unterscheiden sich jedoch in der cAMP-Synthese in Abwesenheit des Hormons. Die Synthese von cAMP führt zur Sekretion von Schilddrüsenhormonen. Wären die inaktiven Zellen die mutierten, würden die normalen Zellen auch in der Abwesenheit von Thyreotropin Schilddrüsenhormone produzieren. Aus regulatorischer Sicht macht das keinen Sinn. Die Mutation muß daher den Thyreotropinrezeptor auch in Abwesenheit von Thyreotropin „anschalten". Um uns dies zu verdeutlichen, stellen wir fest:

Rest:	619	620	621	622	623	624	625	626	627	628	629	630
aktive Zellen:												
DNA:	GAC	ACC	AAG	ATT	ATC	AAG	AGG	ATG	GCC	GTG	TTG	ATC
RNA:	GAC	ACC	AAG	AUU	AUC	AAG	AGG	AUG	GCC	GUG	UUG	AUC
Protein	Asp	Thr	Lys	Ile	Ile	Lys	Arg	Met	Ala	Val	Leu	Ile
inaktive Zellen:												
DNA:	GAC	ACC	AAG	ATT	GCC	AAG	AGG	ATG	GCC	GTG	TTG	ATC
RNA:	GAC	ACC	AAG	AUU	GCC	AAG	AGG	AUG	GCC	GUG	UUG	AUC
Protein	Asp	Thr	Lys	Ile	Ala	Lys	Arg	Met	Ala	Val	Leu	Ile

Dies ist eine eher selten vorkommende Mutation, bei der zwei benachbarte Nukleotide (GC) zu AU mutiert worden sind. Im Ergebnis wurde ein Alaninrest durch ein Isoleucin in Position 623 ausgetauscht. In welcher Region liegt die Position 623? Tabelle P55-1 nennt die Region 11. Unter der berechtigten Annahme, daß Region 1 extrazellulär liegt (eine berechtigte Annahme, da eine Glykosylierungsstelle vorliegt), muß die Region 11 intrazellulär liegen. Die intrazellulären Bereiche des Rezeptors interagieren mit dem G-Protein. Der Alaninrest im normalen Protein liegt in einem Bereich mit relativ wenig hydrophoben Aminosäuren. In der Mutante ist Alanin durch die signifikant hydrophobere Aminosäure Isoleucin ersetzt. Nehmen wir an, im normalen Protein führt die Bindung von Thyreotropin zu einer Konformationsänderung, so daß die Region 11 mit dem G-Protein interagieren kann. Die Orientierung des Polypeptidrückgrates wird während dieser Strukturänderung beeinflußt. Das Alanin an Position 623 muß keine besondere Rolle bei diesem Vorgang spielen, wird es jedoch durch eine voluminösere Aminosäure ersetzt, reicht dies zu einer Strukturänderung aus. Die dabei entstehende Anordnung könnte der ähneln, die normalerweise erst nach der Bindung des Hormons entsteht. Im Ergebnis würde ein ständig aktiver Rezeptor gebildet. Dieser stimuliert die Schilddrüsenzellen zur Proliferation und zur Synthese der Schilddrüsenhormone. Ihr Patient hätte erhöhte Konzentrationen der Schilddrüsenhormone und die Symptome einer Hyperthyreose.

Warum finden wir beide Gene in derselben Person? Der Grund liegt darin, daß es sich nicht um eine Keimbahnmutation handelt, sondern um eine somatische. Da eine Funktion des Thyreotropinrezeptors die Vermittlung eines Proliferationsreizes ist, führt eine somatische Mutation, die sich in einem dauernd aktiven Protein niederschlägt, zur Proliferation und Ausbildung eines Klones, in dem alle Zellen das mutierte Gen tragen. Die mutierte

Form des Thyreotropinrezeptors fungiert also als Onkogen. Zellen mit einem normalen Gen proliferieren hingegen nicht. Beide Gene werden also exprimiert.

c) Diejenigen Zellen, welche das normale Gen tragen, sind inaktiv und bilden keine Schilddrüsenhormone. Der Grund liegt in der übertriebenen Aktivität der Zellen, welche das mutierte Gen tragen, was zu einer erhöhten Konzentration der Schilddrüsenhormone im Blut führt. Triiodthyronin und Thyroxin inhibieren beide die Sekretion von Thyreoliberin aus dem Hypothalamus (Thyreoliberin stimuliert die Hypophyse zur Synthese von Thyreotropin.). Im Ergebnis inhibieren die Schilddrüsenhormone die Synthese von Thyreotropin. Die normalen Zellen werden nicht zur Synthese von Schilddrüsenhormonen angeregt und sind daher inaktiv. Die mutierten Zellen hingegen benötigen kein Thyreotropin, um aktiv zu sein.

Ihr Patient hat eine Hyperthyreose bei Schilddrüsenadenom.

Literatur

Akamizu, T., Ikuyama, S., Saji, M., Kosugi, S., Kozak, C., McBride, O.W. und Kohn, L.D. Cloning, chromosomal assignment, and regulation of the rat thyrotropin receptor: expression of the gene is regulated by thyrotropin, agents that increase cAMP levels, and thyroid autoantibodies. *Proc. Natl. Acad. Sci. USA* 87: 5677, **1990**

Kosugi, S., Okajima, F, Ban, T., Hidaka, A., Shenker, A. und Kohn, L.D. Mutation of alanin 623 in the third cytoplasmic loop of the rat thyrotropin (TSH) receptor results in a loss in the phosphoinositide but not cAMP signal induced by TSH and receptor autoantibodies. *J. Biol. Chem.* 267: 24153, **1992**

Parma, J., Duprez, L., VanSande, J., Cochaux, P., Gervy, C., Mockel, J., Dumont, J. und Vassart, G. Somatic mutations in the thyrotropin receptor gene cause hyper-functioning thyroid adenomas. *Nature* 365: 649, **1993**

Antwort 56

a) Das untersuchte Enzym muß 18-Hydroxycorticosteron zu Aldosteron überführen und heißt 18-Hydroxy-Dehydrogenase. Es wird auch Aldosteron-Synthase oder Corticosteron-Methyl-Oxidase-II genannt.

b) Die Existenz des chimären Proteins, bestehend aus den 5'-regulatorischen Sequenzen der 11β-Hydoxylase und dem Gen für 18-Hydroxy-Dehydrogenase, bedeutet, daß überall dort, wo normalerweise 11β-Hydroxylase synthetisiert wird, auch 18-Hydroxy-Dehydrogenase gemacht wird, so z.B. in der Zona fasciculata. Da ACTH die 11β-Hydroxylase reguliert, wird es auch die Synthese von 18-Hydroxy-Dehydrogenase verstärken.

c) Glucocorticoide inhibieren in Rahmen eines Rückkopplungsmechanismus die Synthese von ACTH. Durch das Absenken des ACTH-Spiegels inhibieren sie auch die Synthese des chimären Genprodukts. Auf diese Weise wird weniger Aldosteron synthetisiert.

Ihr Patient hat einen Glucocorticoid-behandelbaren Hyperaldosteronismus.

Literatur

Chu. M.D. und Ulick, S. Isolation and identification of 18-hydroxycortisol from the urine of patients with primary aldosteronism. *J. Biol. Chem.* 257: 2218, **1982**

Gomez-Sanchez, C.E., Montgomery, M., Ganguly, A., Holland, O.B., Gomez-Sanchez, E.P., Grim, C.E. and Weinberger, M.H. Elevated urinary excretion of 18-oxocortisol in glucocorticoid-suppressible aldosteronism. *J. Clin. Endocrinol. Metab.* 59: 1022, **1984**

Lifton, R.P., Dluhy, R.G., Powers, M., Rich, G.M., Cock, S., Ulick, S. und Lalouel, J.-M. A chimaeric 11β-hydroxylase/aldosterone synthase gene causes glucocorticoid-remediable aldosteronism and human hypertension. *Nature* 355: 262, **1992**

New, M.I. und Peterson, R.E. A new form of congenital adrenal hyperplasia. *J. Clin. Endocrinol. Metab.* 27: 300, **1967**

Simpson, E.R. und Waterman, M.R. Regulation of the synthesis of steroidogenic enzymes in adrenal cortical cells by ACTH. *Annu. Rev. Physiol.* 50: 427, **1988**

Sutherland, D.J.A., Ruse, J.L. und Laidlaw, J.C. Hypertension, increased aldosterone secretion and low plasma renin activity relieved by dexamethasone. *Can. Med. Assoc.* J. 95: 1109, **1966**

Ulick, S., Chang, C.K., Gill, J.R., Gutkin, M., Letcher, L., Mantero, F. und New, M.I. Defective fasciculata zone function as the mechanism of glucocorticoid-remediated aldosteronism. *J. Clin. Endocrinol. Metab.* 71, 1151, **1990**

Ulick, S., Chu, M.D. und Land, M. Biosynthesis of 18-oxocortisol by aldosterone-producing adrenal tissue. *J. Biol. Chem.* 258, 5498, **1983**

Blut

Problem 57-68

Problem 57

Ihr Patient ist ein 30 Jahre alter Mann mit Neigung zu Thromboembolien. Ihre Untersuchung ergibt, daß er einen Mangel an aktivem Protein S aufweist.

a) Wie erklärt der Mangel die Anfälligkeit zur Thromboembolie?

b) Sie führen eine Leberbiopsie durch. Sie fügen $^{14}CO_2$ und Vitamin K hinzu und messen den Einbau von ^{14}C in Protein S und Prothrombin. Während die Einbaurate in Prothrombin normal ausfällt, ist diejenige für Protein S nur halb so hoch, wie zu erwarten. Welcher Natur ist der Defekt im Protein S Ihres Patienten, wenn wir annehmen, daß das Molekulargewicht mit 70 kD normal ist?

c) Notieren Sie, wie Vitamin K an der Reaktion teilnimmt, und wie Vitamin K regeneriert wird.

Problem 58

Ihr Patient zeigt eine erhöhte Blutungsneigung. Er bekommt leicht blaue Flecken, hat häufig Zahnfleischbluten und starke Blutungen nach einer Zahnextraktion. Die Werte für den Faktor VIII sind niedrig, für den Faktor V hingegen normal. Sie bemerken, daß Injektionen des Faktors VIII nur mäßige Besserung bringen, da der Faktor VIII im Blut offensichtlich instabil ist. Aus einer Blutprobe isolieren Sie die Blutplättchen und sein Plasma. Sie geben das Antibiotikum Ristocetin zu den Proben, welches die Aggregation von Plättchen einleitet, und erhalten folgende Ergebnisse (Tabelle P58-1).

Sie stellen fest, daß ein bestimmtes Protein in Position 550 verändert ist. Während auf der Ebene der DNA bei einer Kontrollperson ein TGG-Codon zu finden ist, ist bei Ihrem Patienten dort ein TGC-Codon. Sie reinigen das veränderte Protein und messen die Interaktion mit dem Plättchen-spezifischen Glykoprotein Ib. Sie führen dieses Experiment durch, in dem Sie die Fähigkeit des Proteins messen, mit einem Antikörper um die Bindung an Glykoprotein Ib zu konkurrieren. Sie geben das Protein in einer Konzentration von 2 µM hinzu und messen, wieviel radioaktiv markierter Antikörper an den Plättchen gebunden bleibt. Die Ergebnisse hierzu sind in Tabelle P58-2 aufgelistet.

a) Welches Protein ist bei Ihrem Patienten offensichtlich defekt? Welche Rolle hat dieses Protein?

b) Beschreiben Sie die Biosynthese dieses Proteins.

c) Welcher Natur ist die gefundene Mutation? Welche strukturellen Veränderungen mag es im Protein hervorrufen? Erklären Sie anhand der Ergebnisse der Bindungsstudien die auftretenden Symptome Ihres Patienten.

Tabelle P58-1

Herkunft der Plättchen	Herkunft des Plasmas	Aggregation (% der Kontrolle)
Kontrollperson	Kontrollperson	100
Kontrollperson	Patient	20
Patient	Kontrollperson	100
Patient	Patient	20

Tabelle P58-2

Herkunft des Proteins	Ristocetin zugesetzt?	Menge gebundener Antikörper
kein Protein	?	100
Kontrollperson	nein	100
Kontrollperson	ja	35
Patient	nein	5
Patient	ja	0

Problem 59

Ihr Patient zeigt eine erhöhte Blutungsneigung. Er bekommt leicht blaue Flecken, hat häufig Zahnfleischbluten und bekommt starke, lang anhaltende Blutungen nach einer Zahnextraktion. Sie beobachten in seinem Blut große Blutplättchen, welche etwa so groß sind wie Erythrozyten. Die Werte für die Faktoren V und VIII sind normal. Aus einer Blutprobe isolieren Sie die Blutplättchen und sein Plasma. Sie geben das Antibiotikum Ristocetin zu den Proben, welches die Aggregation von Plättchen einleitet, und erhalten folgende Ergebnisse (Tabelle P59-1).

Mit Hilfe von Antikörpern reinigen Sie zwei membranäre Glykoproteine, Glykoprotein Ib und Glykoprotein IX. Sie unterwerfen die Proteine einer Gelelektrophorese in Gegenwart von Natriumdodecylsulfat (SDS) und stellen hinsichtlich des Wanderungsverhaltens für das Glykoprotein Ib keinerlei Veränderungen im Vergleich zu einer Kontrollperson fest. Das Glykoprotein IX Ihres Patienten hingegen zeigt ein anderes Verhalten. Neben einer Bande auf Höhe des normalen Molekulargewichts von 140 kD, finden Sie zwei zusätzliche Banden von 115 kD und 105 kD. Letztere finden Sie bei einer Kontrollperson nicht.

Sie klonieren aus Material Ihres Patienten das Gen für die α-Untereinheit des Glykoproteins Ib. Dabei finden Sie folgende Sequenzabweichung zur Kontrollperson:

Codon Nummer:	54	55	56	57	58	59	60
Patient:	TAC	ACT	CGC	TTC	ACT	CAG	CTG
Kontrolle:	TAC	ACT	CGC	CTC	ACT	CAG	CTG

a) Welche Funktionen haben die Glykoproteine Ib und IX?

b) Wie erklärt die gefundene Mutation die beobachteten Befunde, einschließlich derjenigen auf dem Gel?

Tabelle P59-1

Herkunft der Plättchen	Herkunft des Plasmas	Aggregation (% der Kontrolle)
Kontrollperson	Kontrollperson	100
Kontrollperson	Patient	100
Patient	Kontrollperson	20
Patient	Patient	20

Problem 60

Zwei Ihrer Patienten, George und Edward, sind Botanikprofessoren, die sich auf die menschliche Nutzung von Pflanzen spezialisiert haben. Während sie nach Italien reisen, erinnern Sie sich an die Warnung des Philosophen Pythagoras (6. Jhdt. vor Christus) an seine Schüler, keine Favabohnen (Vicia faba) zu essen. George erwähnte, daß er bereist ohne Problem Favabohnen verzehrte, so daß er sich über den Irrtum von Pythagoras wunderte. Er überzeugte Edward davon, zusammen gekochte Favabohnen zu essen. Obwohl Edward weniger Bohnen aß, wurde er krank. Er bekam eine blaße Hautfarbe, eine schwere Anämie und eine leichte Gelbsucht. Außerdem entwickelte er eine massive Hämoglobinurie. Hätte er in Neapel nicht eine Bluttransfusion erhalten, wäre er verstorben. Als Sie Edward wieder einmal sahen, erklärten Sie ihm, daß Sie diese Reaktion auf Favabohnen vorausgesagt hätten, da er ähnliche Symptome 10 Jahre zuvor im Zusammenhang mit einer Malariaprophylaxe vor einer Amazonasexpedition entwickelt hatte.

a) Welches Enzym von Edward ist defekt?

b) Wie schützt dieses Enzym normalerweise Erythrozyten?

Problem 61

Ihr Patient ist ein 22 Jahre alter Mann, der zyanotisch erscheint. Er berichtet von häufigen Kopfschmerzen und leichter Ermüdbarkeit bei körperlicher Anstrengung. Sie nehmen eine Blutprobe. Das Blut ist bräunlich gefärbt. Auch durch Schütteln an der Luft bekommt es keine rote Farbe. Sie isolieren die Erythrozyten und einige Fibroblasten und führen einen Radioimmunoassay auf Cytochrom-b_5-Reduktase durch. Im Gegensatz zu anderen Geweben ist die Menge an Cytochrom-b_5-Reduktase in den Erythrozyten niedrig.

Sequenzieren Sie das Gen des Patienten für Cytochrom-b_5-Reduktase, so stellen Sie folgendes fest:

Codon Nummer:	55	56	57	58	59
Ihr Patient:	GAC	ACC	CAG	CGC	TTC
Kontrollperson:	GAC	ACC	CGC	CGC	TTC

Sie untersuchen weiterhin die Widerstandsfähigkeit des Proteins gegen Hitzebehandlung oder Trypsinbehandlung. Die Ergebnisse dieser Untersuchung sind in Tabelle P61-1 dargestellt.

Wie erklären diese Ergebnisse die beobachteten Symptome? Beschreiben Sie den Elektronentransfer, in den dieses Protein involviert ist.

Tabelle P56-1

Herkunft des Proteins	Aktivität (%) nach Erhitzen auf 50°C, 80 min	Aktivität (%) nach Trypsin, 30 min
Kontrollperson	80	80
Ihr Patient	40	20

Problem 62

Ihre Patientin, ein 13 Monate altes Mädchen, erscheint zyanotisch. Sie ist geistig zurückgeblieben und hat eine Mikrozephalie. Nach ihrem Tod ergibt eine Autopsie, daß ihre Nerven nicht richtig myelenisiert waren und der Cerebrosidgehalt im Gehirn um 50% geringer ausfällt als üblich. Im Fettgewebe war der Anteil ungesättigter Fettsäuren geringer als normal, der Palmitatanteil jedoch erhöht. Kurz vor ihrem Tod gaben Sie dem Mädchen etwas Methylenblau, welches zwar ihre Farbe verbesserte, ansonsten aber nichts an den Symptomen änderte. Sie führen einen Radioimmunoassay mit einem Antikörper gegen Cyctochrom-b_5-Reduktase durch. Der Gehalt an Cyctochrom-b_5-Reduktase in den Erythrozyten und in anderen Geweben erwies sich dabei als niedrig.

a) Wie erklärt dieser Mangel den geringen Spiegel an ungesättigten Fettsäuren?

b) Warum erscheint Ihre Patientin nach Gabe von Methylenblau weniger zyanotisch?

Problem 63

Ihre Patientin hat eine vergrößerte und schmerzhafte Milz. Sie leidet an wiederkehrender Gelbsucht, muß häufig erbrechen und verliert zeitweise ihre Stimme. Die Muskeln sind schwach. Viele ihrer Erythrozyten sind kugelförmig und werden in der Milz abgebaut. Sie reinigen einige Erythrozyten Ihrer Patientin und lysieren diese. Aus den dabei entstehenden „ghosts" extrahieren Sie die Proteine. Als Sie das Spektrin durch eine Polyacrylamid-Gelelektrophorese genauer untersuchen, stellen Sie fest, das die α- und die β-Kette in geringerer Konzentration vorliegen. Selbiges gilt auch für Ankyrin. In den Retikulozyten Ihrer Patientin bestimmen Sie den mRNA-Gehalt. Während die mRNA von α- und β-Spektrin in normaler Menge vorliegt, liegt die Ankyrin mRNA um 50% vermindert vor. Wie erklärt dieser Befund die ungewöhnliche Form der Erythrozyten?

Problem 64

Ihre Patientin hat eine vergrößerte Milz und leidet oft an Kopfschmerzen. Ihre gesamte Konstitution erscheint Ihnen schwach. Viele ihrer Erythrozyten sind ellipsoid oder gar zylindrisch. Sie stellen eine massive Lyse der Erythrozyten fest. Bei der Analyse des Spektrins aus den Erythrozyten mittels Polyacrylamid-Gelelektrophorese bemerken Sie, daß die β-Untereinheit signifikant kleiner ist, die α-Untereinheit hingegen normal groß ist. Sie sind in der Lage, die C-terminale Region des β-Spektrins zu sequenzieren. Die β-Spektrinsequenz sieht im Normalfall wiefolgt aus (Nukleotide innerhalb eines Exons sind in Großbuchstaben angegeben, solche im Intron in kleinen Buchstaben):

Exon W	Exon X (197 Basen)

GAG CGG CTC CGC ATG Tgtgag......ggcag TG CTG GAG GTG......CCC ACC ACG gtgag....

Exon Y (50 Basen)	Exon Z (145 Basen)

tctag CTT GAC CTG.....GAG ACT GGgtgag.....cttagG CCT CAA GAG GAG .....TAC TAG

Vergleichen Sie die Sequenz für β-Spektrin Ihrer Patientin mit der Normalsituation, finden Sie:

Patient: CCCACCACGgtggg
Kontrollperson: CCCACCACGgtgag

Aus der mRNA Ihrer Patientin erstellen Sie eine partielle cDNA und finden dort die Sequenz:

GAGCGGCTCCGCATGTCTTGAGCTG

a) Um wieviele Aminosäuren ist das β-Spektrin Ihrer Patientin kleiner als das normale β-Spektrin? Welches ist die C-terminale Aminosäure Ihrer Patientin?

b) Wie kann der beobachtete molekulare Defekt zu den anormalen Erythrozyten führen?

Problem 65

Das Chediak-Steinbrinck-Higashi-Syndrom ist eine Erkrankung, bei der die Patienten häufig unter schweren Infektionen leiden und gewöhnlicherweise im ersten Lebensjahrzehnt versterben. Entfernen Sie an einer kleinen Stelle die Haut eines Patienten und bedecken diese mit einem Deckgläschen, erscheinen sehr wenige Leukozyten. Dies zeigt, daß deren Beweglichkeit relativ gering ist. Die Leukozyten der Patienten sind mit großen Granulae gefüllt. Obwohl das Tubulin in diesen Leukozyten normal erscheint, ist offensichtlich der Aufbau der Mikrotubuli gestört. Stellen Sie sich vor, daß Sie das Leukozytentubulin eines Chediak-Higashi-Patienten zur Polymerisation bringen können, wenn Sie Mikrotubuli-assozierte Proteine einer Kontrollperson hinzugeben.

a) Welchen Defekt vermuten Sie bei den Chediak- Steinbrinck-Higashi-Patienten?

b) Wie erklärt ein Defekt in der Mikrotubulipolymerisation die schlechte Beweglichkeit und die großen Granulae?

Problem 66

Ihr Patient zeigt wiederkehrende Infektionen, insbesondere Pilz- und Bakterieninfektionen. Viele dieser Infektionen betreffen die Haut, die Atemwege und den Gastrointestinaltrakt. Sie finden heraus, daß die Leukozyten Ihres Patienten auf chemotaktische Substanzen wie zu erwarten mit einer erhöhten Mobilität reagieren. Sie isolieren die Leukozyten und führen ein Experiment durch, um die Antwort auf chemotaktische Peptide im Vergleich zu einer normalen Person zu messen. Sie stellen fest, daß die Leukozyten Ihres Patienten normale Mengen an Inositol-1,4,5-trisphosphat bilden und intrazelluläre Proteine in normalem Umfang phosphoryliert werden. $NADP^+$ und H_2O_2 werden hingegen nicht gebildet. Sie bemerken, daß ein 91-kD-Protein Ihres Patienten eine veränderte Sequenz aufweist:

Codon Nummer:	414	415	416
Ihr Patient:	ACA	CAC	TTC
Kontrollperson:	ACA	CCC	TTC

a) Benennen Sie das defekte Enzym, und beschreiben Sie seine Struktur. Welche Reaktion katalysiert es?

b) Warum ist die Abwehr gegen Bakterien durch diesen Defekt vermindert?

Problem 67

Mit Ausnahme einer erhöhten Anfälligkeit gegen Candidainfektionen ist Ihr Patient gesund. Die Morphologie seiner Leukozyten ist normal. Sie isolieren die Leukozyten und führen ein Experiment durch, um die Antwort auf chemotaktische Peptide im Vergleich zu einer normalen Person zu messen. Sie stellen fest, daß die Synthese von $NADP^+$ und H_2O_2 geringer als erwartet ausfällt. Hypochlorige Säure (HOCl) wird hingegen fast gar nicht hergestellt.

a) Bennenen Sie das defekte Enzym, und beschreiben Sie die katalysierte Reaktion.

b) Warum wird durch diesen Defekt die Abwehr gegen Pilze beeinträchtigt?

Problem 68

Ihre Patientin ist ein 5 Jahre altes Mädchen mit wiederkehrenden Infektionen. Sie leidet oft an Hauterkrankungen, die niemals eitern, aber nach der Behandlung Krater und Narben zurücklassen. Sie hatte eine Blinddarmentzündung und leidet öfters unter leichten Infektionen des Gastrointestinaltraktes. Die Patientin leidet häufig unter Ohrschmerzen und Sinusitiden. Auch das Zahnfleisch ist oft betroffen. Entfernen Sie an einer kleinen Stelle die Haut und bedecken diese mit einem Deckgläschen, erscheinen praktisch keine Leukozyten. Sie bemerken, daß die Leukozyten beweglich sind, jedoch nicht in der Lage sind, auf Endothelzellen zu haften, wie es für Leukozyten normal ist. Sie entnehmen eine Blutprobe und isolieren die Leukozyten. Geben Sie abgetötete Bakterien, die an C3b gebunden sind, zu den Leukozyten, findet keine Phagozytose statt. Sie präparieren die Leukozytenmembran, solubilisieren diese und analysieren sie mittels einer Polyacrylamid-Gelelektrophorese. Sie stellen das Fehlen eines Glykoproteins fest, welches β oder CD18 genannt wird.

a) Wie verursacht das Fehlen dieses Proteins die beobachteten Symptome?

b) Sie haben einen weiteren Patienten mit ähnlichen, aber schwächeren Symptomen. Den Leukozyten dieses Patienten fehlt das Membranglykoprotein αL (auch CD11a genannt). Unter der Annahme, daß dieser Defekt der einzige ist: Erwarten Sie, daß diese Leukozyten an C3b komplexierte Bakterien adhärieren? Begründen Sie Ihre Antwort.

Antwort 57

a) Protein S beschleunigt die Reaktion, mit der aktiviertes Protein C die Faktoren Va und VIIIa spaltet und damit inaktiviert. Dies sind beides große Proteine, welche in die proteolytische Aktivierung von Prothrombin und Faktor X involviert sind. Durch den Abbau der Faktoren Va und VIIIa kann aktives Protein C Umfang und Ablauf der Blutgerinnungskaskade regulieren.Wenn das Protein S defekt ist, hat es keinen stimulierenden Einfluß auf die Reaktion des Proteins C, und die Konzentration der Faktoren Va und VIIIa wird steigen. Die Neigung zur Ausbildung von Gerinnseln und zur Embolie wird steigen. Ein Mangel an Protein S ist schwerwiegend und führt zu einer Prädisposition hinsichtlich eines Schlaganfalles.

b) Im Rahmen einer Vitamin-K-abhängigen Reaktion werden einige Glutamatreste des Proteins S in der Leber carboxyliert. Gleiches gilt auch für andere Gerinnungsfaktoren, wie z.B. die Faktoren VII, IX, X, Prothrombin und Protein C. Diese modifizierten Reste werden γ-Carboxyglutamat genannt. Die zusätzlichen Carboxylgruppen erlauben es dem Faktor, Calcium zu komplexieren und sich in Bezug auf die Membran der Blutplättchen zu orientieren. Wenn das markierte $^{14}CO_2$ in Gegenwart von Vitamin K nicht in das Protein S Ihres Patienten eingebaut wird, ist die Bildung von γ-Carboxyglutamat gestört. Ganz allgemein könnte das Problem im Carboxylierungssystem der Leber liegen, welches aus der Vitamin-K-Epoxidase, der Vitamin-K-epoxid-Reduktase und der Vitamin-K-Dehydrogenase besteht. Wenn dies aber so wäre, würde auch kein $^{14}CO_2$ in Prothrombin eingebaut, und dies ist ja der Fall. Das Problem muß daher beim Protein S liegen. Es ist unwahrscheinlich, daß eine Deletion vorliegt, der derjenige Bereich zum Opfer gefallen ist, welcher die zu carboxylierenden Reste enthält, da das Molekulargewicht sich nicht verändert hat. Normales Protein S enthält 11 γ-Carboxyglutamatreste. Es läßt sich nur schwer vorstellen, daß - abgesehen von einer Deletion oder einer Leserahmenmutation - eine Mutation 5 oder 6 Glutamatrest auf einmal betrifft. Eine Möglichkeit wäre also eine Leserahmenmutation, die eine entsprechende Region verändert. Eine andere Möglichkeit stellt eine Konformationsänderung dar, durch welche die Glutamatreste der Carboxylierung schwieriger zugänglich sind.

c) Die Carboxylierungsreaktion ist in Abbildung A57-1 dargestellt, die Regeneration von Vitamin K in Abbildung A57-2.

Literatur

Devilat, M., Toso, M. und Morales, M. Childhood stroke associated with protein C or S deficiency and primary antiphospholipid syndrome. *Pediatr. Neurol.* 9: 67, **1993**

Rich, C. Gill, J.C., Wernick, S. und Konkol, R.J. An unusual cause of cerebral venous thrombosis in a four-year-old child. *Stroke* 24: 603, **1993**

Silvermann, R.B. und Nandi, D.L. Reduced thioredoxin: a possible physiological cofactor for vitamin K epoxide reductase. Further support for an active site disulfide. *Biochem. Biophys. Res. Commun.* 155: 1248, **1988**

Uotila, L. The metabolic functions and mechanism of vitamin K. Scand. *J. Clin. Lab. Invest.* 50 , Suppl. 201: 109, **1990**

Whitlon, D.S., Sadowski, J.A. und Suttie, J.W. Mechanism of coumarin action: significance of vitamin K epoxide reductase inhibition. *Biochemistry* 17: 1371, **1978**

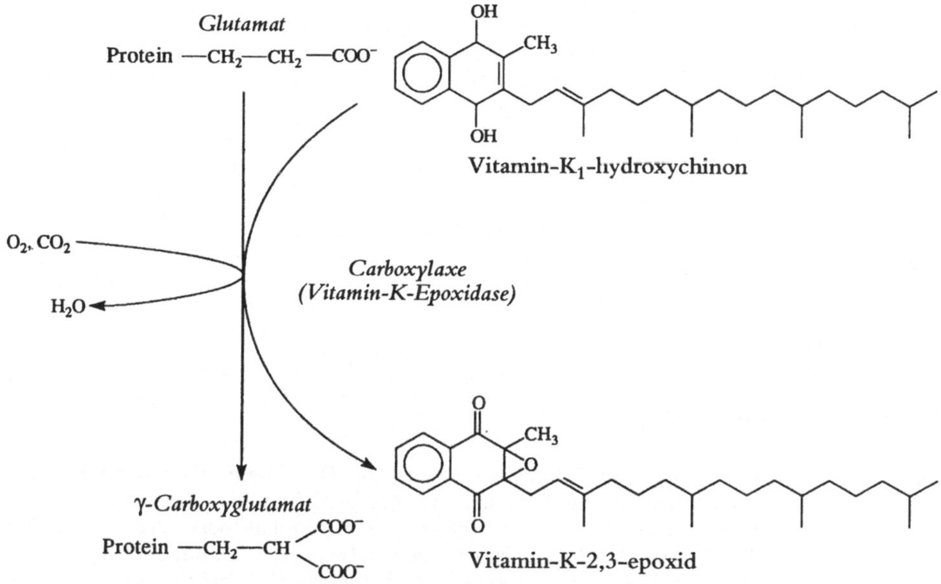

Abbildung A57-1: Die Vitamin-K-abhängige Carboxylierung von Glutamatresten in Proteinen. In dieser Abbildung ist pflanzliches Vitamin K$_1$ dargestellt. Nur eine der Isopreneinheiten trägt eine Doppelbindung. Bakterien, wie sie z.B. im Darm vorkommen, synthetisieren Vitamin K$_2$, bei dem jede Isopreneinheit eine Doppelbindung enthält. Die Anzahl der Isopreneinheiten schwankt zwischen 1 und 15.

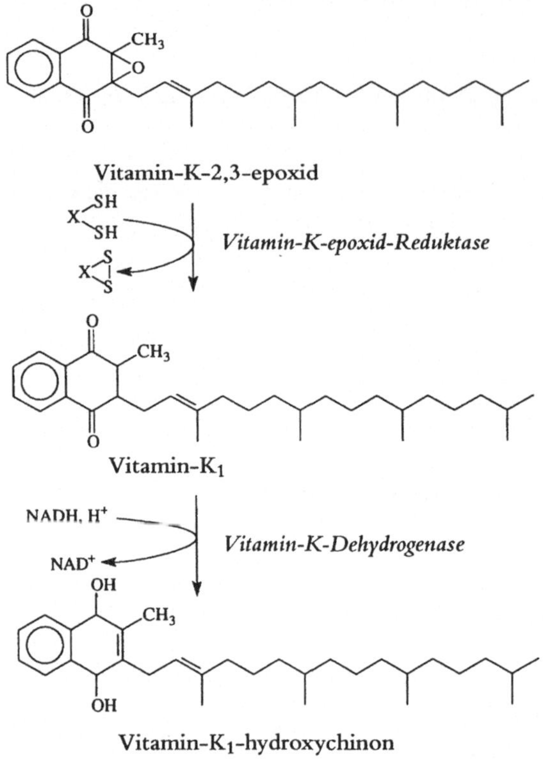

Vitamin-K-2,3-epoxid

Vitamin-K-epoxid-Reduktase

Vitamin-K$_1$

NADH, H$^+$

NAD$^+$

Vitamin-K-Dehydrogenase

Vitamin-K$_1$-hydroxychinon

Abbildung A57-2: Die Regeneration von Vitamin-K-hydrochinon. Die Vitamin-K-epoxid-Reduktase benötigt ein Dithiol zur Durchführung der Reaktion. Wer dies bereitstellt (in dieser Abbildung X), ist bisher unklar, aber Liponsäure oder Thioredoxin sind gute Kandidaten. Vitamin-K-epoxid-Reduktase ist sehr empfindlich gegen das Antikoagulans Warfarin. Die Reaktion der Vitamin-K-Dehydrogenase kann von zwei verschiedenen Enzymen durchgeführt werden, von denen eines Warfarin-sensitiv und eines insensitiv ist.

Antwort 58

a) Ihr Patient hat eine Hämophilie. Dies kann verschiedene Ursachen haben, so z.B. in der Produktion oder Aktivität eines Faktors der Blutgerinnungskaskade. Ein Mangel an Faktor VIII ist die am häufigsten vorkommende Ursache und ist mit der klassischen Hämophilie assoziiert. Ihr Patient zeigt geringe Konzentrationen an zirkulierendem Faktor VIII, so daß auf den ersten Blick ein Synthesedefekt oder eine falsche Struktur des Faktors VIII bei Ihrem Patienten in Betracht kommt. Sie bemerken jedoch, daß injizierter Faktor VIII im Vergleich zu einer gesunden Person schnell abgebaut wird. Dies wäre nicht der Fall, läge einfach nur ein Defekt des Faktors VIII vor. Das Experiment, in dem Sie unter Verwendung von Plättchen und Serum einer Kontrollperson und Ihres Patienten die Plättchenaggregation messen, zeigt Ihnen, daß ein löslicher Faktor betroffen ist. Er induziert durch Bindung an die Plättchen die Aggregation. Dieser Faktor stabilisiert auch den Faktor VIII und heißt von-Willebrand-Faktor.

Der von-Willebrand-Faktor hat zwei Hauptaufgaben. Zunächst bindet er an den Faktor VIII und stabilisiert ihn. Auf diese Weise wird der Faktor vor einem vorzeitigen Abbau geschützt. Die zweite Aufgabe liegt in der Vermittlung der Plättchenadhäsion an subendotheliale Oberflächen, wie z.B. Kollagen. Bei einer Verletzung der Blutgefäße werden diese Oberflächen freigelegt. Durch diese Vermittlerfunktion bei der Adhäsion hilft der von-Willebrand-Faktor die Plättchen am Ort des Geschehens zu lokalisieren. Auch die Gerinnungsfaktoren, die für Ihre Funktion die Blutplättchen brauchen, werden so lokal konzentriert. Eine Reihe von Bindungsstellen konnten am von-Willebrand-Faktor identifiziert werden. Es gibt z.B. zwei Bindungsstellen für den Faktor VIII mit Affinitäten von 5-7 x 10^{-11} M bzw. 3-5 x 10^{-10} M. Eine Bindungsstelle interagiert mit dem Oberflächenglykoprotein Ib der Plättchen, wenn die Plättchen durch Thrombin oder Ristocetin (Abbildung A58-1) aktiviert wurden. Außerdem gibt es eine Bindungsstelle für Kollagen und eine für die Glykoproteine Ib und IIIa. Mit Hilfe dieser Bindungsstellen verankert der von-Willebrand-Faktor Plättchen auf Kollagenoberflächen und erhöht die Geschwindigkeit des Gerinnungsprozesses durch die Stabilisierung des Faktors VIII.

b) Die Biosynthese des von-Willebrand-Faktors ist sehr komplex. Er wird von Endothelzellen und Megakaryozyten hergestellt. Reifen die Megakaryozyten zu Plättchen, wird der von-Willebrand-Faktor in den Plättchen gespeichert. Die Schritte der Biosynthese sind:

1. Der von-Willebrand-Faktor wird an den Ribosomen als Protein mit 2813 Aminosäuren gebildet.

2. Beim Transport in das Endoplasmatische Retikulum wird das 22 Aminosäuren umfassende Signalpeptid durch die Signalpeptidase abgespalten.

3. Im Endoplasmatischen Retikulum wird der von-Willebrand-Faktor an 12 Asparagin- und 10 Serin-/Threoninresten glykosyliert. Der Faktor dimerisiert durch die Ausbildung von Disulfidbrücken im C-terminalen Bereich.

4. Im Golgi-Apparat werden die Oligosaccharide prozessiert. Die N-verknüpften Oligosaccharide sind vom komplexen Typ. Die O-verknüpften Oligosaccharide sind Tetrasaccharide, bestehend aus zwei Sialinsäure-, einem Galaktose- und einem N-Acetlygalaktosaminrest.

5. Einige der Oligosaccharide werden sulfatiert.

6. Die Dimere des von-Willebrand-Faktors bilden Multimere aus, wieder durch Disulfidbrücken vermittelt. Bis zu 20 Monomere können in einem bis zu 1,3 µm langen Multimer enthalten sein. Die multimere Form ist aktiver als das Dimer.

7. In den sekretorischen Granulae wird vom N-Terminus ein 741 Aminosäuren langes Peptid entfernt. Die Funktion dieses Peptids ist unbekannt. Diese sekretorischen Granulae werden auch Weibel-Palade-Körperchen genannt.

Abbildung A 58-1: Die Struktur von Ristocetin.

8. Der von-Willebrand-Faktor wird über zwei Wege sekretiert. Die Hauptmenge wird konstitutiv als eine Mixtur verschieden großer Multimere abgegeben. Der zweite Weg läuft Thrombin-vermittelt über die Weibel-Palade-Körperchen. Der sekretierte von-Willebrand-Faktor liegt nun in Form des größten Multimers vor, welches auch die potenteste Form des von-Willebrand-Faktors darstellt.

9. Im Serum liegt eine Protease vor, die den von-Willebrand-Faktor zwischen den Resten Tyr^{842} und Met^{843} spaltet.

c) Die Mutation im von-Willebrand-Faktor ist leicht identifiziert. Das Codon TGG wird nach der Transkription zu UGG. Dieses Triplett kodiert für Tryptophan. Das Codon TGC wird zu UGC, was für Cystein codiert. Ihr Patient hat in seinem von-Willebrand-Faktor also an Position 550 einen Cysteinrest anstelle eines Tryptophans. Diese Position liegt in der Domäne, welche das Glykoprotein Ib bindet. Es ist daher nicht überraschend, daß diese

Mutation die Bindung an dieses Protein beeinflußt. Tryptophan ist eine hydrophobe Aminosäure, die vermutlich im Inneren eines Proteins zu finden ist, Cystein neigt zur Bildung von Disulfidbrücken. In einem solchen Protein, reich an Disulfidbrücken, könnte das Einführen eines neuen Cysteinrestes das Muster der Disulfidbrücken verändern und so zu größeren strukturellen Veränderungen führen.

Die Ergebnisse der Bindungsstudien sind aufschlußreich. Gibt man das normale Protein in Abwesenheit von Ristocetin zu Plättchen, wird der Antikörper nicht verdrängt. Das bedeutet, der normale von-Willebrand-Faktor bindet in Abwesenheit von Ristocetin nicht an das Glykoprotein Ib. In Gegenwart von Ristocetin hingegen werden 65% des Antikörpers verdrängt. Ristocetin imitiert die Wirkung von Thrombin Es aktiviert die Plättchen, so daß diese an Glykoprotein Ib und von-Willebrand-Faktor binden. Die Ergebnisse mit dem normalen von-Willebrand-Faktor entsprechen also genau dem, was Sie erwarten würden. Mit dem Protein Ihres Patienten erhalten Sie jedoch einen anderen Versuchsausgang. In Abwesenheit von Ristocetin werden 95% des Antikörpers durch den von-Willebrand-Faktor verdrängt, in Gegenwart von Ristocetin gar 100%. Mit anderen Worten, der von-Willebrand-Faktor Ihres Patienten bindet sehr viel besser an Glykoprotein Ib als der normale Faktor. Auf den ersten Blick scheint dies nicht gerade problemträchtig. Das wichtigste Ergebnis Ihrer Bindungsstudien ist aber, daß der von-Willebrand-Faktor Ihres Patienten auch in Abwesenheit von Ristocetin an Plättchen bindet. Normalerweise bindet der von Willebrandt Faktor nur an Plättchen, wenn diese durch Thrombin, welches im Rahmen der Gerinnung entsteht, aktiviert wurden. Die Tatsache, daß der von-Willebrand-Faktor Ihres Patienten auch dann an Plättchen bindet, wenn diese nicht aktiviert wurden, ist sehr bedrohlich. Dies bedeutet, daß die Plättchen den von-Willebrand-Faktor aus dem Blut filtern und dieser, wenn er benötigt wird, nicht vorhanden ist. Dies führt zu den Gerinnungsstörungen.

Ihr Patient hat die von-Willebrand-Erkrankung (Typ IIB)

Literatur

Budavari, S. The Merck Index: An encyclopedia of Chemicals, Drugs, and Biologicals, 11. Auflage. Rahway, NJ: Merck & Co, Inc., **1989**, S. 1311.

Coney, K.A., Nichols, W.C., Bruck, M.E., Bahou, W.F., Shapiro, A.D., Bowie, E.J.W., Gralnick, H.R. und Ginsburg, D. The molecular defect in type IIB von Willebrand disease. *J. Clin. Invest.* 87: 1227, **1991**

Ganz, P.R., Atkins, J.S., Palmer, D.S., Dudani, A.K., Hashemi, S. und Luison, F. Definition of the affinity of binding between human von Willebrand factor and coagulation factor VIII. *Biochem. Biophys. Res. Commun.* 180: 231, **1991**

Lynch, D.C. The fine structure of von Willebrand factor multimers and von Willebrand disease. *Ann. N.Y. Acad. Sci.* 614: 138, **1991**

Mayadas, T.N. und Wagner, D.D. Von Willebrand factor biosynthesis and processing. *Ann. N.Y. Acad. Sci.* 614: 153, **1991**

Ruggeri, Z.M. und Ware, J. The structure and function of von Willebrand factor. *Thromb. Haemostasis* 67: 594, **1992**

Sadler, J.E. Von Willebrand disease. C.R. Scriver, A.L. Beaudet, W.S. Sly und D. Valle (Eds.) The Metabolic Basis of Inherited Disease. New York: McGraw-Hill, **1989**, Vol. II, Kap. 87, S. 2171

Sadler, J.E., Manusco, D.J., Randi, A.M., Tuley, E.A. und Westfield, L.A. Molecular biology of von Willebrand factor. *Ann. N.Y. Acad. Sci.* 614: 114, **1991**

Samor, B., Michalski, J.C., Mazurier, C., Goudemand, M., DeWaard, P., Vliegenthart, J.F., Strecker, G. und Montreuil, J. Primary structure of the major O-glycosidically linked carbohydrate unit of human von Willebrand factor. *Glycoconjugate J.* 6: 263, **1989**

Ware, J., Dent, J.A., Azuma, H., Sugimoto, M., Kryle, P.A., Yoshioka, A. und Ruggeri, Z.M. Identification of a point mutation in type IIB von Willebrand disease illustrating the regulation of von Willebrand factor affinity for the platelet membrane Glykoprotein Ib-IX receptor. *Proc. Natl. Acad. Sci. USA* 88: 2964, **1991**

Weiss, H.J. Von Willebrand factor and platelet function. *Ann. N.Y. Acad. Sci.* 614: 125, **1991**

Antwort 59

a) Ihre Untersuchung zeigt Ihnen, daß der Defekt in den Plättchen zu suchen ist, und nicht im Plasma. Es handelt sich nämlich nicht um lösliche Faktoren, sondern um solche innerhalb der Plättchen oder innerhalb der Plättchenmembran. Glykoprotein Ib und Glykoprotein IX sind solche Plättchenproteine. Das Glykoprotein Ib ist der Rezeptor für den von-Willebrand-Faktor. Der von-Willebrand-Faktor ist ein Protein, welches den Faktor VIII stabilisiert und in die Adhäsion von Plättchen an subendotheliale Oberflächen involviert ist. Gerade um diese zweite Funktion auszuüben, muß der von-Willebrand-Faktor an Plättchen binden. Der Rezeptor hierfür ist das Glykoprotein Ib. Ein Defekt im Glyko-protein Ib führt zu einer schlechten Bindung an subendotheliale Oberflächen und erhöht damit die Blutungsneigung.

b) Zunächst identifizieren Sie die Mutation:

Codon Nummer:	54	55	56	57	58	59	60
Ihr Patient:							
DNA:	TAC	ACT	CGC	TTC	ACT	CAG	CTG
RNA:	UAC	ACU	CGC	UUC	ACU	CAG	CUG
Protein:	Tyr	Thr	Arg	Phe	Thr	Gln	Leu
Gesunde Person:							
DNA:	TAC	ACT	CGC	CTC	ACT	CAG	CTG
RNA:	UAC	ACU	CGC	CUC	ACU	CAG	CUG
Protein:	Tyr	Thr	Arg	Leu	Thr	Gln	Leu

Ihr Patient zeigt an Position 57 ein Phenylalanin, wo normalerweise ein Leucin steht. Oberflächlich betrachtet handelt es sich dabei um eine relativ harmlose Mutation. Beide, Phenylalanin und Leucin, sind hydrophobe Aminosäuren, die eher im Inneren eines Proteins zu finden sind. In diesem Falle ist die Lage komplizierter. Die Aminosäureabfolge des Glykoproteins Ibα besitzt sechs Leucin-reiche, ähnliche Wiederholungen. Die erste Abfolge liegt zwischen den Resten 47 bis 70. Das Leucin in Position 57 ist, wie das an Position 60, in allen anderen Wiederholungen konserviert. Obwohl die Funktion dieses Leucins nicht bekannt ist, läßt alleine die Tatsache, daß es in allen Wiederholungen konserviert ist (auch in einer Wiederholung der β-Untereinheit), vermuten, daß eine Veränderung dieser Aminosäure weitreichende Folgen hat. Oft tritt diese Sequenz in Polypeptidketten auf, die ein α-Helix bilden und mit einer weiteren α-Helix assoziert sind. Obwohl wir die genaue Aufgabe des Leucins[57] nicht kennen, können wir annehmen, daß eine Mutation zu nicht angemessenen Anordnungen der Polypeptidkette führt.

An dieser Stelle haben wir uns an die Ergebnisse der Polyacrylamid-Gelelektrophorese zu erinnern. Das Protein mit anormalen Verhalten war das Glykoprotein IX, das Glykoprotein Ib hingegen zeigte normales Wanderungsverhalten. Es hatte den Anschein, als wenn das Glykoprotein IX teilweise proteolytisch gespalten wurde, was die Banden mit niedrigerem Molekulargewicht erklären könnte. Wie kann eine Mutation im Glykoprotein Ib die Anfälligkeit des Glykoproteins IX gegenüber der Proteolyse beeinflußen? Die Mutation im Glykoprotein Ib beeinflußt die Assoziation mit anderen Polypeptidketten. Es ist wahrscheinlich, daß darunter das Glykoprotein IX ist. Vielleicht schwächt die Mutation im Glykoprotein Ib die Wechselwirkung mit dem Glykoprotein IX. Die exponiertere Stellung des letzteren führt zu einer erhöhten Proteolyseanfälligkeit. Die korrekte Anordnung dieses Ensembles ist wahrscheinlich nötig, damit der von-Willebrand-Faktor an das Glykoprotein Ib binden kann. Im Falle Ihres Patienten ist dieser Komplex defekt, und der von-Willebrand-Faktor bindet schlechter.

Ihr Patient hat das Bernard-Soulier-Syndrom

Literatur

Lopez, J.A., Chung, D.W., Fujikawa, K., Hagen, F.S., Papayannopoulou, T. und Roth, G.J. Cloning of the α-chain of human platelet Glykoprotein Ib: a transmembrane protein with homology to leucine-rich α₂-Glykoprotein. *Proc. Natl. Acad. Sci. USA* 84: 5615, **1987**

Miller, J.L., Lyle, V.A. und Cunningham, D. Mutation of leucine-57 to phenylalanine in a platelet Glykoprotein Iba leucine tandem repeat occuring in patients with an autosomal dominant variant of Bernard-Soulier disease. *Blood* 79: 439, **1992**

Roth, G.J. Developing relationships: arterial platelet adhesion, Glykoprotein Ib, and leucine-rich Glykoproteins. *Blood* 77: 5, **1991**

Antwort 60

a) Personen, welche gegen Medikamente zur Malariaprophylaxe empfindlich sind, zeigen einen Glucose-6-phosphat-Dehydrogenase-Mangel. Diese Personen sind auch anfällig gegen Divicin (2,4-Diamino-5,6,-dihydroxypyrimidin) und Isouramil (4-Amino-2,5,6-trihydroxypyrimidin), zwei Pyrimidinderivate, die in der Favabohne vorkommen. Diese Verbindungen oxidieren sehr schnell den Glutathionvorrat der Erythrozyten. Reduziertes Glutathion ist in den Schutz von Membranan gegen oxidative Einflüsse involviert. Dabei fungiert das reduzierte Glutathion als Substrat für die Glutathion-Peroxidase, die H_2O_2 (Wasserstoffperoxid) zu Wasser umsetzt. Das Enzym Glutathion-Reduktase überführt dann das durch die Glutathion-Peroxidase gebildete oxidierte Glutathion zurück in die reduzierte Form. Wird das reduzierte Glutathion durch Divicin oder Isouramil oxidiert, sinkt die Glutathion-Peroxidaseaktivität, und H_2O_2 bleibt in solchen Konzentrationen zurück, daß es die Membran schädigen kann. Divicin und Isouramil (Abbildung A60-1) können auch direkt mit Sulfhydrylgruppen von Membranproteinen reagieren. Dadurch wird die Membranbeschaffenheit verändert und eventuell geschwächt.

Abbildung A60-1: Die Strukturen von Divicin und Isouramil.

b) Glucose-6-phosphat-Dehydrogenase ist ein Schlüsselenzym im Pentosephosphatweg. Es überträgt Elektronen von Glucose-6-phosphat auf NADP. Das dabei entstehende NADPH hält Glutathion in der reduzierten Form und schützt die Eryhthrozyten gegen oxidative Einwirkungen des H_2O_2 auf Membranen.

Edward hat Favismus, eine Krankheit, die in den Mittelmeerländern relativ häufig vorkommt, in denen viele Favabohnen gegessen werden.

Literatur

Arese, P., Bosia, A., Naitana, A., Gaetani, S., D'Aquino, M. und Gaetani, G.F. Effect of divicine and isouramil on red cell metabolism in normal and G6PD-deficient (Mediterranean variant) subjects: possible role in the genesis of favism. G. Brewer (Hrsg.) The Red Cell: Fifth Ann Arbor Conference. New York: Alan R. Liss, **1981**, S. 725

Budavari, S. The Merck Index: An Encyclopedia of Chemicals, Drugs, and Biologicals, 11. Auflage. Rahway, NJ: Merck & Co, Inc., **1989**, S. 533-534.

Luzzatto, L. und Mehta, A. Glucose-6-phosphate dehydrogenase deficiency. C.R. Scriver, A.L. Beaudet, W.S. Sly und D. Valle (Hrsg.) The Metabolic Basis of Inherited Disease. New York: McGraw-Hill, **1989**, Vol. II, Kap. 91, S. 2237

Antwort 61

Cytochrom-b_5-Reduktase ist Bestandteil des Elektronentransfersystems von NADH oder NADPH auf Hämoglobin (Abbildung A61-1). Wird Hämoglobin in Erythrozyten oxidiert, so daß das Eisenzentralatom des Häms im Oxidationszustand +3 vorliegt, ist es nicht mehr in der Lage, Sauerstoff zu binden und zu transportieren. Aus verschiedenen Gründen werden gelegentlich geringe Mengen unseres Hämoglobins oxidiert. Um dieser Eventualität vorzubeugen, besitzt der Erythrozyt den oben beschriebenen Stoffwechselweg, so daß oxidiertes Hämoglobin reduziert wird. Erst im Oxidationszustand +2 des Eisens ist Hämoglobin wieder in der Lage, Sauerstoff zu transportieren. Im Falle Ihres Patienten ist die Erkrankung auf die Erythrozyten beschränkt, wodurch sie verhältnismäßig mild ausfällt.

Bei Ihrem Patienten führt der Defekt der Cytochrom-b_5-Reduktase zu einem nicht funktionellem Hämoglobin. Die Gewebe bekommen daher nicht ausreichend Sauerstoff, und der Patient ermüdet schnell und kommt leicht außer Atem.

Die Mutation kann leicht identifiziert werden:

Codon Nummer:	55	56	57	58	59
Ihr Patient:					
DNA:	GAC	ACC	CAG	CGC	TTC
RNA:	GAC	ACC	CAG	CGC	UUC
Protein:	Asp	Thr	Gln	Arg	Phe
Kontrollperson:					
DNA:	GAC	ACC	CGC	CGC	TTC
RNA:	GAC	ACC	CGC	CGC	UUC
Protein:	Asp	Thr	Arg	Arg	Phe

Das Protein Ihres Patienten weist an einer Stelle ein Glutamin statt eines Arginins auf. Auch wenn beide Aminosäuren polar sind, ist Arginin geladen und kann Teil einer Ionenbindung sein, Glutamin hingegen nicht. Wir wissen nicht, ob das betroffene Arginin Bestandteil einer solchen Ionenbindung ist, sollte es dies jedoch sein, wäre das mutierte Protein instabiler als das normale. Die Mutante ist außerdem nicht so resistent gegen Trypsin- oder Wärmebehandlung. Dies läßt vermuten, daß das Problem hinsichtlich der Cytochrom-b_5-Reduktase ein Problem der Proteinstabilität ist. Eine niedrigere Halbwertzeit des Proteins führt letztlich zu einem Mangel. Der Elektronentransport wäre beinträchtigt.

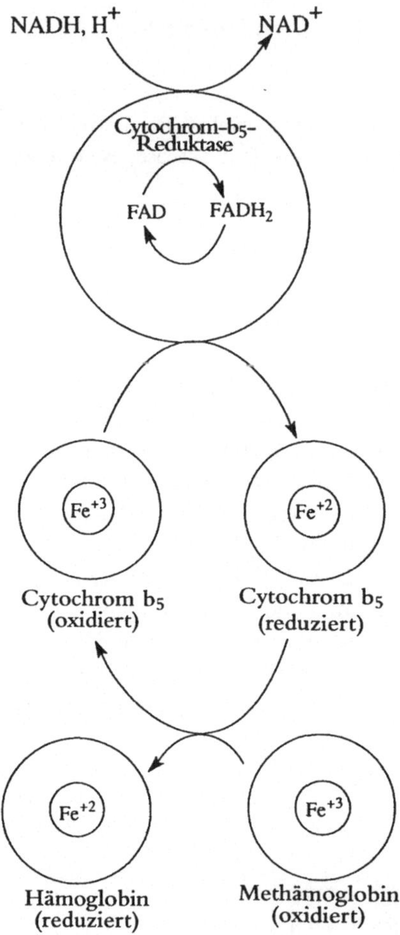

Abbildung A61-1: Reduktion von Methämoglobin durch Cytochrom-b_5 und Cytochrom-b_5-Reduktase.

Eine interessante Frage ist, warum der Mangel auf die erythrozytäre Form der Cytochrom-b_5-Reduktase beschränkt ist, ist dieses Protein doch in vielen Geweben mit den Mikrosomen assoziiert. Das Protein, welches in den Erythrozyten vorkommt, ist kleiner als das mikrosomale, obwohl beide von demselben Gen kodiert werden. Die erythrozytäre Form entsteht vermutlich durch Prozessierung. Es läßt sich gut vorstellen, daß gerade bei der Prozessierung die fehlerhafte erythrozytäre Form Ihres Patienten entsteht.

Ihr Patient hat eine hereditäre, enzymopenische Methämogobinämie, Typ I.

Literatur

Jaffé, E.R. und Hultquist, D.E. Cytochrome b_5 reductase deficiency and enzymopenic hereditary methemoglobinemia. C.R. Scriver, A.L. Beaudet, W.S. Sly und D. Valle (Hrsg.) The Metabolic Basis of Inherited Disease. New York: McGraw-Hill, **1989**, Vol. II, Kap. 92, S. 2267.

Shirabe, K., Yubisui, T., Borgese, N., Tang, C., Hultquist,D.E. und Takeshita, M. Enzymatic instability of NADH-cytochrome b_5 reductase as a cause of hereditary methemoglobinemia type I (red cell type). *J. Biol. Chem.* 267: 20416, **1992**

Antwort 62

a) Cytochrom b_5 ist an der Synthese ungesättigter Fettsäuren als Teil der NADH-abhängigen Δ^9-Stearyl-CoA-Desaturase beteiligt.

1.Cytochrome-b_5-Reduktase:

$$NADH + H^+ + FAD \rightarrow NAD^+ + FADH_2$$
$$FADH_2 + 2\ \text{Cytochrom } b_5\ (Fe^{3+}) \rightarrow FAD + 2H^+ + 2\ \text{Cytochrom } b_5\ (Fe^{2+})$$

2. Desaturase

$$2\,\text{Cytochrom } b_5\ (Fe^{2+}) + R{-}CH_2{-}CH_2{-}(CH_2)_7{-}\overset{\displaystyle O}{\overset{\|}{C}}{-}CoA + O_2 + 2H^+ \rightarrow$$

$$2\,\text{Cytochrom } b_5\ (Fe^{3+}) + R{-}CH{=}CH{-}(CH_2)_7{-}\overset{\displaystyle O}{\overset{\|}{C}}{-}CoA + 2H_2O$$

Das Fehlen des Enzyms könnte daher die Oxidation von Fettsäuren inhibieren.

b) Die Zyanose kann durch Methylenblau (Abbildung A62-1) gelindert werden, da dieses den Elektronentransport von NAPDH auf Methämoglobin erleichtert.

Abbildung A62-1: Die Struktur von Methylenblau.

Das hat jedoch auf die anderen Folgen des Cytochrom-b_5-Mangels keinen Einfluß.

Ihre Patientin hat eine hereditäre enzymopenische Methämoglobinämie vom Typ II.

Literatur

Budavari, S. The Merck Index: An Encyclopedia of Chemicals, Drugs, and Biologicals, 11. Auflage. Rahway, NJ: Merck & Co, Inc., **1989**, S. 954

Jaffé, E.R. und Hultquist, D.E. Cytochrome b_5 reductase deficiency and enzymopenic hereditary methemoglobinemia. C.R. Scriver, A.L. Beaudet, W.S. Sly und D. Valle (Hrsg.) The Metabolic Basis of Inherited Disease. New York: McGraw-Hill, **1989**, Vol. II, Kap. 92, S. 2267.

Leroux, A., Junien, C., Kaplan, J.-C. und Bamberger, J. Generalised deficiency of cytochrome b_5 reductase in congenital methemoglobinemia with mental retardation. *Nature* 258: 619, **1975**,

Smith, E.L., Hill, R., Lehmann, I.R., Lefkowitz, R.J., Handler, P. und White, A. Principles of Biochemistry: General Aspects. New York: McGraw-Hill, **1983**,

Smith, E.L., Hill,R. Lehmann, I.R., Lefkowitz, R.J., Handler, P. und White, A. Pronciples of Biochemistry: General Aspects. New York: McGraw-Hill, **1983**, S. 374

Antwort 63

Spektrin stellt den Hauptbestandteil des Zytoskeletts in Erythrozyten, einem Netzwerk von Proteinen, welches unterhalb der Erythrozytenmembran angeordnet ist. Es besteht aus zwei Polypeptidketten, α (Molekulargewicht von 240.000 D) und β (Molekulargewicht 220.000 D). Spektrinmoleküle polymerisieren zu Fibrillen und interagieren mit anderen Proteinen des Cytoskeletts, wie Aktin oder Ankyrin. Ankyrin (Molekulargewicht 202.000 bis 206.000 D) spielt eine Schlüsselrolle im Aufbau des Zytoskeletts, weil es, wie der Name schon sagt, als Anker fungiert und Proteine wie Spektrin oder Pallidin an integrale Membranproteine bindet. Da die Menge an Ankyrin-mRNA niedrig ist, die von α- und β-Spektrin hingegen normal, nehmen wir an, daß der primäre Defekt beim Ankyrin liegt. Mit anderen Worten, ein Mangel an Ankyrin verhindert die Verankerung von Spektrin an der Erythrozytenmembran. Durch diesen Effekt sind die zahlreichen Interaktionen, die das Zytoskelett des Erythrozyten stabilisieren, zerstört. Der Erythrozyt kann seine gewöhnliche Form nicht aufrecht erhalten und zeigt eine kugelförmige Gestalt.

Ihre Patientin hat eine erbliche Sphärozytose.

Literatur

Bennett, V. Ankyrins. T. Kreis und R. Vale (Hrsg.) Guidebook to the Cytoskeletal and Motor Proteins. Oxford: Oxford University Press, **1993**, S. 221

Hanspal, M., Yoon,S.-H., Hanspal, J.S., Lambert, S., Palek, J. und Prchal, J.T. Molecular basis of spectrin and ankyrin deficiencies in severe hereditary spherocytosis: evidence implicating a primary defect of ankyrin. *Blood* 77: 165, **1991**

Lux, S.E. und Becker, P.S. Disòrders of the red cell membrane skeleton: hereditary spherocytosis and hereditary elliptocytosis. C.R. Scriver, A.L. Beaudet, W.S. Sly und D. Valle (Hrsg.) The Metabolic Basis of Inherited Disease. New York: McGraw-Hill, **1989**, Vol. II, Kap.95, S. 2367

Peters, L.L. und Lux, S.E. Ankyrins: structure and function in normal cells and hereditary spherocytes. *Semin. Hematol.* 30: 85, **1993**

Antwort 64

a) Die Mutation liegt in einem Intron. Solche Mutationen können zu Fehlern beim Spleißen führen:

Patientin:	CCCACCACCgtggg
Kontrollperson:	CCCACCACCgtgag

Um herauszufinden, um wieviel kürzer das neue β-Spektrin ist, müssen wir die neue Spleißvariante identifizieren. Dies erreicht man, in dem man die Sequenzinformation, die uns über die cDNA bekannt ist, mir der des Gen vergleicht.

```
        Exon W                  Exon X              Exon Y
GAG CGG CTC CGC ATG Tgt...agTG...ACGgt.... ag CTT GAC CTG.....
GAG CGG CTC CGC ATG T                        CTT GAG CTG.....
```

Sie werden bemerken, daß in der neuen Spleißvariante das gesamt Exon X deletiert ist. Sie werden auch bemerken, daß eine Leserahmenmutation in Exon Y vorliegt, da das Intron zwischen den Exons W und Z innerhalb eines Codons begann. Die Aminosäuresequenz sieht daher folgendermaßen aus:

```
cDNA: GAG   CGG   CTC   CGC   ATG   TCT   TGA   GCT   G....
RNA:  GAG   CGG   CUC   CGC   AUG   UCU   UGA   GCU   G...
Protein: Glu   Arg   Leu   Arg   Met   Ser   STOP
```

Mit Beginn des Exons Y liegt also ein Stopcodon vor. Das bedeutet, daß nur eine Aminosäure des Exons Y und keine des Exons Z vorliegt. Die neue C-terminale Aminosäure ist Serin.

Um wieviel kürzer ist nun das β-Spektrin Ihres Patienten im Vergleich zur Normalsituation?

- Das gesamte Exon X ist entfernt   197 Basen
- Das Exon Y ist mit Ausnahme der beiden ersten Basen (welches das
  Ende des Serincodons darstellen) und der drei Nukleotide des Stopcodons,
  welche in diese Berechnung allerdings nicht mit eingehen, entfernt   48 Basen
- Das gesamte Exon Z fehlt, welches 142 kodierende Nukleotide beinhaltet.   142 Basen

- Insgesamt fehlen also   387 Basen.

Teilt man diese Zahl durch drei, gelangt man zu dem Ergebniss, daß das β-Spektrin Ihres Patienten um 129 Aminosäuren kürzer ausfällt, als es normal üblich ist.

b) Das β-Spektrin Ihrer Patientin ist durch den Spleißfehler im C-Terminus deletiert. Gerade diese Region soll für die Interaktion mit α-Spektrin nötig sein, um ein Dimer zu bilden. Ein anormales Spektrindimer könnte schlechter mit Ankyrin und anderen Bestandteilen des erythrozytären Cytoskeletts interagieren, was zu einer ungewöhnlichen Morphologie der Erythrozyten führen kann. Dies wiederum verursacht eine gesteigerte Lyse der Erythrozyten. Weniger Sauerstoff wird in die Gewebe befördert, eine allgemeine Schwäche ist die Folge.

Literatur

Dhermy, D., Lecomte, M.C., Garbarz, M., Bournier, O., Galand, C., Gautero, H., Feo, C., Alloisio, N., Delaunay, J. und Boivin, P. Spectrin-β-chain variant associated with hereditary elliptocytosis. *J. Clin. Invest.* 70: 707, **1982**

Gallagher, P.G., Tse, W.T., Costa, F., Scarpa, A., Boivin, P., Delaunay, J. und Forget, B.G. A splice site mutation of the β-spectrin gene causing exon skipping in hereditary elliptocytosis associated with a truncated β-spectrin. *J. Biol. Chem.* 266: 15154, **1991**

Lux, S.E. und Becker, P.S. Disorders of the red cell membrane skeleton: hereditary spherocytosis and hereditary elliptocytosis. C.R. Scriver, A.L. Beaudet, W.S. Sly und D. Valle (Hrsg.) The Metabolic Basis of Inherited Disease. New York: McGraw-Hill, **1989**, Vol. II, Kap.95, S. 2367

Tse, W.T., Lecomte, M.-C., Costa, F.F., Garbarz, M., Feo, C., Boivin, P., Dherym, D. und Forget, B.G. Point mutation in the β-spectrin gene associated with α1/74 hereditary elliptocytosis. *J. Clin. Invest.* 86: 909, **1990**

Antwort 65

a) Mikrotubuli-assoziierte Proteine verschiedenster Herkunft können Tubulin veranlassen, zu Mikrotubuli zu polymerisieren. Es ist nicht überraschend, daß Mikrotubuli-assoziierte Proteine aus dem Gehirn in der Lage sind, Tubulin aus Leukozyten zur Polymerisation zu bringen. Auch wenn die am besten untersuchten Mikrotubuli-assoziierten Proteine die aus dem Gehirn von Säugetieren sind, wurden eine Reihe weiterer Proteine in anderen Geweben identifiziert. Der Defekt liegt daher wahrscheinlich bei Mikrotubuli-assoziierten Proteinen in den Leukozyten Ihres Patienten.

b) Mikrotubuli spielen bei der Aktivität der Leukozyten eine tragende Rolle, z.B. bei der Chemotaxis. Die Zerstörung der Mikrotubuli resultiert interessanterweise nicht in einer Störung der zufälligen Wanderung der Leukozyten, unterbindet aber das gerichtete Wandern auf einen Stimulus hin. Die Ausbildung von Mikrotubuli ist auch für die Bildung der Pseudopodien notwendig. Ohne diese gerichtete Beweglichkeit wandern Leukozyten bei einer Verletzung der Haut z.B. nicht zur Stelle der Läsion. Mikrotubuli werden auch zur Sekretion von Granulae benötigt. Ohne Mikrotubuli sind diese nicht in der Lage, ihren Inhalt abzugeben und werden damit größer und dichter.

Literatur

Anderson, D.C., Smith, S.W. und Springer, T.A. Leukocyte adhesion deficiency and other disorders of leukocyte motility. C.R. Scriver, A.L. Beaudet, W.S. Sly und D. Valle (Hrsg.) The Metabolic Basis of Inherited Disease. New York: McGraw-Hill, **1989**, Vol. II, Kap. 113, S. 2751.

Gallin, J.I., Malech, H.L., Wright, D.G., Whisnant, J.K. und Kirkpatrick, C.H. Recurrent severe infections in a child with abnormal leukocyte function: possible relationship to increased microtubule assembly. *Blood* 51: 9119, **1978**.

Malech, H.L., Root, R.K. und Gallin, J.I. Structural analysis of human neutrophil migration. Centriol, microtubule, and microfilament orientation and function during chemotaxis. *J. Cell Biol.* 75: 666, **1977**.

Oliver, J.M., Zurier, R.B. und Berlin, R.D. Concanavalin A cap formation on polymorphonuclear leukocytes of normal and beige (Chediak-Higashi) mice. *Nature* 253: 471, **1975**

White, J.G. und Clawson, C.C. The Chediak-Higashi syndrome: microtubules in monocytes and lymphocytes. *Am. J. Hematol.* 7: 439, **1979**

Antwort 66

a) Ein normaler Leukozyt hat verschiedene Möglichkeiten, gegen pathogene Bakterien vorzugehen. Nach Eingang eines geeigneten Signals an der Leukozytenmembran, z.B. eines chemotaktischen Faktors, wird im Inneren der Zelle ein „respiratorischer burst" eingeleitet, der zur Bildung von O_2^-, H_2O_2 und HOCl führt, welche in die phagozytären Vakuolen der Zelle befördert werden. Es erscheint, als sei dieser „burst" bei Ihrem Patienten defekt. Erreicht das Signal die Leukozyten, wird die Bildung von Inositol-1,4,5-trisphosphat eingeleitet, welches seinerseits einen intrazellulären Anstieg der Calciumionenkonzentration verursacht und zur Phosphorylierung ausgewählter Proteine durch die Proteinkinase C führt. Der Defekt liegt nicht auf der Ebene dieser Schritte, da im Verhalten des Inositol-1,4,5-trisphosphats bzw. im Phosphorylierungsgrad der Proteine kein Unterschied zur normalen Situation vorliegt. Die anfänglichen Veränderungen führen zur Aktivierung der NADPH-Oxidase, welche folgende Reaktion katalysiert:

$$2O_2 + NADPH \rightarrow 2O_2^- + NADP^+ + H^+$$

Die Superoxid-Dismutase überführt dann das Superoxidanion O_2^- in Wasserstoffperoxid:

$$2O_2^- + 2H^+ \rightarrow H_2O_2 + O_2$$

Die Myeloperoxidase überführt H_2O_2 in die hypochlorige Säure:

$$H_2O_2 + 2Cl^- \rightarrow 2HOCl$$

Da H_2O_2 nicht gebildet wird, betrifft der Defekt entweder die NADPH-Oxidase oder die Superoxidase-Dismutase. Da auch die Konzentration an $NADP^+$ niedrig ist, muß die NADPH-Oxidase betroffen sein. Die NADPH-Oxidase selbst besteht aus vier Polypeptidketten. Zwei von diesen, welche ein Molekulargewicht von 91 und 22 kD besitzen, bilden ein Cytochrom, Cytochrom b_{558} oder Cytochrom b_{-245} genannt. Die anderen beiden sind Polypeptide mit 47 und 67 kD. Zusätzlich zu diesen Komponenten existiert vermutlich ein NADPH-Bindeprotein und ein *ras*-ähnliches G-Protein, *rap* genannt. Der Cytochromanteil stellt ein Membranprotein dar, welches außerdem FAD bindet. In der NADPH-Oxidase erfolgt der Elektronenfluß vom NADPH über FAD zum Cytochrom b_{-245} und schließlich zu O_2. Bei einer normalen Personen sind das Cytochrom und *ras* in der Membran verankert, während die anderen Bestandteile frei in Lösung vorliegen. Nach Stimulation wird das 47-kD-Protein phosphoryliert und katalysiert dann die Assoziation der anderen Bestandteil zum aktiven NADPH-Oxidase-Komplex. Es erscheint, als sei das defekte Protein die 91-kD-Untereinheit des Cytochroms. Der Defekt ergibt sich zu:

Codon Nummer:	414	415	416
Ihr Patient:			
DNA:	ACA	CAC	TTC
RNA:	ACA	CAC	UUC
Protein:	Thr	His	Phe
Kontrollperson:			
DNA:	ACA	CCC	TTC
RNA:	ACA	CCC	UUC
Protein:	Thr	Pro	Phe

Ihr Patient hat anstelle eines Prolins ein Histidin an Position 415 der großen Untereinheit des Cytochroms b_{558}. Man kann sich leicht vorstellen, daß das Verschwinden eines Prolins die Verlängerung einer α-Helix nach sich zieht und damit auch die Sekundär- und Tertiärstruktur des ganzen Komplexes verändert. Die Veränderung kann nicht all zu dramatisch sein, weil die Komponenten, die phosphoryliert werden sollen, immer noch phosphoryliert werden. Es ist möglich, daß die Mutation die Wechselwirkung der Untereinheiten der NAPDH-Oxidase verändert, so daß die Reaktion nicht mehr stattfinden kann.

b) O_2^- führt zur Bildung von hypochloriger Säure und freien Radikalen, wie z.B. OH^-, welche für Bakterien toxisch sind. Es ist nicht ganz klar, wie diese Verbindungen Bakterien verletzen, aber möglicherweise beeinträchtigen sie den Elektronentransport oder oxidieren wichtige Eisen-Schwefel-Zentren.

Ihr Patient hat eine chronische Granulomatose. Interessanterweise werden auf diesem Gebiet erste Versuche der Gentherapie unternommen, die bis jetzt vielversprechende Ergebnisse geliefert haben.

Literatur

Dinauer, M.C., Curnutte, J.T., Rosen, H. und Orkin, S.H. A missense mutation in the neutrophil cytochrome b heavy chain in cytochrome-positive X-linked chronic granulomatous disease. *J. Clin. Invest.* 84: 2012, **1989**

Forehand, J.R., Nauseef, W.N. und Johnston, R.B. Inherited disorders of phagocyte killing. C.R. Scriver, A.L. Beaudet, W.S. Sly und D. Valle (Hrsg.) The Metabolic Basis of Inherited Disease. New York: McGraw-Hill, **1989**, Vol. II, Kap. 114, S. 2779

Porter, C.D., Parkar, M.H., Levinsky, R.J., Collins, M.K.L. and Kinnon, C. X-linked chronic granulomatous disease: correction of NADPH oxidase defect by retrovirus-mediated expression of gp91-phox. *Blood* 82: 2196, **1993**

Smith, R.M. und Curnutte, J.T. Molecular basis of chronic granulomatous disease. *Blood* 77: 673, **1991**

Antwort 67

a) Werden phagozytierende Leukozyten angemessen stimuliert, z.B. durch ein chemotaktisches Peptid, antworten Sie mit einem „respiratorischen burst", in dessen letztem, durch die Myeloperoxidase katalysierten Schritt hypochlorige Säure aus H_2O_2 und Cl^- gebildet wird. Die Vorgänge während dieses „respiratorischen burst" sind im Detail in Antwort 66 zu finden. Da die Leukozyten Ihres Patienten H_2O_2 produzieren, muß der Defekt in dem Enzym liegen, welches H_2O_2 zur hypochlorigen Säure überführt, der Myeloperoxidase:

$$H_2O_2 + 2Cl^- \rightarrow 2HOCl$$

b) Die hypochlorige Säure stellt für eine Reihe von Mikroorganismen, insbesondere Candida, ein Zellgift dar.

Literatur

Forehand, J.R., Nauseef, W.N. und Johnston, R.B. Inherited disorders of phagocyte killing. C.R. Scriver, A.L. Beaudet, W.S. Sly und D. Valle (Hrsg.) The Metabolic Basis of Inherited Disease. New York: McGraw-Hill, **1989**, Vol. II, Kap. 114, S. 2779

Antwort 68

a) In einem ersten Schritt der Abwehrreaktion haften Leukozyten zunächst einmal an pathogenen Organismen, bevor diese zerstört werden. Das Glykoprotein β (von der Weltgesundheitsorganisation WHO auch CD18 genannt), welches ein Molekulargewicht von 95.000 D hat, ist Bestandteil von drei in die Adhäsion involvierten Komplexen. Diese Komplexe sind: Mac-1, mit dem 170.000 D Protein αM; p150,95, mit dem 150.000 D Protein αX; und LFA-1, mit dem 177.000 D Protein αL. Mac-1, welches in verschiedensten Leukozyten gefunden wird, ist der Rezeptor für iC3b, einem Bestandteil der Komplementkaskade. Es kann auch an Endothelzellen binden. p150,95 hat eine ähnliche zelluläre Verteilung und ähnliche Bindungseigenschaften wie Mac-1. LFA-1 wird hauptsächlich auf Lymphozyten und Monozyten (aber nicht Makrophagen) gefunden und ist in die T-Zell-vermittelte Immunantwort involviert. Fehlen diese Proteinkomplexe, sind Leukozyten nicht in der Lage, an Bakterien zu binden, welche zuvor von dem Komplementsystem angegriffen worden sind und daher iC3b auf der Oberfläche tragen.

b) Sie würden erwarten, daß diese Leukozyten an C3b gebundene, abgestorbene Bakterien adhärieren, da αL Bestandteil von LFA-1 ist, welches kein C3b-Rezeptor ist.

Literatur

Forehand, J.R., Nauseef, W.N. und Johnston, R.B. Inherited disorders of phagocyte killing. C.R. Scriver, A.L. Beaudet, W.S. Sly und D. Valle (Hrsg.) The Metabolic Basis of Inherited Disease. New York: McGraw-Hill, **1989**, Vol. II, Kap. 114, S. 2779

Immunsystem

Problem 69-77

Problem 69

Ihr Patient erkrankt oft an bakteriellen Infektionen, insbesondere an solchen, die durch Streptokokken, Pneumokokken, Meningokokken und Hämophilus hervorgerufen werden. Der Spiegel an Immunglobulinen ist normal, genauso die Werte für die klassischen Komplementproteine C1, C2, C4, C5, C6, C7, C8 und C9. Der Spiegel an C3 ist niedrig, das Protein selbst ist aber unverändert. Für ein Experiment nehmen Sie eine Blutprobe und geben radioaktiv markiertes C3 hinzu. Sie bemerken, daß es sehr viel schneller als erwartet in C3b gespalten wird. Sie untersuchen den alternativen Komplementweg und finden, daß die Konzentrationen der Faktoren B, D, H und Properdin normal sind.

a) Welches Enzym ist bei Ihrem Patienten vermutlich defekt?

b) Wie verursacht das seine Probleme?

c) Notieren Sie den alternativen Weg der Komplementaktivierung.

Problem 70

Ihre Patientin ist zehn Jahre alt und leidet häufig unter ödemartigen Anschwellungen der Lippe, des Rachenraumes und der Zunge. Sie leidet häufig unter Bauchkrämpfen. Bei einer ihrer letzten Attacken hatte sie ein Kehlkopfödem, ihre Stimme wurde heiser. Letztlich konnte sie kaum mehr atmen. Nur ein Luftröhrenschnitt rettete ihr das Leben. Sie nehmen eine Blutprobe und messen die Konzentrationen der Komplementfaktoren. In normaler Konzentration liegen vor: C1 bis C9, B, D, H, I und Properdin. In einem Experiment mischen sie folgende Komponenten: (1) Schafserythrozytenmembranen, (2) für Schafsery-throzytenmembranen spezifische Immunglobuline, (3) C1, (4) C2, (5) C3 und (6) C4. Zu dieser Mischung geben Sie entweder Serum Ihrer Patientin oder einer Kontrollperson. Bei beiden Seren wurden die Faktoren C1, C2, C3, C4, B und D durch Immunoaffinitätschro-matographie entfernt. Sie messen die Bildung von C3b und bemerken, daß bei Zugabe Ihres Patientenserums sehr viel mehr C3b gebildet wird als im Kontrollansatz. Auch die Spaltung von C2 und C4 ist im Vergleich zur Kontrolle erhöht.

a) Welches Protein ist bei Ihrer Patientin funktionslos?

b) Was macht dieses Protein?

c) Was erwarten Sie nach einer subkutanen Injektion von C1s bei einer Kontrollperson?

Problem 71

Ihr Patient hat eine Erkrankung, bei der sein nächtlicher Urin rot gefärbt ist. Eine Analyse des roten Pigmentes ergibt, daß es sich um Hämoglobin handelt. Sie untersuchen die Faktoren der Komplementkaskade und finden keine pathologischen Befunde. Bei einem Experiment geben Sie C5b, C6, C7, C8 und C9 von einer Kontrollperson zu Erythrozyten Ihres Patienten und einer gesunden Person. Sie stellen fest, daß seine Erythrozyten schneller lysieren als die der gesunden Person. Sie bestimmen dann die Fähigkeit der Komponenten des Komplementsystems, an gereinigte Erythrozytenmembranen Ihres Patienten zu binden. Mit Ausnahme des Faktors C8 stellen Sie keine Änderungen des Bindungsverhaltens im Vergleich zu Kontrollmembranen fest. C8 bindet an Erythrozytenmembranen eines Gesunden, nicht jedoch an die Membranen Ihres Patienten.

a) Welches Protein fehlt Ihrem Patienten? Kümmern Sie sich nicht um den korrekten Namen, erklären Sie nur, was es macht!

b) Wie erklären sich aus dem Fehlen des Proteins die Symptome?

Hinweis: Diese Erkrankung kann mehrere Ursachen haben. Sie beschäftigen sich in diesem Problem nur mit einer!

Problem 72

Ihr Patient hat eine Erkrankung, bei der sein nächtlicher Urin rot gefärbt ist. Eine Analyse des roten Pigmentes ergibt, daß es sich um Hämoglobin handelt. Sie finden heraus, daß auf den Erythrozytenmembranen Ihres Patienten kein funktioneller „decay-accelerating factor" (DAF) vorhanden ist. Sie nehmen einige seiner Zellen in Kultur und lysieren diese. Sie geben radioaktiv markiertes UDP-N-Acetylglucosamin hinzu. Die Synthese markierter Glycolipide stellt sich daraufhin als vermindert heraus.

a) Was fehlt dem „decay-accelerating factor" Ihres Patienten? Zeichnen Sie die fehlende Struktur.

b) Wie wird diese Struktur hergestellt? Welchen Schritt kann Ihr Patient nicht durchführen?

c) Welche Funktion hat der „decay-accelerating factor"? Wie erklären sich aus dem Defekt die Symptome?

Problem 73

Ihr Patient leidet des öfteren unter wiederkehrenden Infektionen. Erst kürzlich wurde die Diagnose „Systemischer Lupus Erythrematodes" gestellt. Sie analysieren mittels ELISA eine Blutprobe auf die Komplementfaktoren und stellen das Fehlen des Faktors C2 fest. Bei diesem ELISA verwenden Sie einen monoklonalen Antikörper, der beide Formen des Faktors erkennt, die aktive und die inaktive. Sie nehmen einige Fibroblasten des Patienten in Kultur und isolieren die mRNA, welche für den Faktor C2 kodiert. Mit Hilfe geeigneter Oligonukleotide und der PCR-Reaktion sind Sie in der Lage, die zugehörige cDNA zu erhalten. Sie vergleichen die Sequenz mit der einer gesunden Kontrollperson:

```
Patient:         ACAAAGGATCTTgAGCTTTGAGATC
Kontrollperson:  ACAAAGGAAAGCCTGGGCCGT.....ATCTTCAGCTTTGAGATC
                 7                       8
                 0                       5
                 9                       0
```

Nehmen Sie an, daß die erste Base den Beginn eines Codons darstellt. In der Kontrollsequenz markiert „......" einen längeren Sequenzabschnitt, der hier nicht dargestellt ist. Die Nummerierung der Kontrollsequenz ist ebenfalls angegeben.

a) Welche Mutation hat bei Ihrem Patienten stattgefunden?

b) Während der Aktivierung des Komplementsystems wird C2 durch aktiviertes C1s gespalten. C1s ähnelt Trypsin. An welcher Stelle der oben gezeigten Sequenz spaltet C1s?

c) Warum hat Ihr Patient keine positive Reaktion auf C2 im ELISA gezeigt?

Problem 74

Ihr Patient hat einige schwere, wiederkehrende bakterielle Infektionen durchgemacht, insbesondere Pneumonie und Meningitis. Zwei seiner Onkel mütterlicherseits verstarben an demselben Leiden, bevor sie sechs Jahre alte waren. Eine Analyse des Blutes zeigt, daß keine IgG und keine B-Zellen vorhanden sind. Aus einer Knochenmarksbiopsie analysieren Sie die Prä-B-Zellen. Sie finden ein Gen, welches bei Ihrem Patienten in einer veränderten Form vorliegt. Es kodiert für eine Tyrosinkinase der *src*-Familie. Die Sequenz in der Nähe der Mutation lautet:

Patient: GACGTGGCCATCGAGATGATGAAAGAAGGC
Normal: GACGTGGCCATCAAGATGATCAAAGAAGGC

Bei einer Suche nach *src*-Proteinen in der Literatur finden Sie eine Veröffentlichung, in der berichtet wird, daß p-Fluorosulfonylbenzoyl-5'-adenosin, ein ATP-Analogon, die Kinaseaktivität vollständig blockieren kann, wenn es mit Lysin[295] eines anderen *src*-Proteins reagiert. Die partielle Aminosäuresequenz des anderen *src*-Proteins lautet:

Nummer:	291	292	293	294	295	296	297	298	299	300
Aminosäure:	His	Val	Ala	Ile	Lys	Thr	Leu	Lys	Pro	Gly

a) Wie kann die beobachtete Mutation die Aktivität des Enzyms verändern?

b) Versuchen Sie ganz allgemein, eine Verbindung zwischen der Mutation in diesem Protein und dem Verlust an B-Zellen bei Ihrem Patienten herzustellen.

Problem 75

Ihr Patient hat einige schwere, wiederkehrende bakterielle Infektionen durchgemacht, insbesondere Pneumonie und Meningitis. Zwei seiner Onkel mütterlicherseits verstarben an demselben Leiden, bevor sie sechs Jahre alt waren. Eine Analyse des Blutes zeigt, daß keine IgG und keine B-Zellen vorhanden sind. Aus einer Knochenmarksbiopsie analysieren Sie die Prä-B-Zellen. Sie finden ein Gen, welches bei Ihrem Patienten in einer veränderten Form vorliegt. Es kodiert für eine Tyrosinkinase der *src*-Familie. Die Sequenz in der Nähe der Mutation lautet:

Patient: CGAGACCTGGCAGCTCAAAACTGTTTGGTAAAC
Normal: CGAGACCTGGCAGCTCGAAACTGTTTGGTAAAC

Sie vergleichen die Sequenzen aller bekannten Proteinkinasen. Sie stellen fest, daß bei allen Proteinkinasen bestimmte Regionen eine ähnliche Sequenz aufweisen, z.B. die ATP-Bindungsregion. Sie bemerken auch eine Region, die zwischen Proteinkinasen unterschiedlich ist, welche Serin und Threoninreste phosphorylieren, und solchen die Tyrosinreste phosphorylieren. Die Unterschiede sind hier angeführt. Die oberste Zeile zeigt diejenige Sequenz, die am üblichsten ist, Variationen sind darunter aufgeführt.

1. Ser/Thr-Kinasen

<pre>
        Asp-Leu-Lys-Pro-Glu-Asn
            Val   Leu Gln
            Ile   Ile Asp
            Met   Asp Asn
                      Thr His
                      Ser Thr
                           Ala
</pre>

Konsensus: Asp-X-Lys-X-X-Asn

2. Tyrosinkinasen

<pre>
        Asp-Leu-Ala-Ala-Arg-Asn
            Val Arg Ser Ala
                    Cys
                    Thr
</pre>

Konsensus: Asp-Leu/Val-Ala-X-Arg-Asn oder Asp-Leu-Arg-X-Ala-Asn

a) Wie könnte die beobachtete Mutation die Aktivität des Enzyms verändern?

b) Wie könnte eine solche Veränderung die beobachteten Symptome hervorrufen?

Problem 76

Ihr Patient verstarb im Alter von 39 Jahren. Eine Autopsie zeigte Proteinablagerungen in den Eingeweiden. Sie analysieren das abgelagerte Protein und bemerken, daß es mit einem Antikörper gegen Lysozym reagiert. Die Identität als Lysozym bestätigen Sie durch eine Sequenzierung. Die Sequenz zeigt in einer Region eine Mutation:

Aminosäure:	50	51	52	53	54	55	56	57	58	59	60
Patient:	Arg	Ser	Thr	Asp	Tyr	Gly	Thr	Phe	Gln	Ile	Asn
Normal:	Arg	Ser	Thr	Asp	Tyr	Gly	Ile	Phe	Gln	Ile	Asn

Bei Ihrem Literaturstudium stoßen Sie auf eine Unmenge an Lysozymsequenzen aus Vertebraten. An Position 56 tragen alle ein Isoleucin, Leucin oder Valin. Ein Wissenschaftler tauschte mittels Mutageneseexperimenten im Hühner-Eiweiß-Lysozym das Valin an Position 56 aus und stellte keinen Verlust der Aktivität fest. Aus Röntgenstrukturdaten weiß man, daß Isoleucin^{56} sich in Nachbarschaft von Serin^{36} befindet.

a) Welche Funktion hat Lysozym?

b) Spekulieren Sie, welche Folgen ein Threoninrest an Position 56 haben kann. Wie könnte dies zu der Erkrankung führen?

Abbildung P76-1: Anordnung von Ile^{56} und Ser^{36} im Lysozym.

Problem 77

Ihr Patient hat häufig bakterielle Infektionen. Seine Serumwerte für IgG, IgA und IgE sind erniedrigt, der Wert für IgM ist jedoch im Vergleich zur Norm stark erhöht. Nach Isolierung der B- und T-Zellen stellen Sie fest, daß sie nur vermindert miteinander interagieren können. Aus den B-Zellen gereinigtes CD40-Protein bindet nur schlecht an T-Zellen. Nach einer ganzen Reihe von Experimenten erhalten Sie ein Protein (Protein X), welches normalerweise auf den Membranen von T-Zellen exprimiert wird. Bei Ihrem Patienten liegt dieses Protein in extrem verminderten Mengen vor. Sie sequenzieren das Gen für Protein X und stellen fest:

Codon Nummer:	35	36	37
Ihr Patient:	CAG	AGG	ATT
Kontrollperson:	CAG	ATG	ATT

a) Welche Rolle hat vermutlich Protein X?

b) Auf welche Weise ist das Protein X Ihres Patienten beschädigt?

c) Warum könnte dies die beobachteten Symptome erklären?

Antwort 69

a) Ihr Patient scheint keine Mutation in C3 zu haben, aber C3 wird offensichtlich schneller abgebaut als bei einer normalen Person. Normalerweise wird C3 durch C4b2a im klassischen Weg und durch die C3-Konvertase im alternativen Weg gespalten. Der klassische Weg nimmt seinen Ausgang bei einem Antigen, während der alternative Weg ständig abläuft und geringe Mengen an C3b bildet. Der klassische Weg scheint hier nicht das Problem zu sein, da eine Überaktivität von C4b2a nicht die Anfälligkeit für eine Erkrankung erhöht. Es ist daher wahrscheinlicher, daß das Problem eine überaktive C3-Konvertase ist. Die C3-Konvertase spaltet C3 in C3b und C3a. C3b kann daraufhin auf den Oberflächen bestimmter Pathogene binden. Ist kein Antigen zugegen, werden C3b und die C3-Konvertase durch die Faktoren H und I abgebaut. Eine Ursache des Problems, unter denen Ihr Patient leidet, könnte daher ein Defekt der Faktoren H oder I sein. Die Aktivität der C3-Konvertase wäre erhöht und mehr C3 würde gespalten. Ein Defekt des Faktors I kommt häufiger vor als beim Faktor H. Faktor I ist darüber hinaus eine Protease (vom Serin-Typ), wohin gegen der Faktor H auf nicht-kovalente Weise die Interaktion von C3-Konvertase und I erleichtert.

b) Ohne den Faktor I wird C3 abgebaut, da der Faktor I die C3-Konvertase inhibiert. Eine Abnahme von C3 inhibiert den alternativen und den klassischen Weg, wodurch die Anfälligkeit gegenüber Infektionen steigt.

c) Der alternative Weg des Komplementsystems sieht wie folgt aus:

$$C3 + H_2O \rightarrow C3\text{-}H_2O$$
$$C3\text{-}H_2O + B + D \rightarrow C3\text{-Konvertase}$$
$$C3\text{-Konvertase} + C3 \rightarrow C3b + C3a$$
$$C3b + B + D \rightarrow C3b + Bb + Ba + D$$
$$C3b + Bb \rightarrow C3b, Bb$$
$$C3b,Bb \rightarrow C3b_n,Bb \rightarrow C3b_n,P,Bb$$
$$C3b_n,P,Bb + C5 \rightarrow C5a + C5b$$
$$C5b + C6 + C7 + C8 + 6C9 \rightarrow MAC$$

Literatur

Winkelstein, J.A. und Colten, H.R. Genetically determined disorders of the complement system. C.R. Scriver, A.L. Beaudet, W.S. Sly und D. Valle (Hrsg.) The Metabolic Basis of Inherited Disease. New York: McGraw-Hill, **1989**, Vol. II, Chap. 111, S. 2711

Antwort 70

a) Alle Komponenten des Komplementsystems sind in normalen Mengen vorhanden, ein Überproduktion einer dieser Proteine ist daher unwahrscheinlich. In Ihren Experimenten betrachten Sie zunächst den klassischen Weg. Sie mischen zusammen mit dem Serum ein Antigen (hier: Schafserythrozytenmembranen) mit dem korrespondierenden Antikörper und den Komplementfaktoren C1, C2, C3 und C4. Die Produktion von C3b fällt sehr viel höher aus als normal. C3b wird durch die C3-Konvertase gebildet, welche die Faktoren B und D enthält, sowie den C4b2a Komplex. Da in Ihrem experimentellen Ansatz die Faktoren B und D nicht vorhanden sind, kann keine funktionelle C3-Konvertase vorliegen. Aus diesem Grund muß bei Ihrer Patientin mehr C4b2a vorliegen. Der C4b2a-Komplex wird aus den Faktoren C4b und C2a gebildet, die ihrerseits durch die Spaltung der Faktoren C4 und C2 bereit gestellt werden. Ein Überschuß des C4b2a-Komplexes kann entstehen, wenn zuviel C4 und C2 gespalten werden. Dies wird durch den C1-Komplex bewerkstelligt, insbesondere durch die aktivierte Form der Protease C1s. In Ihrem Experiment geben Sie jedoch exogenes C1 hinzu und beobachten trotzdem eine erhöhte Spaltungsrate von C4 und C2. Der Defekt kann daher nicht auf Anormalitäten bei C1s zurüchzuführen sein. Aus demselben Grund können auch C2 und C4 nicht verändert sein. Im Serum Ihrer Patientin muß abseits von den besprochenen Faktoren ein Defekt vorliegen, durch den die Aktivität von C1s erhöht wird. Ihre Patientin weist einen Mangel am C1-Inhibtor auf, einem 105 kD Glykoprotein. Dessen Sequenz weist diesen als einen Serinprotease-Inhibtor aus.

b) Der C1-Inhibitor inaktiviert die aktive Form von C1s, einer Komponente des C1-Komplexes. Durch Inhibition des aktiven C1s kann der C1-Inhibitor die Spaltung von C4 und C2 einschränken. Da Ihr Patient einen C1-Inhibitormangel hat, wird übermäßig viel C4 und C2 gespalten und mehr C4b2a-Komplex gebildet. Eine übertriebene Produktion von C3b ist die Folge.

c) Da ein Hauptfaktor dieser Erkrankung die durch den C1-Inhibitormangel verursachte Überproduktion des aktivierten C1s ist, könnte man argumentieren, daß die Injektion von aktiven C1s zu lokalisierteren Ödemen führt. Dies wurde auch beobachtet. Der genaue Mechanismus, wie ein C1-Inhibitormangel zu Ödemen führt, ist nicht bekannt.

Ihr Patient hat ein hereditäres Angioödem.

Literatur

Winkelstein, J.A. und Colten, H.R. Genetically determined disorders of the complement system. C.R. Scriver, A.L. Beaudet, W.S. Sly und D. Valle (Hrsg.) The Metabolic Basis of Inherited Disease. New York: McGraw-Hill, **1989**, Vol. II, Chap. 111, S. 2711

Antwort 71

a) Die Komponenten C5b, C6, C7, C8 und C9 bilden den Membran-Angriffs-Komplex des Komplementsystems (MAC), des Komplexes, der die Lyse der Zielzelle einleitet. Die Beobachtung, daß eine Mischung der Komponenten bei Ihrem Patienten im Vergleich zur normalen Person eine verstärkte Lyse verursacht, zeigt, daß der MAC aktive Erythrozyten Ihres Patienten eher lysiert, als solche von Kontrollpersonen. Da Sie exogene Komplement-faktoren zufügen, können diese bei Ihrem Patienten nicht verändert sein. Es scheint vielmehr so, daß der Defekt bei einem Faktor zu suchen ist, der den Membran-Angriffs-Komplex reguliert (z.B. inaktiviert). Es gibt eine Reihe solcher Faktoren, die auf den Erythrozyten präsent sind. Die Tatsache, daß C8 nicht an Membranproteine der Erythrozyten Ihres Patienten, wohl aber an solche von gesunden Personen bindet, zeigt, daß Ihrem Patienten ein Protein fehlt, welches spezifisch für C8 ist. Dieses Protein wird C8-bindendes-Protein, C8-inhibierendes-Protein oder homologer Restriktionsfaktor genannt.

b) Die Rolle dieses Proteins liegt nicht darin, die Aktivität des MAC zu unterbinden, wenn dieser seine normale Funktion, wie z.B. die Vernichtung eines pathogenen Bakteriums ausübt. Vielmehr schützt er die Erythrozyten vor einem Angriff des MAC. Obwohl die meisten MAC an Bakterien bindet, die in Ihren Patienten eingedrungen sind, binden die restlichen an die nächste Oberfläche, welche am wahrscheinlichsten durch die Erythrozyten gegeben ist. Werden diese MAC nicht durch das C8-bindende-Protein inhibiert, fahren sie mit der eingeleiteten Lyse der Erythrozyten fort. Das Hämoglobin der Zellen wird ins Blut abgegeben.

Ihr Patient hat eine paroxysmale nächtliche Hämoglobinurie.

Literatur

Hänsch, G.M. The homologous species restriction of the complement attack: structure and function of the C8 binding protein. *Curr. Topics Microbiol. Immunol.* 140: 108, **1988**

Hänsch, G.M., Schönermark, S. und Roelcke, D. Paroxysomal nocturnal hemoglobinuria type III: lack of an erythrocyte membrane protein restricting the lysis by C5b-9. *J. Clin. Invest.* 80: 7, **1987**

Schultz, D.R. Erythrocyte membrane protein deficiencies in paroxysomal nocturnal hemoglobinuria. *Am. J. Med.* 87: 3-22N. **1989**

Zalman, L.S. Homologous restriction factor. *Curr. Topics Microbiol. Immunol.* 178: 87, **1992**

Antwort 72

a) Ein Patient, dessen Urin rot gefärbt ist, hat Hämoglobin im Urin, was sich u.a. durch eine erhöhte Lyse von Erythrozyten erklären läßt. Der „decay accelerating factor" DAF ist ein Protein, welches mit Hilfe eines Glykophosphatidylinositol-Ankers (Abbildung A72-1) in der Erythrozytenmembran verankert ist. Fehlt dieser Anker, wird auch der DAF auf der Membran fehlen. Da Ihr Patient UDP-N-Acetylglucosamin nicht in Glykolipide überführt, ist die Biosynthese des Glykophosphatidylinositol-Ankers defekt.

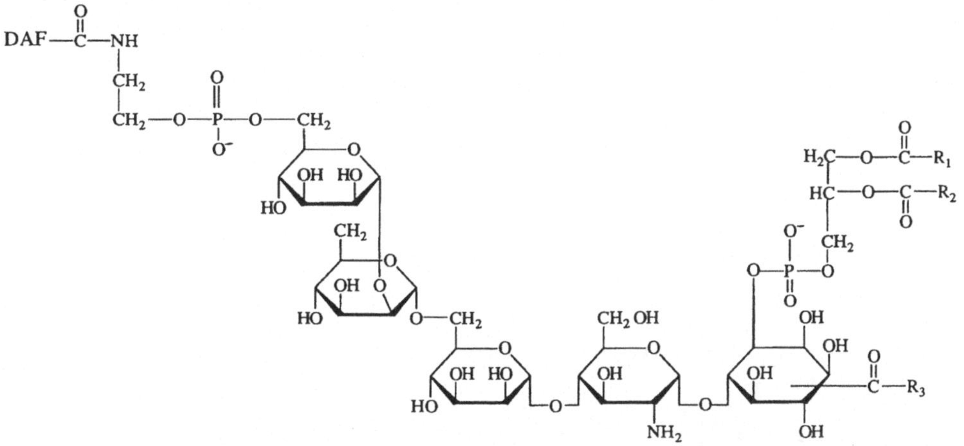

Abbildung A72-1: Die Struktur von Glykophosphatidylinositol. Es ist nicht genau bekannt, wo die Fettsäuren an den Inositolrest geknüpft sind.

Sie werden bemerken, daß im Anker drei Fettsäurereste enthalten sind. Zwei von ihnen sind Bestandteil des Phosphatidylinositols, während die dritte an nicht genau bekannter Position direkt am Inositol gebunden ist. Die Funktion dieser dritten Fettsäure ist unklar. Andere GPI-Anker enthalten diese dritte Fettsäure nicht. Eine Möglichkeit wäre eine regulatorischen Funktion dieser dritten Fettsäure. Normalerweise kann die Phospholipase C zwischen Ethanolamin und dem Phosphatrest spalten, wodurch das gebundene Protein freigesetzt wird. Ist die dritte Fettsäure hingegen vorhanden, kann die Phospholipase C diese Funktion nicht übernehmen. Ein zweites Enzym, die Deacylase, ist notwendig, um diese Fettsäure zu entfernen und so der Phospholipase C die Möglichkeit zu eröffnen, ihre Arbeit aufzunehmen.

b) Der Syntheseweg des Glykophosphatidylinositols ist in Abbildung A72-2 zusammengefaßt. Der erste Schritt beinhaltet den Transfer von N-Acetylglucosamin von UDP auf Phosphatidylinositol, wodurch ein Glykolipid entsteht. Dieser Schritt ist bei Ihrem Patienten defekt. Im letzten Schritt werden die C-terminalen 28 Aminosäuren des DAF entfernt. Dadurch bildet Serin[319] den neuen C-Terminus. Das Glykophosphatidylinositol wird an diesen Serinrest geknüpft. Das Signal für diese Reaktion mit dem Glykophosphatidylinositol bilden 17 hydrophobe Aminosäuren (Rest 331-347) und zwei kleine Aminosäuren (Ser[319] und Gly[320]) an der Spaltungs- und Verknüpfungsstelle.

c) Der „decay accelerating factor" (DAF) ist auf der äußeren Erythrozytenmembran lokalisiert. Er bindet an C3b oder C4b, die versehentlich an der Membran gebunden haben.

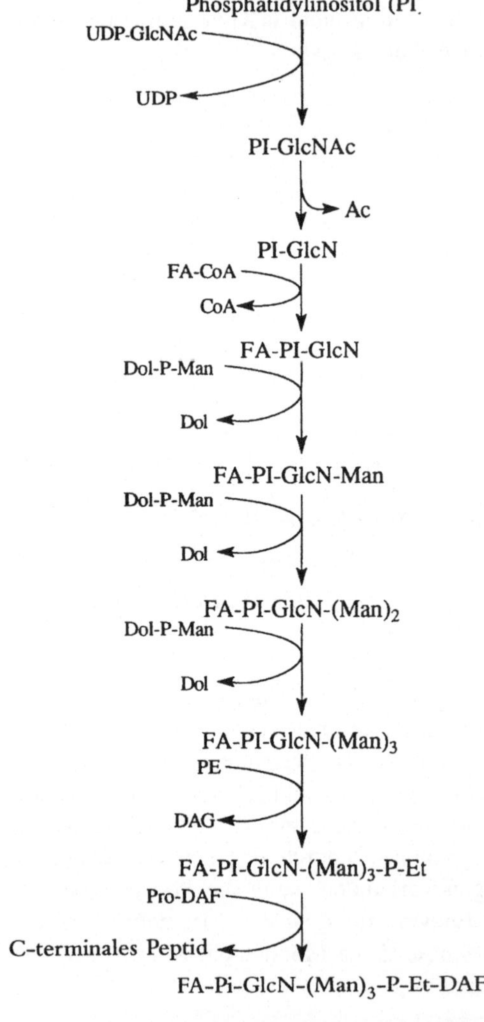

Abbildung A72-2: Biosynthese des Glykophosphatidylinositols. Die Entfernung der Acetylgruppe wird durch die Hydrolyse von GTP getrieben. Abkürzungen: Ac: Acetyl, DAF: „decay accelerating factor", DAG: Diacylglycerol, Dol: Dolichol, Et: Ethanolamin, FA: Fettsäure, GlcN: Glucosamin, GlcNac: N-Acetylglucosamin, M: Mannose, P: Phosphat, PE: Phosphatidylethanolamin, PI: Phosphatidylinositol. Einige Details des Stoffwechselweges sind nicht vermerkt.

Durch die Bindung an diese Faktoren verhindert der DAF die Ausbildung der C3-Konvertase, deren Aktivität zur Lyse der Erythrozyten führen könnte. Nicht mehr als 70 Moleküle des Membran-gebundenen DAF können die Zusammensetzung des C4bC2a-Komplexes, der C3 in C3a und C3b spaltet, vollständig verhindern. C3b bindet an die nahe gelegenste Membran und vermittelte dadurch eine Adhäsion zu Zellen der Immunabwehr, wodurch gewisse Leukozyten an C3b binden und die Zellen vernichten können, die durch C3b markiert sind. C3b kann auch mit dem C4b2a-Komplex zusammen die C5-Konvertase bilden. Dieser Komplex spaltet C5 zu C5a und C5b. C5b bildet zusammen mit C6, C7, C8 und C9 den Membran-Angriffs-Komplex (MAC), der eine Zielzelle zu lysieren vermag. Unter normalen Umständen binden C4b2a und der Membran-Angriffs-Komplex an der ursprünglichen Zielzelle, einem Pathogen, welches durch einen Antikörper erkannt wurde. Die große Anzahl von Erythrozyten im Blut eröffnet jedoch die Möglichkeit, daß C4b oder C2a von Ihrem Bildungsort weg diffundieren und an die Erythrozytenmembran binden können. Da die Proteine der Komplementkaskade diese Veränderung nicht selbst registrieren können, resultiert aus einer solchen versehentlichen Bindung an die Erythrozyten eine Lyse derselben. An dieser Stelle tritt der DAF ins Spiel. Normalerweise ist er auf Erythrozytenmembranen gegenwärtig und verhindert die Ausbildung des C4b2a-Komplexes. Die Erythrozyten werden dadurch vor einer Lyse geschützt. Ihrem Patienten fehlt der DAF, die Schutzfunktion entfällt. Im Falle einer Krankheit, wenn sein Immunsystem größere Mengen aktivierter Komplementfaktoren produziert, werden einige von diesen an Erythrozyten haften und diese zur Lyse bringen. Aus diesem Grund verfärbt sich sein Urin im Krankheitsfall rot. Warum dies hauptsächlich nachts geschieht, ist nicht bekannt.

Ihr Patient hat eine paroxysmale nächtliche Hämoglobinurie.

Literatur

Armstrong, C., Schubert, J., Ueda, E., Knez, K.K., Gelperin, D., Hirose, S., Silber, R., Hollan, S., Schmidt, R.E., und Medof, M.E. Affected paroxysmal nocturnal hemoglobinuria T lymphocytes harbor a common defect in assembly of N-acetyl-D-glucosamine inositol phospholipid corresponding to that in class A thy-1⁻ murine lymphoma mutants. *J. Biol. Chem.* 267, 25347, **1992**

Davitz, M.A. Decay accelerating factor (DAF): a review of its function and structure. *Acta Med. Scand., Suppl.* 715, 111, **1987**

Doering, T.L., Masterson, W.J., Hart, G.W. und Englund, P.T. Biosynthesis of glycosyl phosphatidylinositol membrane anchors. *J. Biol. Chem.* 265, 611, **1990**

Englund, P.T. The structure and biosynthesis of glycosyl phosphatidylinositol protein anchors. *Annu. Rev. Biochem.* 62: 121, **1993**

Hillmen, P., Bessler, M., Mason, M.J., Watkins, W.M. und Luzzatto, L. Specific defect in N-acetylglucosamine incorporation in the biosynthesis of the glycosylphosphatidylinositol anchor in cloned cell lines from patients with paroxysmal nocturnal hemoglobinuria. *Proc. Natl. Acad. Sci. USA* 90: 5272, **1993**

Hirose,S. Prince, G.M., Sevlever, D., Ravi, L., Rosenberry, T.L., Ueda, E. und Medof, M.E. Characterization of putative glycoinositol phospholipid anchor precursors in mammalian cells. Localization of phosphoethanolamine *J. Biol. Chem.* 267: 24611, **1992**

Kamitani, T., Menon, A.K., Hallaq, Y., Warren, C.D. und Yeh, E.T.H. Complexity of ethanolamine phosphate addition in the biosynthesis of glycosylphospahtidalinositol anchors in mammalian cells. *J. Biol. Chem.* 267, 24611, **1992**

McConville, M.J. und Ferguson, M.A.J. The structure, biosynthesis, and function of glycosylated phosphatidylinositols in the parasitic protozoa and higher eukaryotes. *Biochem. J.* 294: 305, **1993**

Moran, P. und Caras, I.W. A nonfunctional sequence converted to a signal for glycophosphatidyl-inositol membrane anchor attachement. *J. Cell Biol.* 115: 329, **1991**

Moran, P., Raab, H., Kohr, W.J. und Caras, I.W. Glycophospholipid membrane anchor attachment. Molecular analysis of the clevage/attachment site. *J. Biol. Chem.* 266: 1250, **1991**

Puoti, A. und Conzelmann, A. Characterization of abnormal free glycophosphatidylinositols accumulating in mutant lymphoma cells of classes B,E,F, and H. *J. Biol. Chem.* 268: 7215, **1993**

Stevens, V.L. Regulation of glycophosphatidylinositol biosynthesis by GTP. Stimulation of N-Acetylglucosamine-phosphatidylinositol deacetylation. *J. Biol. Chem.* 268: 9718, **1993**

Takahashi, M., Takeda, J., Hirose, S., Hyman, R., Inoue, N., Miyata, T., Ueda, E., Kitani, T., Medof, M.E. und Kinoshita, T. Deficient biosynthesis of N-acetylglucosaminyl-phosphatidylinositol, the first intermediate of glycosylphosphatidylinositol anchor biosynthesis, in cell lines established from patients with paroxysmal nocturnal hemoglobinuria. *J. Exp. Med.* 177: 517, **1993**

Takeda, J., Miyata, T., Kawagoe, K., Iida, Y., Endo, Y., Fujita, T., Takahashi, M., Kitani, T. und Kinoshita, T. Deficiency of the GPI anchor caused by a somatic mutation of the PIG-A gene in paroxysomal nocturanl hemoglobinuria. *Cell* 73: 703, **1993**

Tartakoff, A.M. und Singh, N. How to make a glycoinositol phospholipid anchor. *Trends Biochem. Sci.* 17: 470, **1992**

Antwort 73

a) Durch einen Vergleich der Nukleotidabfolge ist ersichtlich, daß eine Deletion der Basen 717 bis 850 (oder 716-849) vorliegt:

Patient:	ACAAAGGA	TCTTCAGCTTTGAGATC
Normal:	ACAAAGGAAAGCCTGGGCCGT.....ATCTTCAGCTTTGAGATC	
	7	8
	0	5
	9	0

b) Sie müssen die Nukleotidsequenz in die zugehörige RNA und dann in das Protein übersetzen:

DNA:	ACA	AAG	GAA	AGC	CTG	GGC	CGT
RNA:	ACA	AAG	GAA	AGC	CUG	GGC	CGU
Protein:	Thr	Lys	Glu	Ser	Leu	Gly	Arg

C1s spaltet hinter dem Lysinrest. Auf der Ebene der Nukleotidsequenz liegt dies zwischen Position 714 und 715.

c) So sieht die Sequenz bei Ihrem Patienten aus:

DNA:	ACA	AAG	GAT	CTT	CAG	CTT	TGA	GAT	C
RNA:	ACA	AAG	GAU	CUU	CAG	CUU	UGA	GAU	C
Protein:	Thr	Lys	Glu	Leu	Gln	Leu	STOP		

Aus der Deletion von 133 oder 134 Basenpaaren (Beide Zahlen sind nicht durch 3 teilbar.) resultiert eine Leserahmenverschiebung, die zu einer anderen Aminosäureabfolge und zu einem Stopcodon führt. Da die aktive Form des C2 hinter der C1s-Spaltstelle liegt, fällt bei Ihrem Patienten ein „aktiviertes" C2 von nur vier Aminosäuren an (Glu-Leu-Gln-Leu). Dies ist inaktiv und nicht im ELISA nachweisbar, da der im ELISA verwendete Antikörper gegen aktives C2 gerichtet ist. Es handelt sich um einen monoklonalen Antikörper; alle Moleküle haben dieselbe Spezifität. Da er sowohl die aktive Form von C2 als auch die inaktive Vorstufe erkennt, muß sein Epitop in der Region von C2 liegen, in der auch das aktive Enzym verborgen liegt. Dies ist auf der C-terminalen Seite der C1s-Spaltstelle. Dieses Epitop ist durch die Deletion verloren gegangen.

Ihr Patient hat einen C2-Komplementmangel vom Typ I.

Literatur

Johnson, C.A., Densen, P., Hurford, R.K., Colten, H.R. und Wetsel, R.A. Type I human complement C2 deficiency: a 28-base pair gene deletion causes skipping of exon 6 during RNA splicing. *J. Biol. Chem.* 267: 9347, **1992**

Antwort 74

a) Die Proteinsequenz in der unmittelbaren Umgebung der Mutation lautet:

Ihr Patient:

DNA:	GAC	GTG	GCC	ATC	GAG	ATG	ATC	AAA	GAA	GGC
RNA:	GAC	GUG	GCC	AUC	GAG	AUG	AUC	AAA	GAA	GGC
Prot.:	Asp	Val	Ala	Ile	Glu	Met	Ile	Lys	Glu	Gly

Normal:

DNA	GAC	GTG	GCC	ATC	AAG	ATG	ATC	AAA	GAA	GGC
RNA:	GAC	GUG	GCC	AUC	AAG	AUG	AUC	AAA	GAA	GGC
Prot.:	Asp	Val	Ala	Ile	Lys	Met	Ile	Lys	Glu	Gly

Durch einen Vergleich der Proteinsequenz einer gesunden Person mit der Sequenz eines anderen *scr*-Proteins (p60^{src}) verdeutlicht, daß wir auf korrespondierende Regionen schauen:

Normal:	Asp	Val	Ala	Ile	Lys	Met	Ile	Lys	Glu	Gly
src:	His	Val	Ala	Ile	Lys	Thr	Leu	Lys	Pro	Gly

Das Experiment mit dem anderen *src*-Protein zeigt, daß ATP an oder nahe des Lys^{295} bindet. Aus dem Vergleich der Sequenzen geht hervor, daß die veränderte Aminosäure im Protein Ihres Patienten in einer äquivalenten Region des Proteins liegt. Es ist daher sehr wahrscheinlich, daß das mutierte Enzym nicht aktiv ist, da es nicht in der Lage ist, ATP zu binden.

b) Proteinkinasen vom *src*-Typ sind häufig in Entwicklungs- und Differenzierungsprozesse involviert. Ein inaktives Protein kann Entwicklungsprozesse stören. Auch der Reifungsprozeß von Prä-B-Zellen zu B-Zellen kann unterbunden sein.

Ihr Patient hat eine X-chromosomal-rezessive Agammaglobulinämie.

Literatur

Kamps, M.P., Taylor, S.S: und Sefton, B.M. Direct evidence that oncogenic tyrosine kinases and cyclic AMP-dependent protein kinase have homologous ATP-binding sites. *Nature* 310: 589, **1984**

Vetrie, D., Vorechovsky, I., Sideras, P., Holland, J., Davies, A., Flinter, F., Hammarström, L., Kinnon, C., Levinsky, R., Bobrow, M., Smith, C.I.E. und Bentley, D.R. The gene involved in X-linked agammaglobulinaemia is a member of the src family of protein-tyrosine kinases. *Nature* 361: 226, **1993**

Antwort 75

a) Betrachten wir zunächst die Proteinsequenz in der Umgebung der identifizierten Mutation:

Ihr Patient:

DNA:	CGA	GAC	CTG	GCA	GCT	CAA	AAC	TGT	TTG	GTA	AAC
RNA:	CGA	GAC	CUG	GCA	GCU	CAA	AAC	UGU	UUG	GUA	AAC
Prot.:	Arg	Asp	Leu	Ala	Ala	Gln	Asn	Cys	Lu	Val	Asn

Normal:

DNA:	CGA	GAC	CTG	GCA	GCT	CGA	AAC	TGT	TTG	GTA	AAC
RNA	CGA	GAC	CUG	GCA	GCU	CGA	AAC	UGU	UUG	GUA	AAC
Prot.:	Arg	Asp	Leu	Ala	Ala	Arg	Asn	Cys	Leu	Val	Asn

Vergleicht man die Sequenz der normalen Person mit der Sequenz der Serin/Threonin- und Tyrosin-Kinasen, erhalten Sie:

Normal:	Arg	Asp	Leu	Ala	Ala	Arg	Asn	Cys	Leu
Tyr-Kinase:		Asp	L/V	Ala	X		Arg	Asn	
Tyr-Kinase:		Asp	Leu	Arg	X		Ala	Asn	
Ser/Thr-Kinase:		Asp	Leu	Lys	Pro		Glu	Asn	

Die Mutation liegt eindeutig in einer Region, in der sich Serin/Threonin- und Tyrosin-Kinasen voneinander unterscheiden. Sollten Sie dies noch nicht gewußt haben, würden Sie schließen, daß Ihr Protein aufgrund der Sequenzhomologie eher eine Tyrosin-Kinase als eine Serin/Threonin-Kinase ist. Bei dieser Region handelt es sich vermutlich um die Region, wo das Substrat bindet. Eine Änderung in den Substratbindungseigenschaften kann zu einer Inaktivierung des Enzyms führen. Die Mutation Arg → Gln kommt in keiner der bekannten Kinasen vor. An dieser Stelle steht entweder ein Arginin, ein Alanin oder ein Glutamat. Bei den Tyrosinkinasen scheint an einer Position zwischen dem Aspartat und dem Asparagin ein Argininrest notwendig zu sein. Das Protein Ihres Patienten hat kein Arginin in dieser Region. Es ist daher nicht überraschend, daß dieses Protein nicht funktionell ist.

b) Proteinkinasen vom *src*-Typ sind häufig in Entwicklungs- und Differenzierungsprozesse involviert. Ein inaktives Protein kann Entwicklungsprozesse stören. Auch der Reifungsprozeß von Prä-B-Zellen zu B-Zellen kann unterbunden sein.

Ihr Patient hat eine X-chromosomal-rezessive Agammaglobulinämie.

Literatur

Hanks, S.K., Quinn, A.M. und Hunter, T. The protein kinase family: conserved features and deduced phylogeny of the catalytic domains. *Science* 241: 42, **1988**

Vetrie, D., Vorechovsky, I., Siders, P., Holland, J., Davies, A., Flinter, F., Hammarström, L., Kinnon, C., Levinsky, R., Bobrov, M., Smith, C.I.E. und Bentley, D.R. The gene involved in X-linked agammagloblulinemia is a member of the src family of protein-tyrosine kinases. *Nature* 361: 226, **1993**

Antwort 76

a) Lysozym spaltet Polysaccharide bestimmter Bakterienzellwände. Dies erhöht die Anfälligkeit der betroffenen Bakterien gegenüber einer Lyse. Aufgrund dieser Wirkung schützt uns Lysozym gegenüber Bakterien.

b) Alle normalen Lysozyme haben entweder Isoleucin, Leucin oder Valin an dieser Position. Offensichtlich wird diese Position von einer hydrophoben Aminosäure bestimmter Größe belegt. Threonin verursacht ein Problem, obwohl es etwa gleich groß ist. Dies kann also nicht die Ursache sein, wohl aber die Tatsache, daß Threonin eine Hydroxylgruppe enthält. Setzt man in Abbildung P76-1 einen Threoninrest anstelle des Isoleucinrestes, ergibt sich leicht eine Wasserstoffbrückenbindung zwischen Threonin^{56} und Serin^{36} (Abbildung A76-1), wie durch die gestrichelte Linie angedeutet. Die daraus resultierende Stabilisierung des Proteins könnte seine Lebenszeit verlängern oder eine Polymerisation erleichtern und so die Krankheit verursachen.

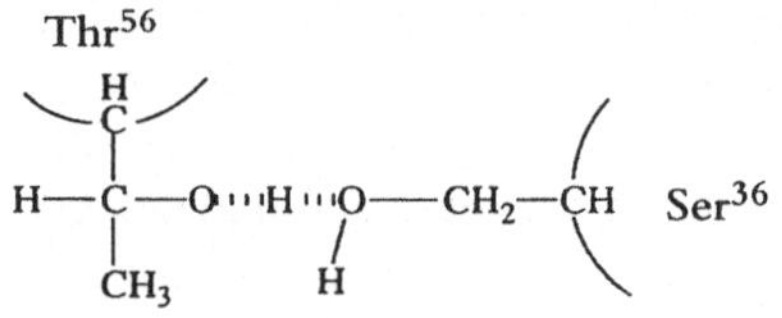

Thr^{56}

$$\text{H—C—O}\cdots\text{H}\cdots\text{O—CH}_2\text{—CH} \quad \text{Ser}^{36}$$

Abbildung A76-1: Eine mögliche Wasserstoffbrückenbindung im mutierten Lysozym.

Ihr Patient hat eine angeborene systemische Amyloidose ohne Neuropathie. (Ostertag-Typ).

Literatur

Pepys. M.B., Hawkins, P.N., Booth, D.R., Vigushin, D.M., Tennent, G.A., Soutar, A.K., Totty, N., Nhuyen, O., Blake, C.C.F., Terry, C.J., Feest, T.G., Zalin, A.M. und Hsuan, J.J. Human lysozyme gene mutations cause hereditary systemic amyloidosis. *Nature* 362: 553, **1993**

Antwort 77

a) Protein X (33 kD) ist der Rezeptor für CD40. Es ermöglicht den T-Zellen, B-Zellen zu aktivieren. Es heißt TRAP („TNF-related activation protein") und ist auf der Membran der T-Zelle zu finden. Dabei erfolgt nach Bindung von TRAP an CD40, welches auf der Membran der B-Zelle ist, der Wechsel in der Immunglobulinsynthese vom IgM zu den anderen Immunglobulintypen.

b) Zunächst wird die Mutation identifiziert:

Codon Nummer:	35	36	37
Ihr Patient:			
DNA:	CAG	AGG	ATT
RNA:	CAG	AGG	AUU
Protein:	Gln	Arg	Ile
Kontrollperson:			
DNA:	CAG	ATG	ATT
RNA:	CAG	AUG	AUU
Protein:	Gln	Met	Ile

Bei Ihrem Patienten findet sich im Protein X anstelle eines Methioninrestes ein Arginin. Dies passiert in einer Transmembrandomäne. Das Einführen eines geladenen Restes in eine hydrophobe Transmembrandomäne verursacht wahrscheinlich größere Veränderungen in dem Protein. So könnte zum Beispiel das Protein nicht mehr in der Membran verankert werden.

c) Die Interaktion von T-Zellen und B-Zellen ist notwendig, um diese über das Stadium der IgM-Synthese weiter voran zu bringen. Ohne die Hilfestellung der T-Zellen wechseln die B-Zellen nicht von der IgM-Synthese zur Synthese anderer Immunglobuline. Eine Immundefizienz und ein Überfluß an IgM sind die Folge.

Ihr Patient hat eine X-chromosomale Immundefizienz bei gleichzeitigem Hyper-IgM-Syndrom.

Literatur

Allen, R.C., Armitage, R.J., Conley, M.E., Rosenblatt, H., Jenkins, N.A., Copeland, N.G., Bedell, M.A., Edelhoff, S., Disteche, C.M., Simoneaux, D.K., Fanslow, W.C., Belmont, J. und Spriggs, M.K. CD40 ligand gene defects responsible for X-linked hyper-IgM syndrome. *Science* 259: 990, **1993**

DiSanto, J.P., Bonnefoy, J.Y., Gauchat, J.F., Fischer, A. und deSaint Basile, G. CD40 ligand mutations in X-linked immunodeficiency with hyper-IgM. *Nature* 361: 541, **1993**

Korthäuer, U., Graf, D., Mages, H.W., Brière, F., Padayachee, M., Malcolm, S., Ugazio, A.G., Notarangelo, L.D., Levinsky, R.J. und Kroczek, R.A: Defective expression of T-cell CD40 ligand causes X-linked immunodeficieny with hyper-IgM. *Nature* 361: 539, **1993**

Lunge

Problem 78-79

Problem 78

Ihr Patient ist ein 40-jähriger, männlicher Nichtraucher mit einem Emphysem. Sie führen eine Lungenspülung durch und messen die Elastaseaktivität. Diese ist sehr viel höher, als man es für eine gesunde Person erwarten würde. Mit Hilfe eines chromatographischen Verfahrens entfernen Sie die Elastaseaktivität aus der Flüssigkeit. Sie geben dann käuflich zu erwerbende Elastase zu der Lösung und messen erneut die Elastaseaktivität. Die Ergebnisse sind in Tabelle P78-1 aufgelistet.

a) Welches Protein ist bei Ihrem Patienten in seiner Funktion beeinträchtigt? Was macht dieses Protein?

b) Warum hat Ihr Patient ein Emphysem?

Tabelle P78-1

Lungenspülung	Elastaseaktivität in % zur Kontrolle
Ihr Patient	500
Vergleichsperson	100

Problem 79

Tabakrauch enthält Oxidantien, welche einige Methioninreste in α_1-Antitrypsin oxidieren. Einer von ihnen ist Met^{358}.

a) An welches Protein bindet α_1-Antitrypsin normalerweise?

b) Wie kann die Änderung im Met^{358} zu einer Beschädigung der Lungenbläschen führen? Welche Erkrankung ruft dies hervor?

Antwort 78

a) Nachdem Sie mit Hilfe einer chromatographischen Methode aus der bronchoalveolar Flüssigkeit Ihres Patienten und einer Kontrollperson die endogene Elastase entfernt haben, geben Sie käuflich erworbene Elastase zu der Waschlösung und messen die Elastaseaktivität. Bei Ihrem Patienten erhalten Sie sehr viele größere Aktivitäten als in der Kontrolle. Dies bedeutet, daß bei Ihrem Patienten ein Inhibitor defekt sein muß. Der wichtigste Inhibitor der Elastase in den Alveolen ist α_1-Antitrypsin. Damit ist α_1-Antitrypsin das Protein, welches wahrscheinlich defekt ist. α_1-Antitrypsin ist ein Inhibitor für eine Reihe von Serinproteasen, wie z.B. Trypsin, Chymotrypsin, Elastase, Cathepsin G, Kollagenase, Plasmin und Thrombin. Elastase ist dabei der wichtigste Interaktionspartner. Die Inhibition erfolgt unter Komplexbildung mit der Protease.

b) Elastase spaltet Elastin, die Hauptkomponente der elastischen Fasern. Diese Fasern sind in der Lunge von herausragender Bedeutung, leiten sie doch das Zusammenziehen der Alveolen nach dem Ausatmen ein. Sind die elastischen Fasern beschädigt, verlieren die Alveolen ihre Elastizität, der Gasaustausch ist gefährdet und es entsteht ein Emphysem.

Literatur

Cox, D. α_1-Antitrypsin deficiency. C.R. Scriver, A.L. Beaudet, W.S. Sly und D. Valle (Hrsg.) The Metabolic Basis of Inherited Disease. New York: McGraw-Hill, **1989**, Vol. II, Kap. 96, S. 2409

Antwort 79

a) α_1-Antitrypsin ist ein Inhibitor für eine Reihe von Serinproteasen, wie z.B. Trypsin, Chymotrypsin, Elastase, Cathepsin G, Kollagenase, Plasmin und Thrombin. Am besten wird durch α_1-Antitrypsin jedoch die leukozytäre Elastase inhibiert.

b) Normalerweise bindet die Seitenkette des Met^{358} des α_1-Antitrypsins in die Substratbindungstasche der Elastase (Abbildung A79-1). Die Peptidbindung, die zu spalten ist, liegt zwischen Met^{358} und Ser^{359}. Bisher ist unbekannt, warum α_1-Antitrypsin ein Inhibitor ist und nicht ein Substrat. Die Peptidbindung wird nicht gespalten und α_1-Antitrypsin bleibt an die Protease gebunden. Durch Oxidation von Met^{358} wird Methionin zu Methionsulfoxid überführt, welches zu groß ist, um in die Substratbindungstasche der Elastase zu passen. Die Seitenkette wird durch die Aminosäuren Thr^{213}, Val^{216} und Thr^{226} behindert. Daher ist α_1-Antitrypsin nicht mehr in der Lage, Elastase zu inhibieren. Um genau zu sein, die Bindungsaffinität nimmt um den Faktor 2000 ab. Auf diese Weise wird die Aktivität von α_1-Antitrypsin durch Tabakrauch eingeschränkt. Zusätzlich wird durch den Tabakrauch die Makrophagenpopulation in den Alveolen vergrößert. Diese Zellen sekretieren eine chemotaktischen Faktor, der Leukozyten anzieht.

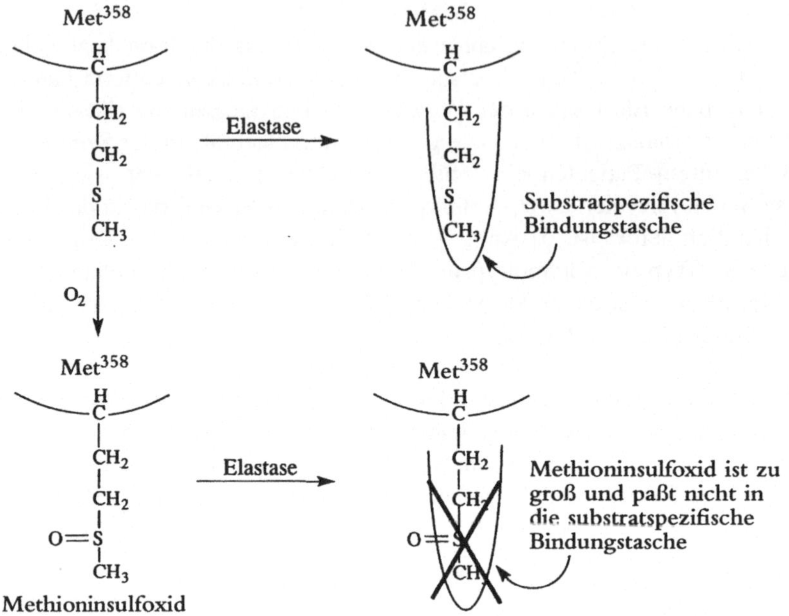

Abbildung A79-1: Die Oxidation von Met[358] blockiert die Interaktion von α_1-Antitrypsin mit der Elastase.

Da Leukozyten Elastase abgeben, wird in der Summe die Aktivität der Elastase stark erhöht. Elastase baut Elastin ab, die Alveolen verlieren ihre Elastizität. Ein Emphysem ist die Folge.

Literatur

Beatty, K., Bieth, J. und Travis, J. Kinetics of association of serine proteinases with native and oxidized α-1-proteinase inhibitor and α-1-antichymotrypsin. *J. Biol. Chem.* 255, 3931, **1980**

Carrell, R.W., Jeppsson, J.-O., Laurell, C.B., Brennan, S.O., Owen, M.C., Vaughan, L. und Boswell, D.R. Structure and variation of human α_1-antitrypsin. *Nature* 298: 329, **1982**

Cox, D. α_1-Antitrypsin deficiency. C.R. Scriver, A.L. Beaudet, W.S. Sly und D. Valle (Hrsg.) The Metabolic Basis of Inherited Disease. New York: McGraw-Hill, **1989**, Vol. II, Kap. 96, S. 2409

Laskowski, M. und Kato, I. Protein inhibitors of proteinases. *Annu. Rev. Biochem.* 49: 593, **1980**

Loebermann, H., Tokuoka, R., Deisenhofer, J. und Huber, R. Human α_1-Proteinase inhibitor: crystal structure analysis of two crystal modifications, molecular model and preliminary analysis of the implications for function. *J. Mol. Biol.* 177: 531, **1984**

Bindegewebe

Problem 80-83

Problem 80

Die Haut Ihrer Patientin ist sehr weich und extrem dehnbar. Sie zeigt darüber ein Skolioseder Wirbelsäule. Eine Biopsie der Haut und des Knorpels ergibt, daß die Menge an Hydroxylysin im Kollagen der Haut anormal gering ist, im Kollagen des Knorpels hingegen normal.

a) Welches Enzym ist defekt? Beschreiben Sie, was es normalerweise macht.

b) Welchen Kollagentyp bevorzugt das Enzym? (Seien Sie genau! Benutzen Sie die römische Nummerierung der Kollagene!)

c) Warum führt der Defekt im genannten Enzym zu anomalem Kollagen?

d) Welches Vitamin benötigt das Enzym als Cofakor? Warum müssen wir dieses mit der Nahrung aufnehmen? (Anders ausgedrückt: Welches Enzym fehlt uns, um das Vitamin selbst herzustellen?)

Problem 81

Ihre Patientin hat sehr weiche Haut, eine seit der Geburt dislozierte Hüfte und extrem weit auslenkbare Gelenke. Sie nehmen ihre Fibroblasten in Kultur und bemerken, daß sie eine teilweise gespaltene Form an Prokollagen akkumulieren. Im Detail stellen Sie fest, daß das aminoterminale Propeptid nicht entfernt wird. Sie sequenzieren die mRNA für Prokollagen α2(I) und stellen fest, daß in den Zellen zwei verschiedene Formen exprimiert werden. Teilweise liest sich die Sequenz wie folgt (Nehmen Sie an, daß die erste Base den Beginn eines Codons markiert!):

1:      GGCCCCCCUGGUCUCGGUGGGAACUUUGCUGCUCAGUAUGAUGGAAA
        AGGAGUUGGACUUGGCCCUGGACCAAUGGGCUUAAUGGGA

2:      GGCCCCCCUGGUCUCGGUGGGGGGCUUAAUGGGA

mRNA 1 repräsentiert die normale Form, während mRNA 2 eine anormale Deletion darstellt. Stellen Sie fest, wo diese liegt! Sie isolieren daraufhin das Gen für Procollagen α2(I) aus Ihrem Patienten und sequenzieren es. Dabei ergibt sich, daß die Abfolge der Exons exakt der Sequenz der mRNA 1 entspricht. Betrachten Sie hingegen die Intronsequenz, finden Sie (Die Exonsequenz ist in großen Buchstaben dargestellt.):

Patient: CAGTATGACGGAAAAGGAGTTGGACTTGGCCCTGGACCAATGgcatgcttatctg
Normal: CAGTATGACGGAAAAGGAGTTGGACTTGGCCCTGGACCAATGgtatgcttatctg

Außerdem sind Sie in der Lage, die N-terminale Region der Tropokollagen α2(I)-Kette zu sequenzieren. Die Sequenz lautet beginnend mit dem N-Terminus:

Gln-Tyr-Asp-Gly-Lys-Gly-Val-Gly-Leu-Gly-Pro-Gly-Pro-Met

Beschreiben Sie die Ethiologie des Problems von der anormalen Sequenz im Intron bis zu den schlecht organisierten Kollagenfasern Ihrer Patientin.

Problem 82

Ihre Patientin ist 28 Jahre alt, bekommt sehr leicht blaue Flecke und hat extrem ausdehnbare Gelenke. So kann sie zum Beispiel ihre Finger soweit umbiegen, bis diese den Handrücken erreichen. Sie finden heraus, daß ihre Blutplättchen in Gegenwart von Kollagen nicht aggregieren, wie es normalerweise der Fall ist. Geben Sie hingegen zusätzlich Fibronektin hinzu, aggregieren die Blutplättchen in Gegenwart von Kollagen.

a) Welches Protein ist bei Ihrer Patientin defekt?

b) Wie erklärt dieser Defekt die auslenkbaren Gelenke?

c) Wie erklärt der Defekt die Neigung zu blauen Flecken?

Problem 83

Einer Ihrer Patienten verstarb kürzlich im Alter von 33 Jahren an einem Aortenaneurysma. Sie klonierten einen Teil seiner DNA und identifizierten das Gen für Fibrillin. Sie sequenzierten das gesamte Gen und vergleichen es mit der Fibrillinsequenz einer gesunden Kontrollperson. Ein Teil der Sequenz liest sich wie folgt:

Codon-Nummer:	237	238	239	240	241
Kontrollperson:	AGT	TAC	CGC	TGT	GAA
Ihr Patient:	AGT	TAC	CCC	TGT	GAA

a) Spekulieren Sie, wie sich die Mutation auf die Struktur des Proteins auswirken könnte.

b) Wie erklärt die Veränderung im Fibrillin das Aortenaneurysma?

c) Wissenschaftler versuchen zur Zeit, DNA aus dem Haar von Abraham Lincoln zu klonieren und nach einer ähnlichen Mutation zu suchen. Welche Charakteristika von Abraham Lincoln könnten durch eine solche Mutation erklärt werden?

Antwort 80

a) Die Lysylhydroxylase hydroxyliert bestimmte Lysinreste im Kollagen. Für diese Reaktion, wie sie in Abbildung A80-1 gezeigt ist, wird außerdem Ascorbinsäure und Fe^{2+} benötigt. Die hydroxylierten Lysinreste liegen dabei immer auf der Aminoseite eines Glycinrestes. Insbesondere das Kollagen IV stellt ein gutes Substrat dar.

Lysin + α-Ketoglutarat $\xrightarrow[\text{Ascorbinsäure, } Fe^{2+}]{\text{Lysyl-Hydroxylase}, \ O_2, \ CO_2, H^+}$ Hydroxylysin + Succinat

Abbildung A80-1: Die Reaktion der Lysylhydroxylase.

b) Die Lysylhydroxylase bevorzugt als Substrat die Kollagene I, III, IV und vielleicht V.

c) Hydroxylysin bildet stabilere Querverbindungen als Lysin aus. Die Hydroxylgruppe stellt auch eine Glykosylierungsstelle dar. Die so in das Molekül eingebrachten Zuckerreste könnten eine Rolle bei der Regulation der Quervernetzung spielen. Bei dieser werden Lysin- und Hydroxylysinreste zu Allysin und Hydroxyallysin überführt, bevor diese untereinander und mit Histidenresten reagieren können. Die Querverbindungen stabilisieren das Kollagen.

d) Der Cofaktor ist Ascorbinsäure oder Vitamin C. Die Ascobinsäure wird dazu verwandt, das benötigte Fe^{2+} im reduzierten Zustand zu halten. Einigen Organismen, darunter auch den Menschen, fehlt das Enzym Gulono-γ-lacton-Oxidase, welches den letzten Schritt in der Ascorbinsäuresynthese katalysiert (Abbildung A80-2). Für diese Organismen stellt Ascorbinsäure ein Vitamin dar. Auf den ersten Blick läßt sich keine Regel erkennen, aus der hervorgeht, welche Organismen das Enzym besitzen und welchen es fehlt. So fehlt es den Fischen, den Insekten und vielen Invertebraten. Amphibien und Reptilien sowie viele Vögel (aber nicht alle) haben das Enzym. Unter den Säugetieren gehören die Kuh, die Ratte, die Ziege und das Schaf zur ersten Gruppe, die Primaten (darunter auch die Menschen) und das Meerschweinchen zur zweiten Gruppe.

Ihre Patientin hat ein Ehlers-Danlos-Syndrom, Typ VI.

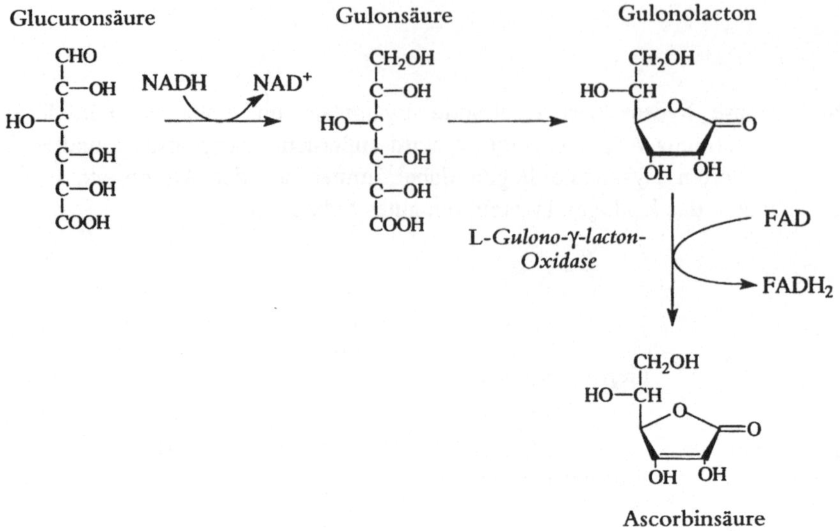

Glucuronsäure   Gulonsäure   Gulonolacton

$$L\text{-}Gulono\text{-}\gamma\text{-}lacton\text{-}Oxidase$$

Ascorbinsäure

Abbildung A80-2: Die Biosynthese der Ascorbinsäure bei Säugetieren (mit Ausnahme der Primaten).

Literatur

Bender, D.A. Nutritional Biochemistry of the Vitamins. Cambridge: Cambridge University Press, **1992**, S. 363

Byers, P.H. Disorders of collagen biosynthesis and structure. C.R. Scriver, A.L. Beaudet, W.S. Sly und D. Valle (Hrsg.) The Metabolic Basis of Inherited Disease. New York: McGraw-Hill, **1989**, Vol. II, Kap. 115, S. 2805

Eyre, D.R., Paz, M.A. und Gallop, P.M. Cross-linking in collagen and elastin. *Annu. Rev. Biochem.* 53: 717, **1984**

Nobile, S. und Woodhill, J.M. Vitamin C. The Mysterious Redox-System: A Trigger of Life? Lancaster, UK: MTP Press, **1981**, S. 12-19

Smith, E.L., Hill, R.L., Lehman, I.R., Lefkowitz, R.J., Handler, P. und White, A. Principles of Biochemistry: Mammalian Biochemistry. New York: McGraw-Hill, **1983**, S. 666-667

Antwort 81

Versuchen Sie zunächst, die Deletion in der Sequenz der mRNA 2 zu identifizieren. Vergleichen Sie dazu die beiden Sequenzen, bis diese voneinander abweichen. Schauen Sie dann auf die mRNA 2 an dieser Stelle und suchen Sie in mRNA 1, wo die nachfolgende Sequenz zu finden ist. Auf diese Weise finden Sie die Mutation:

1:     GGCCCCCCUGGUCUCGGUGGGAACUUUGCUGCUCAGUAUGAUGGAAA
       AGGAGUUGGACUUGGCCCUGGACCAAUGGGCUUAAUGGGA

2:     GGCCCCCCUGGUCUCGGUGGG   GGCUUAAUGGGA

Die Deletion hat die Sequenz:

AACUUUGCUGCUCAGUAUGAUGGAAAAGGAGUUGGACUUGGCCCUGGACCAA
UG

Bestimmen Sie dann, für welche Aminosäuren diese Sequenz kodiert:

mRNA:	AAC	UUU	GCU	GCU	CAG	UAU	GAU	GGA	AAA
Protein:	Asn	Phe	Ala	Ala	Gln	Tyr	Asp	Gly	Lys
	GGA	GUU	GGA	CUU	GGC	CCU	GGA	CCA	AUG
	Gly	Val	Gly	Leu	Gly	Pro	Gly	Pro	Met

Vergleichen Sie dann die Sequenz von Prokollagen (A) mit der N-terminalen Sequenz von Tropokollagen (B):

(A)	Asn	Phe	Ala	Ala	Gln	Tyr	Asp	Gly	Lys
(B)					Gln	Tyr	Asp	Gly	Lys
(A)	Gly	Val	Gly	Leu	Gly	Pro	Gly	Pro	Met
(B)	Gly	Val	Gly	Leu	Gly	Pro	Gly	Pro	Met

Während der Kollagenbiosynthese spaltet eine N-terminale Proteinase (Prokollagen-Aminopeptidase) das Prokollagen, wodurch Tropokollagen entsteht. Diese Spaltung findet offensichtlich in dem Bereich statt, der nach Ihrer Analyse beim Prokollagen Ihrer Patientin fehlt. Ohne diese Region, wie es bei Ihrer Patientin der Fall ist, ist keine Spaltstelle vorhanden. Das Prokollagen Ihres Patienten wird also nicht gespalten. Die Spaltung von Prokollagen führt zu Tropokollagen, welches sich spontan zu Kollagenfibern zusammenlagert. Ohne die Spaltung wird auch dieser Vorgang inhibiert sein und Ihre Patientin wird weiche Haut, extrem auslenkbare Gelenke und andere Gelenkprobleme haben.

Auf diese Weise haben Sie erklärt, wie die Mutation die Probleme verursacht. Was jedoch liegt der Deletion zugrunde? Dies ist eine faszinierende Frage, wird doch das Prokollagen vom Genom Ihres Patienten kodiert. Schauen wir uns die Exonstrukturen an:

Patient: CAG TAT GAC GGA AAA GGA GTT GGA CTT GGC CCT GGA CCA ATG gcatgcttatctg
Normal: CAG TAT GAC GGA AAA GGA GTT GGA CTT GGC CCT GGA CCA ATG gtatgcttatctg
mRNA: CAG UAUGAC GGA AAA GGA GUUGGA CUU GGC CCU GGA CCA AUG
Prot.: Gln Tyr Asp Gly Lys Gly Val Gly Leu Gly Pro Gly Pro Met

Eindeutig wird der deletierte Bereich von einem Exon kodiert. Die Deletion wurde also durch einen Fehler beim Spleißen hervorgerufen und ist nicht auf der Ebene der DNA lokalisiert. Der einzige Unterschied: Eine normale Person hat als erste Basen des Introns ein GT, bei Ihrem Patienten hingegen liegt ein GC vor. Es ist bekannt, daß für das Durchführen eines korrekten Spleißvorganges ein GT am 5'-Ende des Introns vorliegen muß, am 3'-Ende hingegen ein AG. Bei Ihrem Patienten fehlt das GT, das Spleißen erfolgt anormal und ein ganzes Exon wird deletiert.

Ihre Patientin hat ein Ehlers-Danlos-Syndrom, Typ VII.

Literatur

Byers, P.H. Disorders of collagen biosynthesis and structure. C.R. Scriver, A.L. Beaudet, W.S. Sly und D. Valle (Hrsg.) The Metabolic Basis of Inherited Disease. New York: McGraw-Hill, **1989**, Vol. II, Kap. 115, S. 2805

Weil, D., Bernard, M., Combates, N., Wirtz, M.K., Hollister, D.W. Steinmann, B. und Ramirez, F. Identification of a mutation that causes exon skipping during collagen pre-mRNA splicing in an Ehlers-Danlos syndrome variant. *J. Biol. Chem.* 263, 8561, **1988**

Wirtz, M.K., Glanville, R.W., Steinmann, B., Rao, V.H. und Hollister, D.W. Ehlers-Danlos syndrome type VIIB. Deletion of 18 amino acids comprising the N-telopeptide region of a pro-α2(I) chain. *J. Biol. Chem.* 262: 16376, **1987**

Antwort 82

a) Da der Defekt durch die Zugabe von Fibronektin aufgehoben werden kann, ist das defekte Protein Fibronektin.

b) Fibronektin ist ein wichtiges Protein (440 kD) der extrazellulären Matrix und vermittelt die Adhäsion von Kollagenfasern an bestimmte Zellen. Ein Defekt im Fibronektin zieht einen Verlust an Adhäsion zu Kollagen nach sich. Das Kollagen ist schlechter organisiert. Die Gelenke lassen sich weiter auslenken als üblich.

c) Die Plättchen aggregieren schlecht und können nicht an Kollagen und andere Oberflächen binden. Der Verschluß kleiner Wunden ist beeinträchtigt und eine erhöhte Blutungsneigung die Folge.

Ihre Patientin hat ein Ehlers-Danlos-Syndrom, Typ X.

Literatur

Arneson, M.A., Hammerschmidt, D.E., Furcht, L.T. und King, R.A. A new form of Ehlers-Danlos syndrome. *JAMA* 244, 144, **1980**

Byers, P.H. Disorders of collagen biosynthesis and structure. C.R. Scriver, A.L. Beaudet, W.S. Sly und D. Valle (Hrsg.) The Metabolic Basis of Inherited Disease. New York: McGraw-Hill, **1989**, Vol. II, Kap. 115, S. 2805

Antwort 83

a) Zunächst wird die Mutation identifiziert:

Codon Nummer:	237	238	239	240	241

Kontrollperson:

DNA:	AGT	TAC	CGC	TGT	GAA
RNA:	AGU	UAC	CGC	UGU	GAA
Protein:	Ser	Tyr	Arg	Cys	Glu

Ihr Patient:

DNA:	AGT	TAC	CCC	TGT	GAA
RNA	AGU	UAC	CCC	UGU	GAA
Protein:	Ser	Tyr	Pro	Cys	Glu

Der Austausch eines Argininrestes gegen einen Prolinrest kann eine α-Helix unterbrechen und die Sekundärstruktur eines Proteines verändern. Die Mutation liegt auch in einem Abschnitt von 40 Aminosäuren, der 34-mal in der gesamten Sequenz als (nicht ganz perfekte) Wiederholung auftritt. Der wichtige Bereich dieser Sequenz ist unten wiedergegeben. Fünf Aminosäuren sind angegeben, Aminosäuren, die in bestimmten Wiederholungen auftreten, sind untereinander angegeben. Die Konsensussequenz ist als erste Zeile dargestellt.

a	b	c	d	e
Gly	Ser	Tyr	Arg	Cys
	Gly	Phe	Lys	
	Thr		Glu	
	Leu		Gln	
	Lys		Thr	
	Asp		Ile	
	Glu		Tyr	
	Asn		Asn	
			Met	
			His	
			Leu	

Obwohl die genaue Rolle dieser Sequenz im Fibrillin nicht bekannt ist, fällt auf, daß in keiner der Wiederholungen ein Prolinrest vor dem Cystinrest (an Position d) steht. Dies stärkt die Argumentation, daß ein Prolin an dieser Stelle schwere Folgen haben kann.

Fibrillin hat einige weitere merkwürdige Eigenschaften. Es enthält die seltenen Aminosäuren Hydroxyaspartat und Hydroxyasparagin. Es bindet auch Calciumionen, wobei die Bedeutung dieser Beobachtung unklar ist. Interessanterweise liegt die Mutation in dem Bereich, der Calciumionen bindet. Sollte die Calciumbindung eine wichtige Rolle spielen, würde eine Veränderung dieses Bereiches mit der Calciumbindung in Konflikt geraten. Die Funktion von Fibrillin könnte dadurch beeinträchtigt werden.

b) Fibrillin formt Mikrofibrillen aus, an denen die elastischen Fasern gebildet werden. Eine Veränderung des Fibrillins könnte die Ausbildung der elastischen Fasern verhindern. Da die Aorta das wichtigste Gewebe ist, welches elastische Fasern enthält, könnte eine Schwächung der Fasern ein Aneurysma verursachen.

c) Fibrillin ist ein Protein des Bindegewebes. Obwohl die Rolle des Fibrillins nicht genau geklärt ist, liegt es im Bereich des Möglichen, daß eine Veränderung des Proteins zur Entwicklung langer Extremitäten und Finger führen könnte, wie sie auch Lincoln hatte. Fibrillin wird im Periost gefunden, einer Struktur, die das Knochenwachstum durch das Aufrechterhalten einer mechanischen Spannung beschränkt. Wird das Periost während einer Operation entfernt, wird das Knochenwachstum stimuliert. Es könnte sein, daß ein ähnliches Knochenwachstum bei Personen auftritt, die ein defektes Fibrillin haben.

Ihr Patient hat das Marfan-Syndrom.

Literatur

Corson, G.M., Chalberg, S.C., Dietz, H.C., Charbonneau, N.L. und Sakai, L.Y. Fibrillin binds calcium and is coded by cDNAs that reveal a multidomain structure and alternatively spliced exons at the 5' end. *Genomics* 17: 476, **1993**

Dietz, H.C., Cutting, G.R., Pyeritz, R.E., Maslen, C.L., Sakai, L.Y., Corson, G.M., Puffenberger, E.G., Hamosh, A., Nanthakumar, E.J., Curristin, S.M., Stetten, G., Meyers, D.A. und Francomano, C.A. Marfan syndrome caused by a recurrent de novo missence mutation in the fibrillin gene. *Nature* 352: 337, **1991**

Dietz, H.C., McIntosh, I., Sakai, L.Y., Corson, G.M., Chalberg, S.C., Pyeritz, R.E. und Francomano, C.A. Four novel FBN1 mutations: significance for mutant transcript level and EGF-like domain calcium binding in the pathogenesis of Marfan syndrome. *Genomics* 17: 468, **1993**

Maslen, C.L. und Glanville, R.W. The molecular basis of Marfan syndrome. *DNA Cell Biol.* 12: 561, **1993**

McKusick, V.A. Abraham Lincoln and Marfan syndrome, *Nature* 352: 280, **1991**

Muskel

Problem 84-89

Problem 84

Ihr Patient hat eine Muskeldystrophie vom Typ Duchenne. Seine Muskelfunktionen haben sich seit seinem dritten Lebensjahr ständig verschlechtert. Seit seinem 13. Lebensjahr ist er an den Rollstuhl gefesselt. Er ist geistig zurückgeblieben und wird vermutlich an einer Störung des Herz-Kreislauf-Systems versterben, bevor er 20 Jahre alt ist.

a) Ihr Patient hat ein defektes Protein mit einem Molekulargewicht von über 400 kD. Wie nennt man dieses Protein? Beschreiben Sie die Struktur des Proteins.

b) Welche Funktion übernimmt dieses Protein bei einer gesunden Person?

c) Wo ist das Protein lokalisiert (Organe, subzelluläre Lokalisation)?

d) Wenn die Funktion des Proteins wichtig für die Muskelfunktionen ist, warum war Ihr Patient bis zum Alter von einem Jahr symptomfrei? Hinweis: Schlagen Sie in der Veröffentlichung von Tinsley et al., Nature 360 (1992) Seite 591 nach.

Anmerkung: Die Antwort zur Teilfrage b ist noch ungesichert. Trotzdem können Sie einige begründete Spekulationen anstellen.

Problem 85

Zwei Ihrer Patienten haben eine Muskeldystrophie vom Typ Becker. Patient 1 ist 61 Jahre alt, hat eine Muskelschwäche und benötigt einen Stock zum Gehen. Er ist geistig im Vollbesitz seiner Kräfte und auch der Herzmuskel ist nicht beeinträchtigt. Mit Hilfe eines Antikörpers gegen Dystrophin stellen Sie fest, daß dieses Protein in normalen Mengen vorliegt, jedoch kleiner als normal ist. In der Tat finden sie beim Sequenzieren des Gens, daß es eine Deletion trägt, die 32% des Genes ausmacht. Die Deletion reicht vom ersten bis zum dreizehnten Tripelhelixsegment.

Patient 2 ist ein dreizehn Jahre alter Junge mit leichter Muskelschwäche und einer Neigung zu Krämpfen. Wenn Sie das Dystrophin betrachten und sein Molekulargewicht bestimmen, finden Sie 600 kD. Normales Dystrophin hat 427 kD. Das Dystrophin-Gen Ihres Patienten 2 hat eine Duplikation im zentralen Tripelhelixbereich. Die Duplikation betrifft den Bereich vom 3. bis zum 17. Tripelhelixsegment.

a) Spekulieren Sie, warum die Erkrankungen Ihrer Patienten verhältnismäßig mild ausfallen.

b) Spekulieren Sie, warum sie überhaupt Symptome entwickeln.

Problem 86

Ihre Patientin und ihre Eltern sind gerade erst aus Marokko eingewandert. Das zweijährige Mädchen leidet unter einer schweren Muskeldystrophie. Sie führen bei dem Kind eine Muskelbiopsie durch und untersuchen das Material mittels einer immunhistochemischen Untersuchung mit einem Dystrophin-Antikörper. Dystrophin ist vorhanden und scheint innerhalb des Muskels richtig verteilt zu sein, d.h., es ist mit dem Sarkolemm assoziiert. Aufgrund seiner Eigenschaften, mit dem Antikörper zu reagieren, und aufgrund seiner Beweglichkeit im elektrischen Feld scheint das Molekül normal zu sein.

a) Unter der Annahme, daß das Dystrophin normal ist, welche(s) Protein(e) fehlt(en) dann bei Ihrer Patientin?

b) Welche Rolle könnte dieses Protein haben?

Problem 87

Ihr Patient wurde vor kurzem operiert. Bei diesem schweren Eingriff stand er unter Vollnarkose. Kurz nach der Operation entwickelte er eine Tachykardie und seine Temperatur stieg an. Seine Muskulatur versteifte sich. Endlich gelingt es Ihnen, die Symptome unter Kontrolle zu bringen. Anschließend nehmen Sie eine Muskelbiopsie vor. Aus dem so gewonnenen Material präparieren Sie Vesikel des sarkoplasmatischen Retikulums. Diese beladen Sie mit radioaktiv markiertem Calcium. Sie verdünnen anschließend die Vesikel in einem Puffer und messen die Freisetzung von Calcium. Im Vergleich zu einer normalen Person wird bei Ihrem Patienten das Calcium sehr viel schneller freigesetzt.

a) Wie verursacht die Freisetzung von Calcium aus dem sarkoplasmatischen Retikulum eine Versteifung der Muskeln? Warum kommt es zu einem Anstieg der Körpertemperatur? Welche Funktion könnte das Protein haben, welches bei Ihrem Patienten verändert ist?

b) Welches Bindungsverhalten erwarten Sie in Bezug auf eine normale Person, wenn Sie Ryanodin, ein pflanzliches Alkaloid, das an Calciumkanäle bindet, zu den Vesikeln Ihres Patienten geben.

c) Eine ähnliche Erkrankung kommt bei Schweinen vor, die sich durch Attacken unter Stresssituation manifestiert. Es gibt Spekulationen, daß Züchter durch den Versuch, mageres Fleisch zu erhalten, das defekte Gen selektiert haben. Erklären Sie dies.

d) Einer Ihrer Kollegen, ein Veterinärmediziner, hat das sarkoplasmatische Retikulum von normalen und erkrankten Schweinen isoliert. Er beobachtet, daß Trypsin ein 86-kD-Peptid von den Vesikeln normaler Schweine freisetzt. Dieses Peptid wird von einem Antikörper erkannt, der bekannterweise mit dem Ryanodinrezeptor interagiert. Bei den erkrankten Schweinen wird dieses Peptid aus dem sarkoplasmatischen Retikulum nicht freigesetzt. Die N-terminale Sequenz dieses Peptids lautet: Ser-Asn-Gln-Asp-Leu-Ile-Glu-Asn-Leu.
 Nach der Sequenzierung der Gene aus normalen und kranken Schweinen zeigt sich folgendes:

Codon Nummer:	613	614	615	616	617	618	619	620
Normal:	GCC	GTG	CGC	TCC	AAC	CAA	GAT	CTC
Krank:	GCC	GTG	TGC	TCC	AAC	CAA	GAT	CTC

Erklären Sie mit Hilfe dieser Information, wie die Mutation den Defekt des Proteins verursachen kann. Die Antwort ist nicht genau bekannt, spekulieren Sie daher!

Problem 88

Ihre Patientin ist ein zehnjähriges Mädchen, das kurz nach einer körperlichen Anstrengung phasenweise eine Paralyse entwickelt. Diese dauert selten länger als eine Stunde und ist durch die Unfähigkeit zum Aufstehen oder Überrollens gekennzeichnet. Im Serum findet sich während des Anfalls eine erhöhte Kaliumkonzentration. Sie nehmen eine Muskelbiopsie vor und sequenzieren das Gen für ihren Tetrodotoxin-sensitiven Natriumkanal (siehe Abbildung P88-1). In dem Gen stellen Sie bei Ihrer Patientin eine Mutation fest. Die Sequenz, die Sie bestimmt haben, ist nachfolgend im Vergleich zur Sequenz einer normalen Person und zu einer Vielzahl von Natriumkanälen anderer Organismen wiedergegeben:

Patient: Tyr-Ile-Ile-Ile-Ser-Phe-Leu-Ile-Val-Val-Asn-Val-Tyr-Ile-Ala-Ile-Ile-Leu
Normal: Tyr-Ile-Ile-Ile-Ser-Phe-Leu-Ile-Val-Val-Asn-Met-Tyr-Ile-Ala-Ile-Ile-Leu
Ratte: Tyr-Ile-Ile-Ile-Ser-Phe-Leu-Ile -Val-Val-Asn-Met-Tyr-Ile-Ala-Ile-Ile-Leu
Aal: Tyr-Ile-Ile-Ile-Ser-Phe-Leu-Val-Val-Val-Asn-Met-Tyr-Ile-Ala-Val-Ile-Leu
Fliege: Tyr-Leu-Val-Ile-Ser-Phe-Leu-Ile-Val-Ile-Asn-Met-Tyr-Ile-Ala-Ile-Ile-Leu

Patch-clamp-Analysen ergeben, daß der Natriumkanal Ihres Patienten vergleichsweise länger geöffnet ist, als dies normalerweise der Fall ist.

a) In welcher Domäne des Proteins sitzt die Mutation?

b) Warum hat eine solch scheinbar kleine Mutation einen so großen Effekt auf das Protein?

c) Wie verursacht das mutierte Protein die Paralyse?

Abbildung P88-1: Die Struktur von Tetrodotoxin.

Problem 89

Im Alter von 25 Jahren begannen sich in der Kornea Ihres Patienten faserige Ablagerungen zu bilden. Mitte 40 begannen die oberen Gesichtsmuskeln Anzeichen einer Paralyse zu entwickeln. Jetzt ist er 72. Seine Gesichtshaut und die auf dem Rücken hängt in losen Falten herab. Er leidet unter starkem Juckreiz. Sie nehmen von den faserigen Ablagerungen aus der Niere eine Biopsie und sequenzieren den Peptidanteil. Die N-terminale Sequenz lautet:

Ala-Thr-Glu-Val-Pro-Val-Ser-Trp-Glu-Ser-Phe-Asn-Asn-Gly

Mit Hilfe molekularbiologischer Techniken sequenzieren Sie das Gen für Gelsolin aus Ihrem Patienten. Im Vergleich zu einer gesunden Person zeigt sich dabei folgendes Bild:

Patient:	CGT	GCC	ACC	GAG	GTA	CCT	GTG	TCC	TGG
	GAG	AGC	TTC	AAC	AAT	GGC	AAC	TGC	TTC
Normal:	CGT	GCC	ACC	GAG	GTA	CCT	GTG	TCC	TGG
	GAG	AGC	TTC	AAC	AAT	GGC	GAC	TGC	TTC

Eine vollständige Analyse zeigt eine sich wiederholende Sequenz von etwa 125 bis 150 Aminosäureresten auf. Sechs solcher Domänen kommen vor. Die erste dieser Domänen wurde kristallisiert und die dreidimensionale Struktur aufgeklärt. Aus dieser kann die Struktur der anderen Domänen abgeleitet werden. Aus diesem Grund läßt sich die in Abbildung P89-1 wiedergegebene Struktur im Inneren der zweiten Domäne vorhersagen.

a) Wie läßt sich mit Hilfe dieser Kenntniss erklären, daß die Mutation zu faserigen Ablagerungen führt?

b) Welche Funktion hat Gelsolin?

c) Warum betrifft diese Mutation nicht alle Zellen Ihres Patienten?

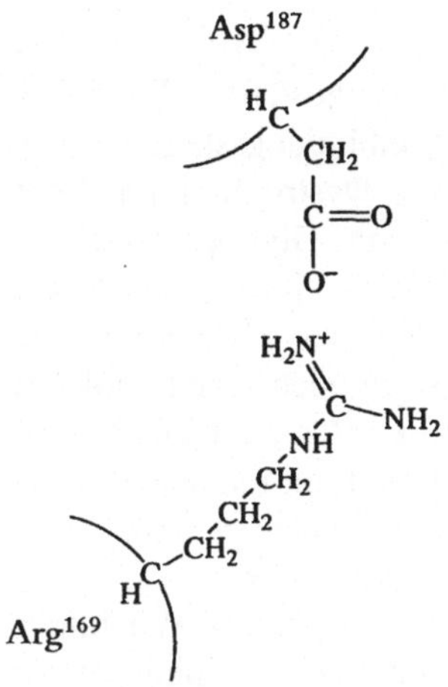

Abbildung P89-1: Ein Strukturausschnitt im Inneren des Gelsolins.

Antwort 84

a) Das fehlende Protein heißt Dystrophin und hat ein Molekulargewicht von 427 kD. Der offene Leserahmen des Gens kodiert für ein Protein von 3685 Aminosäuren. Etwa 200 Aminosäuren des N-Terminus zeigen eine Ähnlichkeit zur Aktinbindungsstelle des α-Actinins. Dies läßt vermuten, daß der entsprechende Bereich des Dystrophins an Aktin bindet. Der C-Terminus des Proteins scheint in die Bindung an Glykoproteine der Muskelmembran involviert zu sein. Im C-Terminus findet man auch einen Bereich, der einem Transmembranabschnitt ähnelt, was darauf hinweist, daß der C-Terminus im Sarkolemm verankert ist. Im zentralen Bereich fallen 24 bis 26 sich wiederholende Abschnitte von 88 bis 126 Aminosäuren auf, die vermutlich eine α-helikale „Coiled-coil"-Struktur aufweisen. Das Dystrophinmolekül ist 110 nm lang und 2 nm breit und ähnelt einer Hantel. Wahrscheinlich bildet es Tetramere aus, die seitlich aneinander gelagert sind.

b) Die Funktion von Dystrophin ist abschließend noch nicht vollständig geklärt. Wir führen hier einige Möglichkeiten auf. Es könnte in die Organisation der dünnen Filamente der Sarkomeren oder in die Verankerung dieser an die Membran der transversalen Tubuli involviert sein. Dystrophin bildet Komplexe mit einem Glykoprotein der Membran aus. Dieses Glykoprotein ist an das Protein Laminin der extrazellulären Matrix gebunden, wohingegen der intrazelluläre Teil des Dystrophins Kontakt zum intrazellulären Aktin hat. Auf diese Weise nimmt Dystrophin an der Verbindung intra- und extrazellulärer Strukturproteine teil. Eine Beeinträchtigung der Dystrophinfunktion führt so zur Desorganisation des Zytoskeletts und beeinträchtigt dessen Orientierung zur extrazellulären Matrix. Die Eigenschaften des Sarkolemms verändern sich auf diese Weise, die Muskelzellen sterben ab. Eine Muskelatrophie ist die Folge. Eine Möglichkeit ist, daß bei häufiger Belastung das Sarkolemm aufgrund der fehlenden Ankerfunktion des Dystrophins Schaden nimmt.

c) Dystrophin wird größtenteils in Muskeln gefunden, wie z.B. den Skelett- und Herzmuskeln sowie dem glatten Muskel. Im Skelettmuskel ist die Konzentration etwa 10-mal größer als in den beiden anderen Typen. Sehr viel geringere Mengen als in Muskeln sind im Gehirn, der Niere und der Lunge gefunden worden. Noch weniger zu finden ist in Leber, Milz, Plazenta und Fibroblasten. In Muskeln ist es auf der cytoplasmatischen Seite des Sarkolemms zu finden.

d) Es gibt ein Dystrophin-verwandtes Protein, welches Utrophin genannt wird und im foetalen Muskel gebildet wird. Es hat insbesondere im C-Terminus eine Sequenz, die der des Dystrophins sehr ähnlich ist. Die beiden Proteine sind dort zu 80% identisch. Das ist die Region, wo die Dystrophin-assoziierten Glykoproteine binden. Die Bindung dieser Proteine scheint ein wichtiger Faktor für die Funktion des Dystrophins zu sein. Es ist denkbar, daß Utrophin im Neugeborenen Dystrophin ersetzen kann. Mit zunehmendem Alter nimmt die Utrophinexpression ab und wird durch die des Dystrophins ersetzt. Ist dieses in seiner Funktion gestört, entstehen die Probleme.

Literatur

Ervasti, J.M. und Campbell, K.P. A role of the dystrophin-Glykoprotein complex as a transmembrane linker between laminin and actin. *J. Cell Biol.* 22, 809, **1993**

Love, D.R. und Davies, K.E. Duchenne muscular dystrophy: the gene and the protein. *Mol. Biol. Med.* 6: 7, **1989**

Sato, O., Nonomura, Y., Kimura, S. und Maruyama, K. Molecular shape of dystrophin. *J. Biochem.* 112: 631, **1992**

Tinsley, J.M., Blake, D.J., Roche, A., Fairbrother, U., Riss, J., Byth, B.C., Knight, A.E., Kendrick-Jones, J., Suthers, G.K., Love, D.R., Edwards, Y.H. und Davies, K.E. Primary structure of dystrophin-related protein. *Nature* 360: 591, **1992**

Antwort 85

a) Dystrophin ist ein Protein, welches andere Proteine des muskulären Cytoskeletts, wie z.B. Aktin und bestimmte Glykoproteine der Membran verbindet. Fehlt das Dystrophin, treten gravierende Fehlfunktionen des Muskels auf, welche Muskeldystrophie vom Typ Duchenne genannt werden. Die Bereiche des Dystrophins, welche Aktin und die Glykoproteine binden, befinden sich an den Enden des Moleküls. In beiden Fällen trägt das Dystrophin noch die Aktin- und die Glykoproteinbindungsstellen und kann seine Funktion erfüllen.

b) Beim Patienten 1 fehlt eine interessante Region zwischen der dritten und vierten Wiederholung. Dieser Bereich (von Rest 668 bis 717) enthält fünf Prolinreste hintereinander, wodurch die Fortsetzung einer α-Helix unmöglich ist. Dies ist daher ein guter Bereich für eine Gelenkregion, durch die eine gewisse Flexibilität erreicht wird und sich die Aktinfilamente während der Muskelkontraktion neu anordnen können. Patient 1 fehlt diese Gelenkregion, sein Dystrophin könnte weniger flexibel sein, als es sollte. Man kann sich gut vorstellen, daß dadurch auf das Sarkolemm und dessen Membran während der Kontraktion eine zusätzliche Belastung wirkt, die letztlich zur Zerstörung der Membran und zum Zelltod führt. Es könnte auch die Organisation der Aktinfilamente beeinträchtigen, die Kontraktion behindern und dadurch zur Schwäche kommen.

Obwohl der Patient 2 die Schlüsselstellen, also die Aktin- und die Glykoproteinbindungsstellen, besitzt, ist die dazwischenliegende mittlere Region stark erweitert. Insbesondere die Gelenkregion (Rest 668 bis 717) ist dupliziert. Enthält sein Dystrophin eine zusätzliche Gelenkregion, könnte es zu weich sein, um die Aktinfilamente und die extrazelluläre Matrix korrekt zueinander anzuordnen. Auch dies könnte zu einer zusätzlichen Belastung der Membran und zur Beschädigung der Muskelzelle führen.

Literatur

Angelini, C., Beggs, A.H., Hoffmann, E.P., Fanin, M. und Kunkel, L.M., Enormous dystrophin in a patient with Becker muscular dystrophy. *Neurology*, 40: 808, **1990**

England, S.B., Nicholson, L.V.B., Johnson, M.A., Forrest, S.M., Love, D.R., Zubrzycka-Gaarn, E.E., Bulman, D.E., Harris, J.B. und Davies, K.E. Very mild muscular dystrophy associated with the deletion of 46% of dystrophin. *Nature* 343: 180, **1990**

Koenig, M. und Kunkel, L.M. Detailed analysis of the repeat domain of dystrophin reveals four potential hinge segments that may confer flexibility. *J. Biol. Chem.* 265, 4560, **1990**

Love, D.R. und Davies, K.E. Duchenne muscular dystrophy: the gene and the protein. *Mol. Biol. Med.* 6: 7, **1989**

Antwort 86

a) Einigen Formen muskulärer Dystrophien (Becker und Duchenne) liegen Defekte des Proteins Dystrophin zugrunde. Bei dieser Patientin ist Dystrophin normal. Dies ist auch konsistent mit der Tatsache, daß Ihr Patient weiblich ist, da Dystrophindefekte X-chromosomal vererbt werden und primär Männer betreffen. Der Defekt liegt daher vermutlich bei einem Dystrophin-assoziierten Protein. Zu diesen gehört das Dystrophin-assoziierte Glykoprotein mit einem Molekulargewicht von 156 kD, auch Dystroglykan genannt, die Dystrophin-assoziierten Glykoproteine mit den Molekulargewichten 50 kD, 43 kD und 35 kD, sowie die Dystrophin-assoziierten Proteine der Größe 59 kD und 25 kD. Bei Ihrem Patienten fehlt, wie bei vielen anderen aus Nordafrika, das 50-kD-Dystrophin-assoziierte Glykoprotein.

b) Diese Dystrophin-assoziierten Proteine formen einen Transmembrankomplex. Dabei ist die Rolle, die jedes einzelne Protein in diesem Komplex spielt, nicht genau bekannt. Das 156 kD Protein soll auf der extrazellulären Seite liegen und Kontakt zu einem Protein der extrazellulären Matrix, Laminin, herstellen. Fehlt das 50-kD-Glykoprotein, zerfällt der Komplex und die Interaktion der Aktinfilamente mit der extrazellulären Matrix, welches die Hauptfunktion des Komplexes sein könnte, kommt nicht zustande. Interessanterweise sind die anderen Proteine auch im Sarkolemm vorhanden, wenn das 50 kD Protein fehlt. Es erscheint daher wahrscheinlich, daß das 50-kD-Protein eine wichtige Rolle bei der Organisation des Komplexes spielt.

Ihre Patientin hat eine schwere, kindliche autosomal rezessive Muskeldystrophie.

Literatur

Ben Hamida, M., Fardeau, M., Attia, N. Severe childhood muscular dystrophy affecting both sexes and frequent in Tunisia. *Muscle Nerve* 6: 469, **1983**

Ben Jelloun-Dellagi, Chaffey, P., Hentati, F., Ben Hamida, C., Tome, F., Colin, H., Dellagi, K., Kaplan, J.C., Fardeau, M. und Ben Hamida, M. Presence of normal dystrophin in Tunisian severe childhood autosomal recessive muscular dystrophy. *Neurology* 40: 1903, **1990**

Ervasti, J.M. und Campbell, K.P. Membrane organization of the dystrophin-Glykoprotein complex. *Cell* 66: 1121, **1991**

Matsumura, K., Tomé, F.M.S., Collin, H., Azibi, K., Chaouch, M., Kaplan, J.C., Fardeau, M. und Campbell, K.P. Defieciency of the 50K dystrophin-associated Glykoprotein in severe childhood autosomal recessive muscular dystrophy. *Nature* 359, 320, **1992**

Antwort 87

a) Calcium spielt eine wichtige Rolle bei der Muskelkontraktion. Durch seine Bindung an Troponin C führt es zu einer strukturellen Umlagerung des Tropomyosin-Aktin-Komplexes. Dadurch wird dem dünnen Filament die Möglichkeit zur Interaktion mit dem dicken Filament eröffnet. Calcium kann auch an Calmodulin binden und damit die Myosin-Leichtketten-Kinase aktivieren, welche die leichte Kette des Myosins (ein Bestandteil der dicken Filamente) phosphoryliert und so dessen Interaktion mit den dünnen Filamenten stimuliert. Darüber hinaus kann Calcium an die Phosphorylasekinase binden und diese aktivieren. Der Calcium/Calmodulin-Komplex aktiviert eine Proteinkinase, welche die Glykogen-Synthase mittels Phosphorylierung inhibiert. Durch diese beiden letzten Effekte wird der Abbau von Glykogen stark begünstigt und mehr Energie für die Kontraktion bereitgestellt.

Durch die hohe Calciumkonzentration in den Sarkomeren der Muskeln Ihres Patienten erfolgt eine maximale Interaktion von Aktin und Myosin (dünne und dicke Filamente) und damit eine maximale Kontraktion. Die Muskeln können, solange die Calciumkonzentration so hoch ist, nicht relaxieren. Die konstante Hydrolyse von ATP, ohne daß Arbeit geleistet würde, setzt einen nicht unerheblichen Wärmebetrag frei und führt zu einem Anstieg der Körpertemperatur.

Es wird spekuliert, daß das veränderte Protein in die Vermittlung des Calciumtransportes aus dem sarkoplasmatischen Retikulum in die Sarkomeren involviert ist. Das ist mit Ihrer Beobachtung konsistent, daß das sarkoplasmatische Retikulum Ihres Patienten Calcium nicht so gut halten kann. Bei Ihrem Patienten könnte das Protein derart verändert sein, daß zuviel Calcium in die Sarkomeren austritt.

b) Ryanodin bindet mit höherer Affinität an diese Vesikel. Ryanodin (Abbildung A87-1) stellt ein Alkaloid dar, welches in der Pflanze Ryania speciosa vorkommt und insektizide

Wirkung aufweist. Ryanodin bindet spezifisch an zwei Genprodukte, welche Calciumkanäle sind. Einer von ihnen wird im Skelettmuskel, der andere im Herzmuskel und im Gehirn exprimiert.

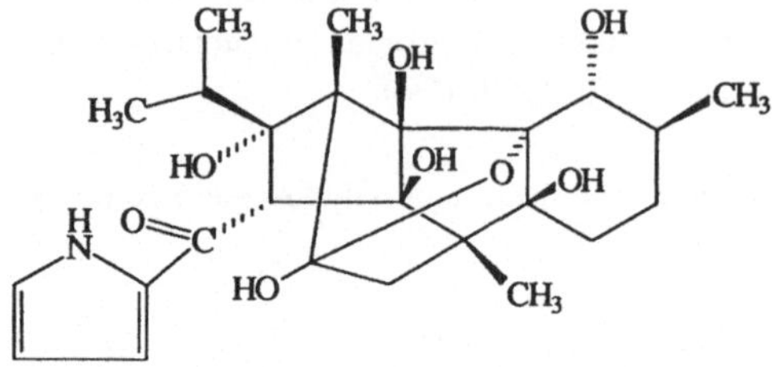

Abbildung A87-1: Die Struktur von Ryanodin.

c) Normalerweise hat dieser Gendefekt keine weitreichenden Folgen. Im Falle der Schweine ist es jedoch möglich, daß die erhöhte Sekretion von Calcium in das sarkoplasmatische Retikulum zu einer verstärkten Kontraktion und zu einem erhöhten Verbrauch an Energiereserven führt. Das wiederum führt zu einem magereren Fleisch. Durch die Züchtung auf mageres Fleisch könnten die Tierzüchter also solche Tiere selektionieren, die einen defekten Calciumkanal aufweisen.

d) Um zu verstehen, wie die Mutation solch schwere Folgen hat, müssen Sie zunächst die Veränderung der Aminosäuresequenz isentifiziere:

Codon Nummer: 613	614	615	616	617	618	619	620

Normale Schweine:

	613	614	615	616	617	618	619	620
DNA:	GCC	GTG	CGC	TCC	AAC	CAA	GAT	CTC
RNA:	GCC	GUG	CGC	UCC	AAC	CAA	GAU	CUC
Protein:	Ala	Val	Arg	Ser	Asn	Gln	Asp	Leu

Kranke Schweine:

	613	614	615	616	617	618	619	620
DNA:	GCC	GTG	TGC	TCC	AAC	CAA	GAT	CTC
RNA:	GCC	GUG	UGC	UCC	AAC	CAA	GAU	CUC
Protein:	Ala	Val	Cys	Ser	Asn	Gln	Asp	Leu

Die kranken Schweine weisen in Position 615 des Calciumkanals den Austausch eines Arginins gegen ein Cystein auf. Die Sequenz, welche hinter dem Arginin liegt, ist identisch zu der N-terminalen Sequenz des durch Trypsin vom sarkoplasmatischen Retikulum freigesetzten Peptids. Es ist bekannt, daß Trypsin hinter Lysin und Arginin spaltet. Durch die Mutation von Arginin zu Cystein wird die Trypsinspaltung und Freisetzung eines 86-kD-Peptids verhindert. Die Mutation liegt also an einer dem Trypsin zugänglichen Stelle des Calciumkanals. Vermutlich ist dies auf der externen, zytosolischen Seite des Kanalproteins. Ryanodin bindet an dieses Peptid und damit in dieser Region. Unterliegt der

Kanal der Einwirkung eines Regulators, so ist es sehr wahrscheinlich, daß die Bindung hier erfolgt. Durch die Mutation wird also die Fähigkeit zur Regulierbarkeit eingeschränkt und der Kanal könnte immer offen sein. Dies erklärt natürlich nicht die humane Erkrankung, deren Grundlage noch nicht gefunden wurde. Bei Ihrem Patienten sind die Vesikel des sarkoplasmatischen Retikulums signifikant durchlässiger für Calcium, auch wenn sie isoliert vorliegen und keinerlei andere zelluläre Bestandteile - also auch keine Regulatoren - ugegen sind. Eine weitere Möglichkeit ist, daß die Mutation die Struktur des Kanals beeinflußt, so daß der Kanal durchlässiger ist oder die Affinität des Kanalproteins für Calcium erhöht wurde.

Ihr Patient hat eine maligne Hyperthermie. Dies ist für Patienten, welche eine Vollnarkose erhalten, unter Umständen eine lebensbedrohende Erkrankung.

Literatur

Budavari, S. The Merck Index: An Encyclopedia of Chemicals, Drugs, and Biologicals, 11th Ed. Rahway, NJ: Merck & Co., Inc. **1989**, S. 1320

Fujii, J., Otsu, K., Zorzato, F., DeLeon, S., Khanna, V.J., Wiler, J.E., O'Brien, P.J. und Mac Lennan, D.H. Identification of a mutation in porcine ryanodine receptor associated with malignant hyperthermia. *Science* 253: 448, **1991**

Mac Lennan, D.H. und Phillips, M.S. Malignant hyperthermia. *Science* 256: 789, **1992**

Mickelson, J.R., Knudson, C.M., Kennedy, C.F.H., Yang, D.-I., Litterer, L.A., Rempel, W.E., Campbell, K.P. und Louis, C.F. Structural and functional correlates of a mutation in the malignant hyperthermia-susceptible pig ryanodine receptor. *FEBS Lett.* 301: 49, **1992**

Antwort 88

a) Es handelt sich um eine sehr hydrophobe Region, die vermutlich eine Transmembrandomäne darstellt, da es sich hier um ein Membranprotein handelt.

b) Die ganze Region ist während der Evolution gut konserviert worden. Gerade das Methionin, welches bei Ihrem Patienten mutiert ist, ist hoch konserviert. Vergleicht man die Sequenz dieses Proteins mit der von anderen Organismen, stellt man fest, daß einige Reste überhaupt nicht, andere nur geringfügig verändert worden sind, wie z.B. Val $\Leftrightarrow$ Ile oder Ile $\Leftrightarrow$ Leu. Dies unterstreicht den Schluß, daß der Austausch Met $\Leftrightarrow$ Val bei Ihrem Patienten schwerwiegende Folgen hat. Schon eine kleinere Veränderung an dieser Position hat wahrscheinlich weitreichende Folgen und kann die Funktion des Proteins unterbinden.

c) Das Signal, um eine Muskelkontraktion auszulösen, benötigt eine Depolarisation, welche an der Oberfläche des Muskel voranschreitet. In diesen Vorgang ist die schnelle Inaktivierung von Natriumkanälen involviert. Bleiben diese zu lange offen, arbeitet das System fehlerhaft und der Muskel wird das Signal zur Kontraktion nicht wahrnehmen. Es besteht außerdem ein klarer Zusammenhang zu den Serumkonzentration des Kaliums. So hat nicht nur eine erhöhte Kaliumaufnahme Attacken zur Folge, sondern auch Anstrengung und Fasten, die beide zu einem Anstieg der Kaliumkonzentration führen. Man nimmt hypothetischer Weise an, daß ein leichter Anstieg der Kaliumkonzentration eine Depolarisierung der Muskelzelle zur Folge hat. Bei einer gesunden Person kommt es daraufhin zum Eintritt kleinerer Natriummengen in die Zelle, bevor der Kanal inaktiviert. Bei Ihrem Patienten führt die mangelnde Fähigkeit des Kanals zur Inaktivierung zu einer verstärkten Depolarisierung. Auch der Kaliumausstrom aus der Zelle ist verstärkt, die Kaliumkonzentration im Serum steigt ebenfalls an. Eine positive Rückkopplungsschleife entsteht und das Problem verschlimmert sich.

Ihr Patient hat eine hyperkalämische periodische Paralyse (Adynamia episodica hereditaria).

Literatur

Cannon, S.C., Brown, R.H. und Corey, D.P. A sodium channel defect in hyperkalemic periodic paralysis: potassium-induced failure of inactivation. *Neuron* 6: 619: **1991**

Gamstrop, I. Adynamia episodica hereditaria. *Acta Paediatr.* 45: 657, **1956**

Rojas, C.V., Wang, J., Schwartz, L.S., Hoffman, E.P., Powell, B.R. und Brown, R.H. A Met-to-Val mutation in the skeletal muscle Na$^+$ channel α-subunit in hyperkalemic periodic paralysis. *Nature* 354, 387, **1991**

Stryer, L. Biochemie. Heidelberg, Spektrum Verlag, **1990**, S. 1049

Antwort 89

a) Um die Bedeutung der Mutation Ihres Patienten abschätzen zu können, übersetzten Sie die Nukleotidsequenz in die zugehörige Aminosäuresequenz:

Patient:

DNA:	CGT	GCC	ACC	GAG	GTA	CCT	GTG	TCC	TGG
RNA:	CGU	GCC	ACC	GAG	GUA	CCU	GUG	UCC	UGG
Prot.:	Arg	Ala	Thr	Glu	Val	Pro	Val	Ser	Trp

DNA:	GAG	AGC	TTC	AAC	AAT	GGC	AAC	TGC	TTC
RNA:	GAG	AGC	UUC	AAC	AAU	GGC	AAC	UGC	UUC
Prot.:	Glu	Ser	Phe	Asn	Asn	Gly	Asn	Cys	Phe

Gesunde Person:

DNA:	CGT	GCC	ACC	GAG	GTA	CCT	GTG	TCC	TGG
RNA:	CGU	GCC	ACC	GAG	GUA	CCU	GUG	UCC	UGG
Prot.:	Arg	Ala	Thr	Glu	Val	Pro	Val	Ser	Trp

DNA:	GAG	AGC	TTC	AAC	AAT	GGC	GAC	TGC	TTC
RNA:	GAG	AGC	UUC	AAC	AAU	GGC	GAC	UGC	UUC
Prot.:	Glu	Ser	Phe	Asn	Asn	Gly	Asp	Cys	Phe

Durch einen Vergleich mit der Sequenz von Gelsolin werden Sie diese Sequenz als den Bereich von Aminosäurerest 172 bis 189 identifizieren. Ihr Patient weist eine Mutation in Position 187 auf, wodurch ein Aspartat zu einem Asparagin (Abbildung A89-1) verändert wurde. Warum hat eine solche zunächst geringfügig erscheinende Mutation so schwere Folgen?

Die Röntgenstrukturanalyse der ersten Gelsolindomäne zeigt, daß Arginin[45] und Aspartat[66] in der Tertiärstruktur nahe beieinander liegen. Vermutlich gilt dies auch für Arginin[169] und Aspartat[187]. Zwischen beiden Resten besteht eine Ionenbindung. Dies ist die einzige Möglichkeit für diese beiden Aminosäuren, im Innern eines Proteins zu existieren. Die Mutation von Aspartat[187] zu einem Asparaginrest, welcher ungeladen ist, hinterläßt Arginin[169] ohne Bindungspartner. Arginin[169] muß daher nun auf die Oberfläche des Proteins, was mit einer Konformationsänderung des Proteins verbunden ist und zu einer leichteren proteolytischen Abbaubarkeit oder zu vermehrter Aggregation führen kann. Um dies besser zu verstehen, vergleichen Sie die Sequenz des Gelsolins (1. Zeile), welche die Mutation trägt, und die N-terminale Sequenz des Proteins, welches Sie aus den Fasern Ihres Patienten isoliert haben (2. Zeile):

172	173	174	175	176	177	178	179	180	181	182	183	184	185	186	187
Arg	Ala	Thr	Glu	Val	Pro	Val	Ser	Trp	Glu	Ser	Phe	Asn	Asn	Gly	Asp
	Ala	Thr	Glu	Val	Pro	Val	Ser	Trp	Glu	Ser	Phe	Asn	Asn	Gly	

Ganz eindeutig wurde das Peptid durch eine Spaltung hinter der Aminosäure 172 freigesetzt. Die Spaltung an dieser Stelle ist nicht überraschend, gibt es doch eine Reihe proteolytisch wirksamer Enzyme im Blut (z.B. Gerinnungsfaktoren oder Faktoren des Komplementsystems), die eine Polypeptidkette hinter einem Argininrest spalten. Warum wird aber normales Gelsolin nicht hinter der Aminosäure 172 gespalten? Wahrscheinlich weil der Argininrest in einer Umgebung liegt, durch die es gegenüber einer proteolytischen Spaltung unempfindlich ist. Bei Ihrem Patienten hingegen, bei dem das Arginin[169] an die

Oberfläche gewandert ist, ist es wahrscheinlich, daß die nahegelegene Position 172 ebenfalls von der Veränderung betroffen ist. Die Veränderung macht das Protein ganz eindeutig anfälliger gegenüber einer proteolytischen Spaltung. Nach der Spaltung aggregieren die freigesetzten Peptidfragmente und bilden die amyloiden Ablagerungen. Aufgrund welcher Struktur des Peptides dieses zur Aggregation prädisponiert ist, ist nicht bekannt.

b) Gelsolin existiert in zwei Formen, einer zytoplasmatischen und einer, die im Plasma vorkommt. Die zytoplasmatische Form spielt eine wichtige Rolle bei der Polymerisation des Aktins. Aktin ist das wichtigste Protein der Mikrofilamente, welche aus zwei umeinander gewundenen Aktinsträngen bestehen. In vielen Zellen bilden die Mikrofilamente einen subkortikalen Bereich, welcher der Plasmamembran unterlagert ist. Dort stabilisieren sie in Form eines Geles die Zelle und geben dieser eine gewisse Form. Gelsolin kann die Aktinfilamente auflösen. Die erste Domäne interkaliert in aufeinander folgende Aktinmoleküle eines Stranges der Aktinhelix. Dies führt zur Auflösung des Aktinfilamentes und damit des Gels. Daher stammt auch der Name Gelsolin. Dies erlaubt Zellbewegungen, die Änderung der Zellstruktur und die Sekretion von Vesikeln, welche diesen Bereich passieren müssen. Diese Aktivität des Gelsolins wird durch Calcium induziert und durch die Phosphoinoside Phosphatidyl-4-monophosphat und Phosphatidylinositol-4,5-biphosphat inhibiert. Gelsolin spielt also eine wichtige Funktion bei der Regulation von Zellbewegungen, Wachstum und Sekretion. Zusätzlich dient Gelsolin durch seine Aktinbindungseigenschaften als „capping"-Protein und leitet damit die Aktinpolymerisation ein.

Es wird diskutiert, daß die Plasmaform des Gelsolins an Aktinfilamente bindet und solche auflöst, welche durch die Verletzung von Zellen oder deren Tod zuvor freigesetzt worden sind. Dies ist eine sehr wichtige Funktion, da die Aktinfilamente ansonsten aggregieren und ausfallen können.

c) Wenn die Erklärungen, die wir oben abgeleitet haben, wahr sind, warum fällt das Gelsolin dann nicht in allen Zellen des Körpers aus und verursacht dort Schwierigkeiten? Wie bereits erwähnt wurde, existieren zwei verschiedene Gelsolinformen. Sie sind bis auf eine Ausnahme identisch. Die Plasmaform ist um 25 Aminosäuren länger. Die beiden unterschiedlichen Formen entstehen durch Verwendung unterschiedlicher Transkriptionsstartstellen. Eine einzelne Zelle kann sich dabei beider Startstellen bedienen. Die Mutation Ihres Patienten betrifft daher beide Formen, die cytoplasmatische und die Plasmaform, welche diejenige ist, die aggregiert.

Es gibt zwei Gründe, warum diese Mutation nicht schwerwiegendere Effekte hervorruft. Zunächst einmal scheint die Mutation die Funktion von Gelsolin nicht schwer zu beeinträchtigen. Es wurde gezeigt, daß zur Auflösung von Aktinfilamenten die erste Domäne und 20 zusätzliche Aminosäuren der zweiten Domäne ausreichen. Dies umschließt also den Argininrest[169], aber nicht mehr das Aspartat[187]. Dies impliziert, daß Aspartat[187] für diese Aktivität nicht notwendig ist. Auch ist Aspartat[187] nicht all zu wichtig, um Arginin[169] im Inneren des Proteins zu halten. In der ersten Domäne liegt auch eine Calcium- und eine Phosphoinositebindungsstelle. Dies läßt vermuten, daß die Mutation in der zweiten Domäne nicht die regulatorische Funktion von Gelsolin betrifft. Die dritte Domäne ist in die Aktinpolymerisation involviert. Die zweite Domäne, wo die Mutation Ihres Patienten lokalisiert ist, und die dritte Domäne sind in die Filamentbindung involviert. Vielleicht gefährdet die

Mutation diese Funktion. Mit anderen Worten, die Mutation scheint nicht signifikant mit den Funktionen des Gelsolins in Konflikt zu geraten.

Der zweite Grund ist folgender: Auch wenn die Mutation das Gelsolin Ihres Patienten anfälliger gegenüber einer proteolytischen Spaltung hinter Arginin[172] macht, so mögen die dazu notwendigen Proteasen nicht notwendigerweise in den Zellen vorkommen. Daher wird vermutlich nur die plasmatische Form mit Protease in Kontakt kommen.

Ihr Patient hat eine familiäre Amyloidose vom finnischen Typ.

Literatur

De la Chapelle, A., Tolvanen, R., Boysen, G., Santavy, J., Bleeker-Wagemakers, L., Maury, C.P. und Kere, J. Gelsolin-derived familial amyloidosis caused by asparagine or tyrosine substitution for aspartic acid at residue 187. *Nature Genet.* 2: 157, **1992**

Kwiatkowski, D.H., Mehl, R. und Yin, H.L. Genomic organization and biosynthesis of secreted and cytoplasmic forms of gelsolin. *J. Cell Biol.* 106: 375, **1988**

Kwiatkowski, D.J., Stossel, T.P., Orkin, S.H., Mole, J.E., Colten, H.R. und Yin, H.L. Plasma and cytoplasmic gelsolins are encoded by a single gene and contain a duplicated actin-binding domain. *Nature* 323: 455, **1986**

Maury, C.P.J., Alli, K. und Baumann, M. Finnish hereditary amyloidosis. Amino acid sequence homology between the amyloid fibril protein and human plasma gelsoline. *FEBS Lett.* 260: 85, **1990**

McLaughlin, P., Gooch, J.T., Mannherz, H.-G. und Weeds, A.G. Structure of gelsoin segment 1-actin complex and the mechanism of filament severing. *Nature* 364: 685, **1993**

Meretoja, J. Familial systemic paramyloidosis with lattice dystrophy of the cornea, progressive cranial neuropathy, skin changes and various internal symptoms. A previously unrecognized heritable syndrome. *Ann. Clin. Res.* 1: 314, **1969**

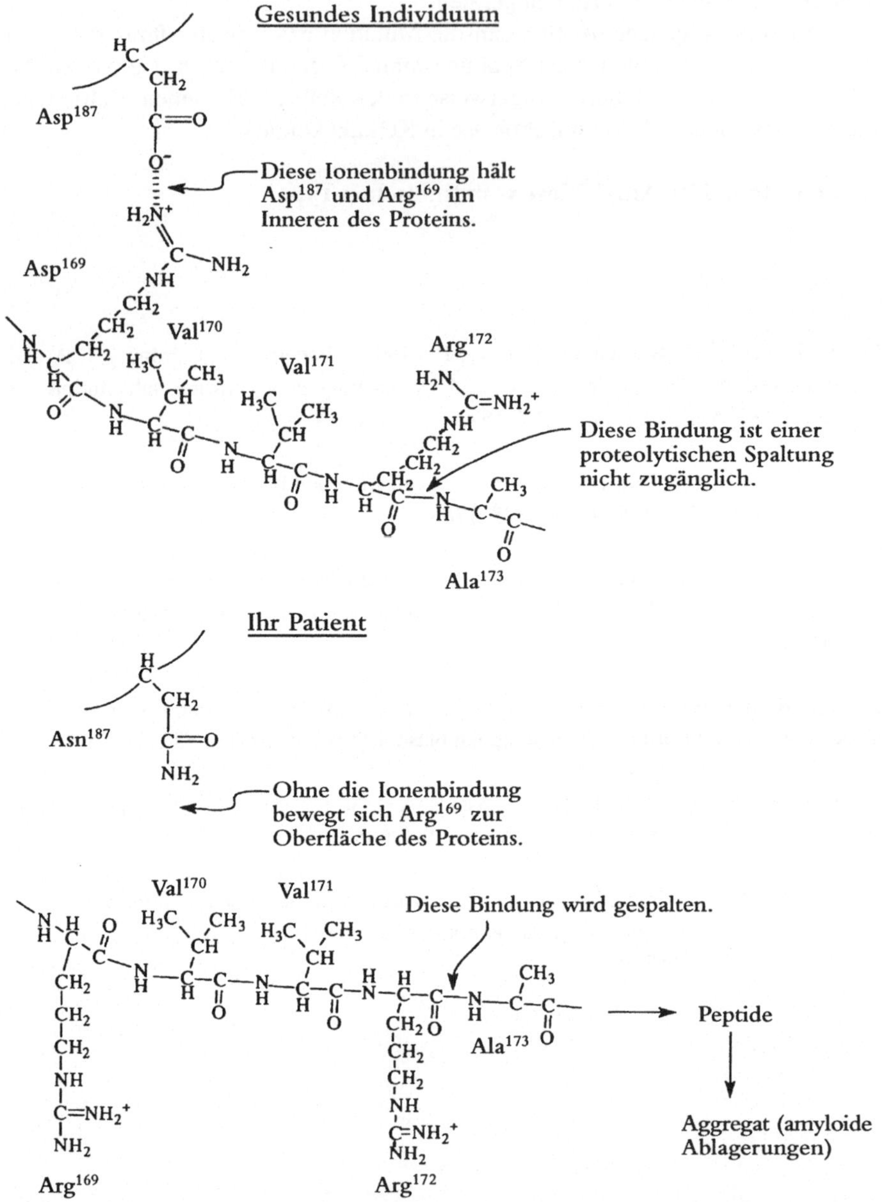

Abbildung A89-1: Die Asp^{187}→Asn^{187} Mutation führt zu einer höheren Anfälligkeit von Gelsolin gegenüber proteolytischer Spaltung.

Haut

Problem 90-91

Problem 90

Leichtes Reiben auf der Haut stellt für Ihren Patienten eine Qual dar, was bei ihm hauptsächlich an Händen und Füßen zum Entstehen von schmerzhaften Blasen führt. Die Blasen bilden sich allerdings nicht nur auf Händen und Füßen. Sie nehmen eine Hautbiopsie vor und isolieren sowie sequenzieren das Gen für Typ-I-Keratin-K14. Dabei stellen Sie die folgende Mutation fest:

Codon Nummer: 384
Kontrollperson: CTG
Ihr Patient: CCG

a) Zeigen Sie auf, in welcher Domäne der Keratinstruktur diese Mutation liegt.

b) Spekulieren sie, wie diese Mutation die beobachteten Symptome hervorruft.

c) Sie haben einen zweiten Patienten, der ähnliche Symptome aufweist, jedoch sind bei ihm die Blasen auf Hände und Füße beschränkt. Wenn Sie die oben angesprochene Analyse bei diesem Patienten durchführen, bemerken Sie, daß die Mutation im Typ-II-Keratin-K5 zu finden ist. Einer Ihrer Kollegen behauptet, daß die Mutation keine Folgen habe, da eine Zelle Filamente aus beiden Keratintypen herstellen kann. Er sagt, daß nur eine Person, die Mutationen in beiden Keratintypen eine Mutation aufweist, Symptome entwickeln würde. Was ist an der Argumentation Ihres Kollegen falsch?

Problem 91

Ihr Patient leidet unter Hautproblemen. Im Bereich der Gelenke, der Hände und Füße ähnelt seine Haut einer dicken Wellpappe. Als Kind hatte er oft Blasen auf der Haut. Sie nehmen eine Hautbiopsie vor und behandeln die Zellen mit einem Antikörper gegen Keratin. In den Hautzellen finden sie kein geordnetes Tonofilament. Es ist ungeordnet um den Zellkern lokalisiert ist. Sie analysieren die Keratinsequenz und finden im Typ-II-Keratin-K1 die folgende Veränderung:

Codon:	308	309	310	311	312
Patient:	GGA	GAA	CAA	AGC	AGG
Kontrolle:	GGA	GAA	GAA	AGC	AGG

Wenn sie die Stärke der Wechselwirkung des Typ-II-Keratin-K1 ihres Patienten mit normalem Typ-I-Keratin-K10 messen, stellen Sie fest, daß diese um 10% höher ausfällt, als sie es bei normalen Keratin-1 und -10 erwarten würden.

a) Welcher Natur ist die Mutation, die Sie bei Ihrem Patienten bemerkt haben? Spekulieren Sie, wie diese Mutation die Interaktion mit Keratin-10 beeinflußt.

b) Wie erklärt diese Mutation das Auftreten der Blasen?

Antwort 90

a) Keratin gehört zu der Familie der Intermediärfilamentproteine. Von diesen weisen alle dieselbe Grundstruktur auf: eine N-terminale, nicht-helikale Domäne, eine große α-helikale, stäbchenförmige Domäne und einen C-terminalen, nicht-helikalen Bereich. Es gibt eine Reihe von Intermediärfilamenten. Die Anzahl der bekannten ist noch im Wachsen begriffen. Die Typen I und II werden Keratine genannt. Die Domänenstruktur der Typ-I-Keratine sieht wie folgt aus:

1. N-terminale Region: Dieser Bereich kann weiter unterteilt werden. Ein recht gut konservierter Bereich von 15 bis 30 Aminosäuren wird von einem variablen Segment gefolgt, welches zwischen 0 und 130 Resten lang ist. Im Typ-I-Keratin-K14 besteht die N-terminale Domäne aus insgesamt 115 Resten. Es gibt viele Serin- (26) und Glycinreste (40). Zuweilen sind bis zu sechs Serine hintereinander angeordnet.

2. Stäbchendomäne: Auch dieser Bereich wird weiter unterteilt. Zunächst kommt ein α-helikaler Bereich von 35 Aminosäureresten (1A genannt). Es folgt ein nicht-helikales Verbindungsstück mit 11 bis 14 Resten, welches L1 genannt wird. Daran schließen sich an: ein zweiter α-helikaler Bereich von 93 bis 101 Resten (1B), ein nicht-helikaler Bereich von 16 bis 19 Resten (L12), ein kurzer 19 Aminosäure langer α-helikaler Bereich (2A), wiederum eine nicht-helikale Region (L2) mit 8 bis 12 Resten und abschließend ein 97 bis 121 Reste langer α-helikaler Bereich (2B).

3. C-terminale Region: Diese weist zunächst eine hochvariable Region von 0 bis 130 Aminosäureresten auf, die von einem 15 bis 30 Resten langen, gut konservierten Bereich gefolgt wird. Im Falle des Typ-I-Keratins-K14 ist dieser C-terminale Bereich 46 Aminosäuren groß. Er ähnelt dem N-terminalen Bereich in den vielen vorkommenden Serinresten (11). Im Gegensatz zum N-Terminus ist der C-terminale Bereich aber nicht glycinreich (nur 2 Reste).

Die Mutation bei Ihrem Patienten ist in der Mitte der α-helikalen Domäne 2B lokalisiert.

b) Sie müssen zunächst die Veränderung der Aminosäure identifizieren, die aus der Mutation entspringt:

Codon Nummer: 384

Kontrollperson:
DNA: CTG
RNA: CUG
Protein: Leu
Ihr Patient:
DNA: CCG
RNA: CCG
Protein: Pro

Die α-Helices von Keratin sind in die Ausbildung der Keratinfilamente involviert. Der Austausch eines Serines gegen ein Prolin unterbricht die wichtige α-helikale Struktur, das gebildete Filament wird geschwächt. Die basalen Hautzellen bestehen zu einem Großteil aus diesen Filamenten. Eine Mutation im Keratin zerstört diese Filamente und schwächt damit die Zellen, welche schon unter leichten Belastungen lysieren. Blasen sind die Folge.

c) Keratinfilamente sind immer Kopolymere, d.h. sie bestehen immer aus Typ-I- und Typ-II-Filamenten. Eine Mutation in einem der beiden Typen kann das gesamte Filament zerstören. Der domänenartige Aufbau der Typ-II-Keratine ähnelt dem der Typ-I-Keratine. Der N- und C-terminale Bereich enthalten allerdings zusätzliche konservierte Bereiche unmittelbar benachbart zur Stäbchendomäne.

Ihr erster Patient hat eine Epidermolysis bullosa simplex vom Koebner-Typ, Ihr zweiter Patient eine Epidermolysis bullosa simplex vom Weber-Cockayne-Typ.

Literatur

Bonifas, J.M., Rothman, A.L. und Epstein, E.H. Epidermolysis bullosa simplex: evidence in two families for keratin gene abnormalities. *Science* 254: 1202, **1991**

Steinert, P.M. und Parry, D.A.D. Intermediate filaments: conformity and diversity of expression and structure. *Annu. Rev. Cell Biol.* 1: 41, **1985**

Wilson, A.K., Coulombe, P.A. und Fuchs, E. The roles of K5 and K14 head, tail, and R/KLLEGE domains in keratin filament assembly in vitro. *J. Cell Biol.* 119: 401, *1992*

Antwort 91

a) Der Aminosäureaustausch, der durch die Mutation hervorgerufen wird, läßt sich wie folgt ermitteln:

Codon:	308	309	310	311	312
Patient:					
DNA:	GGA	GAA	CAA	AGC	AGG
RNA:	GGA	GAA	CAA	AGC	AGG
Protein:	Gly	Glu	Gln	Ser	Arg
Kontrolle:					
DNA	GGA	GAA	GAA	AGC	AGG
RNA:	GGA	GAA	GAA	AGC	AGG
Protein:	Gly	Glu	Glu	Ser	Arg

Keratin-Tonofilamente sind Heteropolymere, die aus Typ-I-Keratin (z.B. K10) und Typ-II-Keratin (z.B. K1) bestehen. Die Mutation Glu→Gln entfernt eine negative Ladung. Kann dies zu einer Schwächung der lateralen Wechselwirkungen zwischen Keratinmolekülen in den Tonofilamenten führen? Offenbar nicht, denn die Veränderung scheint die ionischen Wechselwirkungen zu erhöhen, die laterale Interaktion also gestärkt zu haben. Die Mutation erfolgt jedoch kurz vor dem C-terminalen Ende der letzten α-helikalen Subdomäne (2B) im Keratin. Es ist sehr gut möglich, daß dieser Bereich in der Kopf-zu-Schwanz-Interaktion (longitudinal) zweier Keratine involviert ist.

b) Die Mutation interferiert offensichtlich nicht mit der Heterodimerbildung. Sie ist am Ende der Stäbchendomäne zwischen den Resten 301 und 314 lokalisiert und stört dadurch die Kopf-zu-Schwanz-Polymerisation der Keratinmoleküle während der Filamentausbildung. Ein Zusammenbrechen des Filamentnetzwerkes kann zum Zelltod und zur Blasenbildung führen.

Ihr Patient hat eine epidermolytische Hyperkeratose.

Literatur

Rothnagel, J.A., Dominey, A.M., Dempsey, L.D., Longley, M.A., Greenhalgh, D.A., Gagne, T.A., Huber, M., Frenk, E., Hohl, D. und Roop, D.R: Mutations in the rod domains of keratins 1 and 10 in epidermolytic hyperkeratosis. *Science* 257: 1128, **1992**

Auge und Ohr

Problem 92-93

Problem 92

Ihre Patientin ist vollständig erblindet. Der Verlust der Sehkraft machte sich zunächst nachts bemerkbar und ließ dann über 30 Jahre ständig nach. Eine Untersuchung der Retina zeigt, daß sowohl die Stäbchen als auch die Zäpfchen degeneriert sind. Im Augenhintergrund haben sich Pigmentstoffe abgelagert. Sie haben das Gen für Peripherin aus Ihrem Patienten kloniert und sequenziert. Sie bemerken folgende Abweichung von der Normalsituation:

Codon Nummer:	215	216	217
Ihr Patient:	AAT	CTT	AGC
Normal:	AAT	CCT	AGC

a) Welchen Effekt könnte diese Mutation auf die Struktur des Proteins haben?

b) Welchen Effekt hat eine Veränderung von Peripherin auf die Stäbchen der Retina?

Problem 93

Ihr Patient ist taub. In seinem ansonsten braunem Haar fällt eine weiße Strähne auf. Auch seine Augenbrauen sind weiß. Die Knochenstruktur seines Gesichtes ist deformiert. Aus einer DNA-Probe isolieren und sequenzieren Sie unter Verwendung der richtigen Proben eines seiner Homeobox-Gene, HuP2 genannt. Sie finden eine Mutation, welche die Position 21 der vorhergesagten Aminosäuresequenz betrifft. In Tabelle P93-1 finden Sie einen Teil der Sequenz des Homoebox-Proteins Ihres Patienten im Vergleich zu der entsprechenden Sequenz einer gesunden Person. Die Sequenz anderer Homeobox-Gene verschiedener Organismen ist ebenfalls angegeben.

a) Wie könnte die Mutation die Funktion des Proteins beeinträchtigen? Für Hinweise schauen Sie in Burri et al., EMBO J. 8: 1183, 1989 (Abbildung 4) und Bopp et al., EMBO J. 8: 3447, 1989 (Abbildung 2). Betrachten Sie auch Abbildung 3 in Hoth et al. Am. J. Hum. Genet. 52: 455, 1993.

b) Wie verursacht die Veränderung des Proteins die Symptome der Erkrankung?

Tabelle P93-1

		Aminosäurerest							
Quelle	Name	17	18	19	20	21	22	23	24
Ihr Patient	HuP2	Ile	Asn	Gly	Arg	Leu	Leu	Pro	Asn
Kontrolle	HuP2	Ile	Asn	Gly	Arg	Pro	Leu	Pro	Asn
Maus	Pax 1	Val	Asn	Gly	Arg	Pro	Leu	Pro	Asn
Fruchtfliege	Paired	Ile	Asn	Gly	Arg	Pro	Leu	Pro	Asn
Fruchtfliege	Gooseberry	Ile	Asn	Gly	Arg	Pro	Leu	Pro	Asn

Antwort 92

a) Zunächst wird die Mutation identifiziert:

Codon Nummer:	215	216	217

Ihre Patientin:

DNA:	AAT	CTT	AGC
RNA:	AAU	CUU	AGC
Protein:	Asn	Leu	Ser

Normal:

DNA:	AAT	CCT	AGC
RNA:	AAU	CCU	AGC
Protein:	Asn	Pro	Ser

Bei Ihrer Patientin wurde ein Prolin gegen ein Leucin ausgetauscht. Obwohl die dreidimensionale Struktur von Peripherin nicht bekannt ist, hat eine Mutation, bei der ein Prolin
gegen ein Leucin ausgetauscht wird, sehr wahrscheinlich strukturelle Folgen. Prolin ist ein
Helixbrecher. Der Wechsel könnte also dazu führen, daß eine α-Helix länger als üblich
angelegt wird. Die gesamte Proteinstruktur kann dadurch beeinflußt werden.

b) Die Funktion von Peripherin ist unbekannt. Ausgehend von seiner Sequenz ist Peripherin
als Membranprotein mit vier Transmembrandomänen charakterisiert. Drei Abschnitte liegen
auf der cytosolischen Seite, zwei auf der Lumenseite der Photorezeptorstapel. Der
Aminosäurerest, der bei Ihrem Patienten verändert ist, liegt in einer intradiskalen Domänen.

Abbildung A92-1: Die Struktur von Tunicamycin, welches von Streptomyces lysosuperficus hergestellt wird. Es stellt eine Mixtur verwandter Verbindungen dar, die sich in der
Zahl n unterscheiden. Hauptkomponenten sind Tunicamycin A, B, C und D mit n
= 8, 9, 10 oder 11.

Man nimmt an, daß die zytosolischen Domänen mit dem Cytoskelett interagieren und so bei der Ausbildung der Struktur des äußeren Stäbchensegmentes mithelfen, welches ansonsten kollabieren würde. Die Funktion der intradiskalen Domänen ist nicht weniger spekulativ. Eine Behandlung mit Tunicamycin (Abbildung A 92-1), einem Inhibitor der Proteinglykosylierung, führt zu einem Zusammenbruch der Stapel in den Stäbchen. Sowohl Rhodopsin als auch Peripherin sind glykosyliert, jedoch lediglich in ihren intradiskalen Domänen. Dies läßt vermuten, daß die Glykosylierung für die Formgebung der Stapel in den äußeren Stäbchensegmenten erforderlich ist. So könnten die Kohlenhydratreste von Rhodopsin oder Peripherin mit Kohlenhydratresten auf der gegenüberliegenden Seite des Stapels interagieren und so eine Adhäsion hervorrufen. Der glykosylierte Rest in Peripherin ist das Asn^{228}, welches nur 12 Aminosäurereste von der Mutation entfernt liegt. Es könnte daher sein, daß die Mutation, die bei Ihrem Patienten aufgetreten ist, die Orientierung des Asn^{228} verändert, so daß dessen Funktion beeinträchtigt ist. Die intradiskale Domäne von Peripherin enthält darüber hinaus sieben Cysteinreste, welche eventuell in Disulfidbrücken involviert sind. Drei dieser Cysteinreste liegen an den Positionen 213, 214 und 222, ebenfalls sehr nahe der Mutation. Die Mutation kann also auch Einfluß auf die Orientierung dieser Cysteinreste und die Ausbildung der Disulfidbrücken haben. Auch das kann letztendlich Einfluß auf die Struktur der Scheibchen haben und zur Erblindung führen.

Ihre Patientin hat eine Retinitis pigmentosa.

Literatur

Budavari, S. The Merck Index: An Encyclopedia of Chemicals, Drugs, and Biologicals, 11th Ed. Rahway, NJ: Merck&Co, Inc. **1989**, S. 1544

Bunker, C.H., Berson, E.L., Bromley, W.C., Hayes, R.P. und Roderick, T.H. Prevalence of retinitis pigmentosa in Maine. *Am. J. Ophthalmol.* 97: 357, **1984**

Connell, G.J. und Molday, R.S. Molecular cloning, primary structure, and orientation of the vertebrate photoreceptor cell protein peripherin in the rod outer segment disk membrane. *Biochemistry* 29: 4691, **1990**

Kajiwara, K., Hahn, L.B., Mukai, S., Travis, G.H., Berson, E.L. und Dryja, T.P. Mutations in the human retinal degeneration slow gene in autosomal dominant retinitis pigmentosa. *Nature* 354: 480, **1991**

Antwort 93

a) Die Mutation liegt nahe einer α-Helix, die sich von den Resten 27 bis 35 erstreckt. Ganz offensichtlich kann das Prolin nicht Bestandteil einer α-Helix sein. Auch ein Austausch gegen ein Leucin erhöht nicht die Wahrscheinlichkeit, daß diese Aminosäure Bestandteil einer α-Helix ist, weil diese zwischen Gly[19] und Pro[23] liegt. Durch die Mutation wird die Länge der α-Helix also nicht beeinflußt. Das Prolin in Position 21 und die benachbarten Aminosäuren sind jedoch während der Evolution hoch konserviert worden. Daraus läßt sich schließen, daß jede Veränderung unter Umständen weitreichende Folgen haben kann.

Abbildung 3 aus der Veröffentlichung Hoth et al. ist an diesem Punkt von Interesse. Hoth et al. haben mit PAX3 gearbeitet, einem Homeobox-Protein, welches zu HuP2 verwandt ist. In PAX3 lautet die Sequenz zwischen den Aminosäuren 46 bis 53: Ile-Asn-Gly-Arg-Pro-Leu-Pro-Asn, was identisch ist mit der korrespondierenden Sequenz in HuP2. Bei PAX3 wird für die Aminosäuren in Position 53 und 54 ein β-Turn vorhergesagt (Abbildung A93-1). Durch eine Veränderung in Position 50 (Pro→Leu), welche der Position 21 in HuP2 entspricht, verändern sich die Wahrscheinlichkeiten, mit denen eine bestimmte Struktur vorhergesagt wird. Nun sind die Reste 49 und 50 Bestandteil eines β-Turns, und nicht mehr die Reste 53 und 54.

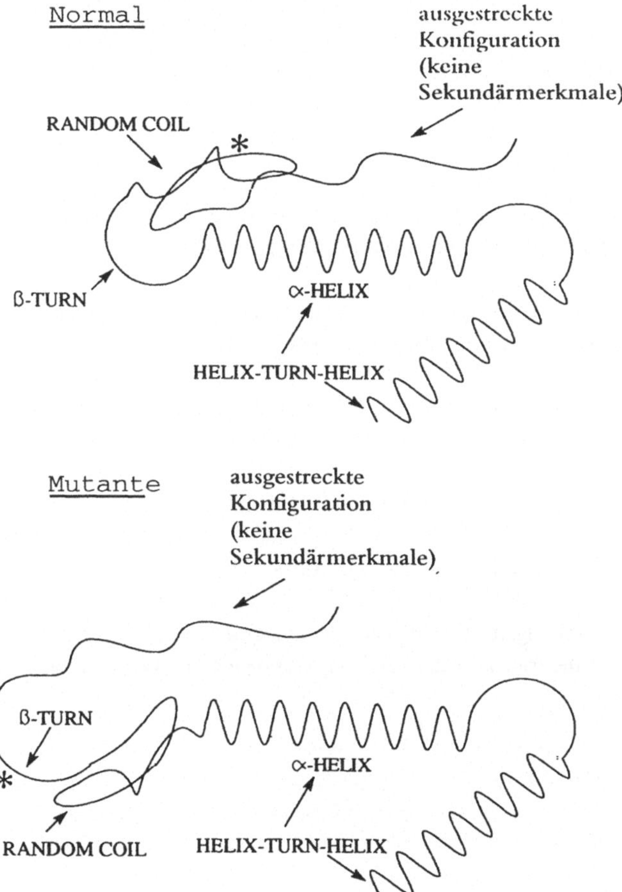

Abbildung A93-1: Die möglichen Folgen einer Mutation auf die Struktur eines Homeobox-Proteins. „*" markiert diejenige Stelle, die in der Mutante verändert ist.

Dies beruht auf einer Veränderung der Konformation des Proteins in diesem Bereich. Da die α-Helix Bestandteil des Helix-Turn-Helix-Motivs ist, einer Struktur mit DNA-Bindungseigenschaften, könnte die Veränderung der Konformation nahe der ersten α-Helix die Bindungseigenschaften des Proteins verändern. In der Tat schränkt eine ähnliche Mutation in derselben Region in einem verwandten Homeobox-Gen die Fähigkeit zur DNA-Bindung stark ein.

b) Homeobox-Proteine sind DNA-Bindungsproteine, welche als Transkriptionsfaktoren fungieren. Eine Mutation in diesem Protein kann Folgen in der frühen Embryonalentwicklung haben. Durch veränderte DNA-Bindungseigenschaften wird die Transkription bestimmter Gene behindert, welche für den richtigen Entwicklungsablauf essentiell sind. Sie nehmen an, daß eine Mutation in einem Transkriptionsfaktor eine Vielzahl von Folgen nach sich zieht. Dies ist bei Ihrem Patienten auch der Fall, der Probleme beim Hören hat, dessen Gesichtsknochen deformiert sind und der Abnormalitäten in den Haaren und Augenbrauen aufweist.

Ihr Patient hat ein Waardenburg-Syndrom.

Literatur

Baldwin, C.T., Hoth, C. F., Amos, J.A., Da-Silva, E.O. und Milunsky, A. An exonic mutation in the HuP2 paired domain gene causes Waardenburg's syndrome. *Nature* 355: 637, **1992**

Bopp, D., Jamet, E., Baumgartner, S., Burri, M. und Noll, M. Isolation of two tissue specific Drosophila paired box genes, Pox meso and Pox neuro. *EMBO J.* 8: 3447, **1989**

Burri, M., Tromvoukis, Y., Bopp, D., Frigerio, G. und Noll, M. Conservation of the paired domain in metazoans and its structure in three isolated human genes. *EMBO J.* 8: 1183, **1989**

Hoth, C.F., Milunsky, A., Lipsky, N., Sheffer, R., Clarren, S.K. und Baldwin., C.T. Mutations in the paired domain of the human PAX3 gene causes Klein-Waardenburg syndrome (WS-III) as well as Waardenburg syndrome type I (WS-1). *Am. J. Hum. Genet.* 52: 455, **1993**

Waardenburg, P.J. A new syndrome combining developmental anomalies of the eyelids, eyebrows and nose root with pigmentary defects of the iris and head hair and with congenital deafness. *Am. J. Hum. Genet.* 3: 195, **1951**

Gonaden

Problem 94-96

Problem 94

Ihr Patient ist ein 4 Jahre alter Junge, der die Statur und körperliche Verfassung eines Achtjährigen hat. Seine geistige Entwicklung verlief bisher normal. Im Alter von 2 Jahren entwickelten sich Schamhaare und sein Penis sowie die Hoden vergrößerten sich. Er leidet außerdem unter leichter Akne. Die Serumwerte für Testosteron sind hoch, etwa in dem Bereich, den man für einen Jungen nach der Pubertät erwarten würde. Nehmen Sie eine Probe aus der Vene der Nebennieren, so finden Sie, daß die Werte nur leicht erhöht sind. Auch sein Vater und Großvater zeigten diese Symptome, aber keine seiner weiblichen Vorfahren wiesen Vorzeichen einer vorzeitigen Pubertät auf. Nach einer Reihe von Experimenten gelingt es Ihnen, ein Gen zu isolieren, welches bei Ihrem Patienten verändert ist. Im Vergleich zu einer gesunden Person stellen Sie für einen Teil der zugehörigen cDNA fest:

Codon:	572	573	574	575	576	577	578	579	580	581	582
Patient:	GCA	ATC	CTC	ATC	TTC	ACC	GGT	TTC	ACC	TGC	ATG
Normal:	GCA	ATC	CTC	ATC	TTC	ACC	GAT	TTC	ACC	TGC	ATG

Bei genauer Betrachtung der vollständigen Sequenz fallen Ihnen Bereiche auf, die sich voneinander durch die Anzahl hydrophober Aminosäuren unterscheiden (Tabelle P94-1). Sie bemerken auch, daß die Sequenzen Asn-X-Thr und Asn-X-Ser in der Region 1 drei- bzw. zweimal auftauchen.

Tabelle P94-1

Region	Aminosäurenummer	Hydrophobe Reste
1	1-363	180
2	364-384	18
3	385-395	5
4	396-418	17
5	419-439	8
6	440-462	14
7	463-482	8
8	483-505	21
9	506-525	9
10	526-547	18
11	548-570	11
12	571-594	18
13	595-605	4
14	606-627	17
15	628-699	26

Mit Hilfe eines geeigneten Vektors bringen Sie das Gen in eine Zellinie ein. Als Kontrolle machen Sie dasselbe mit dem normalen Gen. Anschließend messen Sie die Menge an cAMP in den beiden Zellinien nach Zugabe von 1 µg/ml humanem Choriongonadotropin (HCG) in das Kulturmedium. Dasselbe Experiment machen Sie mit einer Zellinie, die nur mit dem Vektor, also ohne das Gen Ihres Patienten bzw. das normale Gen, transfiziert worden ist. Die Ergebnisse finden Sie in Tabelle P94-2.

a) Welches Gen ist bei Ihrem Patienten verändert?

b) Wie führt dieses Veränderung zu den beobachteten Symptomen?

c) Warum sind die weiblichen Verwandten Ihres Patienten nicht von der frühzeitigen Pubertät betroffen?

Tabelle P94-2

Transfektion	HCG	cAMP willkürliche Einheiten
Vektor allein	nein	12
	ja	12
Normales Gen	nein	12
	ja	110
Gen Ihres Patienten	nein	47
	ja	110

Problem 95

Ihr Patient ist ein 40 Jahre alter Mann, der bereits in dritter Ehe verheiratet ist. Trotz jeglicher Bemühungen ist er bis heute kinderlos geblieben. Er ist sehr anfällig gegen Infektionen der Atemwege, insbesondere Sinusitis und Bronchitis. Ungewöhnlicherweise befindet sich sein Herz auf der rechten Seite. In einer Fertilitätsklinik wurde festgestellt, daß das Volumen seines Ejakulats und die Anzahl der Spermien normal sind. Die Spermien erscheinen im Mikroskop morphologisch unauffällig, ihr Stoffwechsel ist normal. Die einzige Auffälligkeit: Die Spermien bewegen sich nicht. Seine Spermien wurden daraufhin eingebettet und für eine elektronenmikroskopische Analyse in Form dünner Schnitte aufgearbeitet. Es zeigte sich, daß die äußeren Arme fehlen, welche im Flagellum eines normalen Spermiums die äußeren Mikrotubulidubletts verbinden.

a) Aus welchem Protein sind diese Arme angefertigt?

b) Wie verursacht das Fehlen dieses Proteins die Immobilität der Spermien?

c) Was ist die Ursache für die vielen respiratorischen Infektionen?

Problem 96

Ihre Patientin, eine 20 Jahre alte Frau, menstruiert nicht. Sie geben ihr Östrogen, durch welches die Menstruation ausgelöst wird und sich ihre Brüste vergrößern. Eine Untersuchung ergibt, daß ihre äußeren Geschlechtsorgane weiblich sind und die Schambehaarung recht spärlich ist. Klitoris und Uterus sind ebenfalls vorhanden. Weitere Untersuchungen zeigen, daß die Gonaden schlecht entwickelt sind. Eine Analyse des Karyotyps ergibt, daß sie XY und damit, genetisch gesehen, männlich ist. Nach einer Biopsie erhalten sie unter Verwendung der richtigen Proben die Sequenz für ihr/sein SRY Gen, welches auf dem Y-Chromosom lokalisiert ist. Im Vergleich zu einer normalen, männlichen Kontrollperson erhalten Sie:

Ihr Patient: AAG   TAG   CTG
Normaler Mann: AAG   CAG   CTG

a) Wie beeinflußt diese Mutation die Struktur des Proteins, welches durch das SRY-Gen kodiert wird?

b) Wie kann dies den beobachteten Phänotyp erklären?

Antwort 94

a) Das veränderte Gen ist in dem Stoffwechselweg zu suchen, der die Verbindung vom humanen Choriongonadotropin zur Testosteronsynthese darstellt. In Übereinstimmung mit Tabelle P94-2 verursacht die Gegenwart des veränderten Gens in transfizierten Zellen auch in Abwesenheit von HCG die Synthese von cAMP. Wir betrachten also ein System, welches auch in Abwesenheit des Hormons teilweise aktiviert ist. Die Veränderung muß daher entweder im Rezeptor, im G-Protein oder in der Adenylatzyklase zu suchen sein. Die Adenylatzyklase ist ein Kandidat, der nicht sehr wahrscheinlich ist. Wäre die Adenylatzyklase so verändert, daß sie in einem aktiveren Zustand vorkommt oder einfach mehr Adenylatzyklase vorliegt, würde man erwarten, daß die Menge an cAMP auch nach einem hormonellen Stimulus höher ausfällt. Stattdessen findet man höhere Werte in Abwesenheit und normale Werte in Gegenwart des Hormons.

Ein Blick auf die cDNA-Analyse erleichtert uns die Identifizierung des Proteins. Verwandeln wir Tabelle P94-1 in Tabelle A94-1. Es ist eindeutig zu erkennen, daß das Gen eine Reihe hydrophober Segmente aufweist (die Regionen 2, 4, 6, 8, 10, 12 und 14), die jeweils aus 21 bis 24 Aminosäureresten bestehen und den Anschein eines transmembranären Abschnitts aufweisen. Die Sequenzmotive Asn-X-Ser und Asn-X-Thr in der Region 1 sind potentielle Glykosylierungsstellen. Da Oligosaccharide stets an extrazelluläre Bereiche geknüpft sind, liegt die Region 1 vermutlich außerhalb der Zelle. Ein Protein, welches eine extrazelluläre Domäne und eine Reihe von Transmembranabschnitten aufweist, ist vermutlich ein Rezeptor. Das Protein, welches bei Ihrem Patienten verändert ist, gehört daher wahrscheinlich auch in die Klasse der Rezeptoren.

Tabelle A94-1

Region	Länge des Segmentes	Hydrophobe Reste in %
1	363	50
2	21	86
3	11	45
4	23	74
5	21	38
6	23	61
7	20	40
8	23	91
9	20	45
10	22	82
11	23	48
12	24	75
13	11	36
14	22	77
15	72	36

Um welchen Rezeptor handelt es sich? Die Experimente, deren Ergebnisse in Tabelle P94-2 zusammengefaßt sind, lassen vermuten, daß es sich um den Rezeptor für humanes Choriongonadotropin handelt. Es stellt sich jedoch heraus, daß dasselbe Protein auch der Rezeptor für das Lutropin (LH) ist. Bei Männern hat der Rezeptor für Lutropin eine größere Bedeutung als für HCG. Wir können also folgern: Das veränderte Protein ist der Lutropinrezeptor. Dies erklärt auch, warum die Nebenniere keinen Überfluß an Testosteron herstellt, denn dies würde stattdessen einen gestörten Steroidmetabolismus indizieren. Alles weist auf die Leydig-Zwischenzellen der Hoden hin, welche die einzigen Zellen sind, die auf ein LH-Signal Testosteron bilden.

b) Um zu erklären, wie die Veränderung zu den Symptomen führen kann, müssen wir zunächst die Mutation identifizieren:

Codon:	572	573	574	575	576	577	578	579	580	581	582
Patient:											
cDNA	GCA	ATC	CTC	ATC	TTC	ACC	GGT	TTC	ACC	TGC	ATG
RNA:	GCA	AUC	CUC	AUC	UUC	ACC	GGU	UUC	ACC	UGC	AUG
Protein:	Ala	Ile	Leu	Ile	Phe	Thr	Gly	Phe	Thr	Cys	Met
Normal:											
cDNA	GCA	ATC	CTC	ATC	TTC	ACC	GAT	TTC	ACC	TGC	ATG
RNA:	GCA	AUC	CUC	AUC	UUC	ACC	GAU	UUC	ACC	UGC	AUG
Protein:	Ala	Ile	Leu	Ile	Phe	Thr	Asp	Phe	Thr	Cys	Met

Die Mutation, die bei Ihrem Patienten auftritt, stellt den Austausch eines Adenins gegen ein Guanin dar. Dies macht an Position 578 innerhalb eines Transmembranabschnittes aus einem Aspartat ein Glycin. Bindet ein Hormon an seinen zugehörigen Rezeptor führt dies zu einer Konformationsänderung in der extrazellulären Domäne. Diese Änderung betrifft auch die Transmembranabschnitte und schließlich auch den intrazellulären Bereich. Ein G-Protein wird aktiviert, welches seinerseits die Adenylatzyklase aktiviert. Es sieht so aus, als ob der Austausch eines Aspartats durch ein Glycin selbst eine Konformationsänderung hervorruft, so daß ein teilweise aktivierter Rezeptor entsteht. Die Gegenwart des Glycins muß also zu einer Konformationsänderung führen. Was ist der Unterschied zwischen Aspartat und Glycin? Aspartat ist in der Lage, sowohl elektrostatische als auch Ionenbindungen einzugehen. Glycin kann das nicht. Außerdem ist Glycin sehr klein. Die Tatsache, daß Aspartat[578] eine der wenigen hydrophilen Aminosäuren innerhalb einer hydrophoben Domäne ist, unterstreicht seine herausragende Bedeutung. Vielleicht führt die Bindung des Hormons zu einem Aufbrechen von elektrostatischen Bindungen oder Ionenbindungen. In Gegenwart von Glycin sind diese Bindungen nicht existent, und der Konformationswechsel ist schon teilweise erfolgt. Ein Polypeptidsegment, welches einen Glycinrest anstelle eines Aspartats enthält, könnte auch beweglicher sein. Die Seitenkette des Glycins ist sehr klein und eine etwaige sterische Hinderung daher minimiert. Ein Konformationswechsel ist dadurch erleichtert.

Dieser Rezeptor spielt eine herausragende Rolle bei den Veränderungen, die während der Pubertät erfolgen. Wenn die Mengen an Lutropin bei Männern ansteigen, bindet dieses an die Rezeptoren auf den Leydig-Zwischenzellen. Diese bilden daraufhin mehr Testosteron. Testosteron seinerseits ruft in seinen Zielzellen die Veränderung sekundärer Geschlechtsmerkmale hervor, wie sie während der Pubertät erfolgen. Bei Ihrem Patienten ist der Rezeptor auch in Abwesenheit des Hormons Lutropin in einem aktiven Zustand. Anzeichen einer Pubertät treten also schon im Kleinkindalter auf.

c) Die Syndrome Ihres Patienten sind eindeutig vererbt. Die weiblichen Verwandten zeigen keine Symptome, da bei Frauen die pubertären Veränderungen zweier Hormone bedürfen: Lutropin (LH) und Follitropin (FSH). Auch wenn eine Frau also einen veränderten Lutropinrezeptor hat, der ständig aktiv ist, treten solange keine Veränderungen auf, bis der Follitropinspiegel präpubertäre Werte erreicht hat.

Ihr Patient hat eine vererbte Pubertas präcox bei Männern.

Literatur

Jia, X.-C., Oikawa, M., Bo, M., Tanaka, T., Ny, T., Boime, I. und Hsueh, A.J.W. Expression of human luteinizing hormone (LH) receptor: interaction with LH and chorionic gonadotropin from human but not equine, rat, and ovine species. *Mol. Endocrinol.* 5: 759, **1991**

Minegishi, T., Nakamura, K., Takakura, Y., Miyamato, K., Hasegawa, Y., Ibuki, Y. und Igarashi, M. Cloning and sequencing of human LH/hCG receptor cDNA. *Biochem. Biophys. Res. Commun.* 172: 1049, **1990**

Rosenthal, S.M., Grumbach, M.M. und Kaplan, S.L. Gonadotropin-independent familial sexual precocity with premature Leydig and germinal cell maturation (familial testotoxicosis): effects of a potent luteinizing hormone-releasing factor agonist and medroxyprogesterone acetat therapy in four cases. *J. Clin. Endocrinol. Metab.* 57: 571, **1983**

Shenker, A., Laue, L., Kosugi, S., Merendino, J.L., Minegishi, T. und Cutler, G.B. A constitutively activating mutation of the luteinizing hormone receptor in familial male precocious puberty. *Nature* 365: 652, **1993**

Walker, S.H. Constitutional true sexual precocity. *J. Pediatr.* 41: 251, **1952**

Antwort 95

a) Die äußeren Mikrotubulidubletten der Axonemen, wie man Sie in funktionellen Ciliien und bei vielen Flagellen findet, weisen in regelmäßigen Abständen innere und äußere Arme auf. Die äußeren Arme treten alle 24 nm auf. Die inneren Arme kommen alle 96 nm in Gruppen zu je drei Armen vor. Diese Dyneinarme sind am A-Tubulus des äußeren Dubletts gebunden und bestehen aus dem Protein Dynein. Dynein ist ein großes Protein (Molekulargewicht 1.250.000). Das humane und das Säugetierdynein sind bisher nicht sehr gut untersucht worden. Zu den gut untersuchten Dyneinen, welche am nähesten zum menschlichen verwandt sind, gehört das der Forelle. Es besteht aus zwei großen Polypeptidketten (415 und 430 kD), fünf mittelgroßen Polypeptiden (57, 63, 65, 73 und 85 kD) sowie sechs kleinen Polypeptiden (6, 71/2, 9, 111/2, 19 und 22 kD). Von der großen Polypeptidkette existieren sieben bis neun Isoformen. Die Dyneine, die in den äußeren Armen Verwendung finden, unterscheiden sich darüber hinaus von denen der inneren Arme. Viele Gewebe weisen darüber hinaus noch ein weiteres Protein auf, das cytoplasmatische Dynein.

Bei Ihrem Patienten ist vermutlich eine dieser Dyneinuntereinheiten defekt. Der Dyneinkomplex kann daher nicht an das äußere Dublett binden. Auch ein Protein, welches die Ausbildung der Axonem unterstützt, könnte defekt sein.

b) Alle Dyneine sind ATPasen. Sie hydrolysieren gebundenes ATP und setzen die so gewonnenen Energie in Bewegung um. Dabei wandern die Dyneinarme, die an einem A-Tubulus des äußeren Dubletts gebunden sind, auf einem B-Tubulus des benachbarten Dubletts entlang. Dadurch gleiten die beiden Dubletts aneinander vorbei. In intakten Cilien oder Flagellen ist diese Bewegung hoch organisiert, so daß zu einem gegebenen Augenblick dieses Gleiten nur auf einer Seite des Axonems durchgeführt wird. Dies führt zu einem Biegen des Flagellums oder der Cilie, was letztlich zu einer wellen- oder peitschenartigen Bewegung führt. Fehlen die Dyneinarme, kann sich das Axonem nicht biegen, das Flagellum ist nicht mobil, und das Spermium kann sich nicht bewegen.

c) Es läßt sich vermuten, daß bei Ihrem Patienten ein Polypeptid defekt ist, welches Teil des axonemalen Dyneins ist oder mit diesem assoziiert ist. Die Cilien der Atemwege enthalten ebenfalls Axoneme mit Dyneinarmen. Bei Ihrem Patienten wären diese nicht beweglich und könnten daher auch keine Fremdpartikel aus der Lunge befördern. Dies führt natürlich zu einer erhöhten Anfälligkeit gegenüber Atemwegsinfekten. Eine sehr interessante Frage bleibt, warum seine inneren Organe auf der falsche Seite liegen (situs inversus lateralis). Viele Patienten, die unter derselben Erkrankung leiden wie Ihr Patient, tragen ihre inneren Organe auf der falschen Seite. Vielleicht erfolgt in der frühen Embryonalentwicklung ein Prozeß, bei dem Cilien, angetrieben durch Dynein, die Position der zukünftigen Organe mitbestimmen. Sind die Cilien nicht beweglich, erfolgt diese Organisation rein zufällig.

Ihr Patient hat ein Kartagener-Syndrom.

Literatur

Afzelius, B.A. A human syndrome caused by immotile cilia. *Science* 193, 317, **1976**

Afzelius, B.A. und Mossberg, B. Immotile cilia syndrome (primary ciliary dyskenesia), including Kartagener syndrome. C.R. Scriver, A.L. Beaudet, W.S. Sly und D. Valle (Hrsg.) The Metabolic Basis of Inherited Disease. New York: McGraw-Hill, **1989**, Vol. II, Kap. 112, S. 2739

Holzbaur, E.L.F., Mikami, A., Paschal, B.M. und Vallee, R.B. Molecular characterization of cytoplasmic dynein. J. S Hyams und C.W. Lloyd (Hrsg.) Microtubules. New York: Wiley-Liss, **1994**, S. 251

Smith, E.F. und Sale, W.S. Structural and functional reconstitution of inner dynein arms in Chlamydomonas flagellar axonemes. *J. Cell Biol.* 117, 573, **1992**

Witman, G.B., Wilkerson, C.G. und King, S.M. The biochemistry, genetics, and molecular biology of flagellar dynein. J. S. Hyams und C. W. Lloyd (Hrsg.) Microtubules. New York: Wiley-Liss, **1994**, S. 229

Antwort 96

a) Übersetzen Sie zunächst die DNA-Sequenz in die zugehörige Proteinsequenz:

Ihr Patient:

DNA:	AAG	TAG	CTG
RNA:	AAG	UAG	CUG
Protein:	Lys	STOP	***

Gesunder Mann:

DNA:	AAG	CAG	CTG
RNA:	AAG	CAG	CUG
Protein:	Lys	Gln	Leu

Ihr Patient weist eine Unsinn-Mutation auf, welche ein Stop-Codon in die mRNA einführt. Dies führt zu einem trunkierten SRY-Protein, welches inaktiv ist.

b) SRY ist die Abkürzung für „sex-determining region Y". Man geht davon aus, daß das SRY-Genprodukt an DNA bindet und die Synthese eines bisher nicht identifizierten Proteins Z inhibiert. Z seinerseits unterdrückt die Bildung spezifisch männlicher Gene, welche z.B. für die Ausbildung der Hoden nötig sind. Bei einem gesunden Mann unterbindet die Synthese von SRY die Synthese von Z. Fehlt Z, werden die spezifisch männlichen Gene nicht unterdrückt. Bei einer normalen Frau fehlt das SRY Gen. Z wird also gebildet und unterdückt die Synthese der spezifisch männlichen Gene. Bei Ihrem Patienten ist das verkürzte SRY-Genprodukt nicht in der Lage, an DNA zu binden, Z wird also gebildet und die Synthese der spezifisch männlichen Gene unterdrückt. Bei dieser Person werden also keine Hoden angelegt und sie erscheint weiblich. Es gibt auch Individuen mit XX, welche männlich erscheinen. Man nimmt an, daß bei diesen Personen, die kein SRY besitzen, das Protein Z entweder inaktiv ist oder nicht exprimiert wird. Ohne das Protein Z erscheinen diese Personen männlich.

Literatur

Harley, V.R., Jackson, D.I., Hextall, P.J., Hawkins, J.R., Berkovitz, G.D., Sockanathan, S., Lovell-Badge, R. und Goodfellow. P.N. DNA binding activity of recombinant SRY from normal males and XY females. *Science* 255: 453, **1992**

McElreavey, K., Vilain, E., Abbas, N., Herskowitz, I. und Fellous, M. A regulatory cascade hypothesis for mammalian sex determination: SRY represses a negative regulator of male development. *Proc. Natl. Acad. Sci USA* 90: 3368, **1993**

McElreavey, K., Vilain, E., Boucekkine, C., Vidaud, M., Jaubert, F., Richard, F. und Fellous, M. XY sex reversal associated with a nonsense mutation in SRY. *Genomics* 13: 838, **1992**

Sinclair, A.H., Berta, P., Palmer, M.S., Hawkins, J.R., Griffiths, B.L., Smith, M.J., Foster, J.W., Frischauf, A.M., Lovell-Badge, R. und Goodfellow, P.N. A gene from the human sex-determining region encodes a protein with homology to a conserved DNA-binding motif. *Nature* 346: 240, **1990**

Gehirn und Nervensystem

Problem 97-100

Problem 97

Ihre Patientin, eine 36 Jahre alte Frau, verstarb vor kurzem an einer massiven Hirnblutung. Die Autopsie des Gehirns zeigt große Mengen an faserigen Ablagerungen in den zerebralen Arterien. Ihre Analyse der Ablagerungen ergibt, daß es sich dabei um Cystatin C handelt. Sie sequenzieren das Cystatin C und finden im N-Terminus eine Abweichung in der Sequenz im Vergleich zur normalen Sequenz:

Patientin: Gly Gly Pro Met Asp Ala Ser Val
Gesunde Person: Ser Ser Pro Gly Lys Pro Pro Arg Leu Val Gly Gly Pro Met Asp Ala Ser Val

Mit Hilfe einer geeigneten Probe stellen Sie aus einer RNA-Präparation Ihrer Patientin eine cDNA her und sequenzieren diese. Die Cystatin C cDNA-Sequenz Ihrer Patientin lautet:

Codon	-24	-23		1	2	3	4		66	67	68	69	70
Patientin:	GGG	CCC	..	TCC	AGT	CCC	GGC	..	GTG	GAG	CAG	GGC	CGA
Gesund:	GGG	CCC	..	TCC	AGT	CCC	GGC	..	GTG	GAG	CTG	GGC	CGA

Unglücklicherweise konnten Sie Ihrer Patientin nicht helfen. Sie bemerken jedoch, daß Sie mit Hilfe der Restriktionsendonuklease AluI die Kinder Ihrer Patientin auf die Wahrscheinlichkeit hin testen können, ob Sie diese Erkrankung ebenfalls bekommen.

a) Welche Rolle spielt Cystatin C normalerweise?

b) Spekulieren Sie, wie die Mutation an Position 68 zur Ablagerung eines trunkierten Cystatin C's führt.

c) Warum ist AluI bei der Entwicklung eines Test hilfreich, mit dem diese Mutation detektiert werden kann?

Problem 98

Ihr Patient, ein 40-jähriger Holländer, verstarb gerade erst an einer Hirnblutung, der letzten einer ganzen Reihe. Einige seiner Verwandten verstarben aus demselben Grund. Eine Biopsie zeigt faserige Ablagerungen in den Blutgefäßen des cerebralen Kortex. Die Ablagerungen bestehen aus einem 39 Aminosäure langen Peptid, welches folgende Sequenz aufweist:

Aminosäurerest:	16	17	18	19	20	21	22	23	24	25
Peptid:	Lys	Leu	Val	Phe	Phe	Ala	Gln	Asp	Val	Gly

	26	27	28
	Ser	Asn	Lys

Dieses 39 Aminosäurenpeptid, welches 22 hydrophobe und 9 geladene Aminosäuren enthält, ist bei gesunden Personen nicht zu finden.

Ihre Untersuchungen führen Sie zu einer Sequenz, die für ein viel größeres Protein kodiert, welches β-Amyloid-Vorläufer-Protein (β-amyloid precursor protein, BAPP) genannt wird. Dieses ist bei der Entstehung der Alzheimer Erkrankung involviert.

Codon:	1	2	3	4	5	...	612	613	614	615	616	617	618	619
BAPP:	ATG	CTG	CCC	GGT	TTG	...	AAA	TTG	GTG	TTC	TTT	GCA	GAA	GAT

	620	621	622	623	624
	GTG	GGT	TCA	AAC	AAA

Aufgrund Ihrer Analysen entscheiden Sie, daß die Restriktionsendonuklease MboII für einen Test sehr nützlich sein kann, mit Hilfe dessen Sie die anderen Mitglieder der Familie auf die Präsenz der Mutation untersuchen wollen.

a) Liegt eine Mutation vor, und wenn ja, wie erklärt diese die Erkrankung?

b) Warum ist MboII für einen Test sehr hilfreich?

Problem 99

Ihre Patientin verstarb erst kürzlich im Alter von 76 Jahren nach einem zunehmenden Gedächtnisverlust und Demenz über die letzten Jahre. Nach einer Autopsie finden Sie im Gehirn Ablagerungen eines Proteins, welches nur 40 Aminosäuren umfaßt. Sie sequenzieren dieses Protein und finden im N-Terminus die Abfolge Asp-Ala-Glu-Phe-Arg. Außerdem isolieren Sie das Gen für ein bestimmtes größeres Protein und stellen im Vergleich zur Normalsituation folgenden Unterschied fest:

Codon:	589	590	591	592	593	594	595	596	597	598	599	600	601
Patient:	GAG	GAG	ATC	TCT	GAA	GTG	AAT	CTG	GAT	GCA	GAA	TTC	CGA
Normal:	GAG	GAG	ATC	TCT	GAA	GTG	AAG	ATG	GAT	GCA	GAA	TTC	CGA

a) Um welche Proteine handelt es sich?

b) Wie könnte die Mutation in der oben gezeigten Proteinsequenz zu der Ablagerung des kleinen Proteins führen? Wie könnte dies die Symptome der Erkrankung hervorrufen?

Problem 100

Ihr Patient war ein Junge, der mit einem kleinen Kopf, eingefallenen Backen und einem zurückweichenden Kiefer geboren wurde. Er war bei der Geburt zyanotisch und litt auch während seines viermonatigen Lebens unter zyanotischen Phasen. Er gedieh nicht richtig und war sehr lethargisch. Nach seinem Tod im vierten Monat ergab eine Autopsie, daß die Oberfläche seines Gehirns kleiner als normal war. Viele Windungen fehlten und das Gehirn wog nur etwa 70% des normalen Gewichtes. Sie untersuchen einige cDNA Klone, die zu bestimmten Abschnitten des Chromosoms 17 korrespondieren. In einem Gen finden Sie eine Deletion. Auch von einer gesunden Person erhalten Sie die entsprechende cDNA; die Funktion des Genes ist hingegen nicht bekannt. Sie untersuchen die Sequenz genauer und vergleichen Sie mit der Sequenz anderer Gene. Dabei machen Sie die folgenden Beobachtungen.

Zunächst weist die Sequenz dieses Proteins eine Reihe von acht, nicht vollständig erhaltenen Wiederholungen auf. Jede ist etwa 40 Aminosäuren lang. Lediglich die achte Wiederholung ist verkürzt und besteht nur aus 16 Aminosäuren. Die Struktur des Proteins läßt sich wie folgt symbolisieren:

$$N\text{-}R_1\text{-}R_2\text{-}R_3\text{-}R_4\text{-}R_5\text{-}X\text{-}R_6\text{-}R_7\text{-}R_8.$$

N steht dabei für den N-terminalen Bereich, der keiner der Wiederholungen zugeordnet werden kann. R_1, R_2 usw. symbolisieren die einzelnen Wiederholungen und X markiert einen nicht wiederholten Bereich zwischen R_5 und R_6.

Bei einer Datenbanksuche identifizieren Sie drei Proteine, die gewisse Ähnlichkeiten aufweisen.

1. Humanes β-Transducin hat eine Sequenzhomologie von 55%. Das Protein weist die Struktur

$$R_1\text{-}R_2\text{-}R_3\text{-}R_4\text{-}R_5\text{-}R_6\text{-}R_7\text{-}R_8$$

auf, wobei R_8 eine vollständige Wiederholung ist.

2. Das Proteinprodukt des STE4-Genes aus der Hefe Saccharomyces cerevisiae hat die folgende Struktur:

$$N\text{-}R_1\text{-}R_2\text{-}R_3\text{-}R_4\text{-}R_5\text{-}\ R_6\text{-}X\text{-}R_7\text{-}R_8.$$

Auch hier ist R_8 eine vollständige Wiederholung.

3. Das Protein groucho der Fruchtfliege Drosophila melanogaster wird durch ein Gen des Enhancer-of-split-Komplexes [E(spl)] kodiert. Es weist folgende Struktur auf:

$$N\text{-}R_1\text{-}R_2\text{-}R_3\text{-}R_4\text{-}R_5\text{-}X$$

Spekulieren Sie über die mögliche Rolle des Proteins, welches bei Ihrem Patienten defekt ist. Berücksichtigen Sie dabei, was über die Funktion des β-Transducins, des STE4-Genproduktes und groucho bekannt ist. Sammeln Sie dazu zunächst Information über diese Proteine und spekulieren dann über die Rolle Ihres Proteins. Die genaue Antwort auf diese Frage ist unbekannt.

Antwort 97

a) Cystatin C (13.260 D) ist ein Inhibitor für Cysteinproteasen, einer Gruppe proteolytisch wirksamer Enzyme, zu denen z.B. Papain und die lysosomalen Cathepsine B, H und L gehören. Cystatin C, welches im Blut und anderweitig im Körper vorkommt, gehört zu einer Gruppe kleiner Proteine, die Cysteinproteasen inhibieren. Zu dieser Gruppe gehören auch Cystatin A und Cystatin B. Diese Inhibitoren könnten als Regulatoren der lysosomalen Proteasen dienen.

b) Um zu verstehen, was bei Ihrem Patienten passiert ist, müssen Sie die N-terminalen Sequenzen zur Deckung bringen:

Patient: Gly Gly Pro Met Asp Ala Ser Val
Normale Person: Ser Ser Pro Gly Lys Pro Pro Arg Leu Val Gly Gly Pro Met Asp Ala Ser Val

Eindeutig fehlen dem Cystatin C Ihres Patienten die ersten 10 Aminosäuren. Es gibt drei mögliche Erklärungen: (1) Der Bereich des Cystatin-C-Gens, welcher für diesen Bereich kodiert, wurde deletiert, (2) durch alternatives Spleißen sind die entsprechenden Codons verloren gegangen, oder (3) durch eine posttranslationale Modifikation des Cystatin-C-Proteins sind die ersten 10 Aminosäuren abgespalten worden. Um zwischen diesen Möglichkeiten zu unterscheiden, untersuchen wir die Codierung der zwei Gene:

Codon	-26	-25	-24	-23	1	2	3	4	66	67	68	69	70	71

Ihr Patient:
DNA   ATG GCC GGG CCC .. TCC AGT CCC GGC .. GTG GAG CAG GGC GGC CGA
RNA: AUG GCC GGG CCC .. UCC AGU CCC GGC .. GUG GAG CAG GGC GGC CGA
Protein: Met Ala Gly Pro   Ser Ser Pro Gly   Val Glu Gln Gly Gly Arg

Normal:
DNA   ATG GCC GGG CCC .. TCC AGT CCC GGC .. GTG GAG CTG GGC GGC CGA
RNA: AUG GCC GGG CCC .. UCC AGU CCC GGC .. GUG GAG CUG GGC GGC CGA
Protein: Met Ala Gly Pro   Ser Ser Pro Gly   Val Glu Leu Gly Gly Arg

Cystatin C kommt im Blut in Mengen vor, die ausreichen, daß das veränderte Protein präzipitieren kann. Als Sekretprotein muß es eine Signalsequenz haben. Wie Sie aus der Nummerierung der Codons und der hydrophoben Natur der Reste -26 bis -23 ersehen können, ist das Signalpeptid im Cystatin C Ihres Patienten als auch im normalen Cystatin C vorhanden. Der N-terminale Bereich scheint ebenfalls bei Ihrem Patienten vorhanden zu sein. Die ersten beiden Möglichkeiten können daher ausgeschlossen werden. Das Gen Ihres Patienten und die mRNA kodieren für das gesamte Protein. Mit anderen Worten, Ihr Cystatin C wird inklusive der 10 Aminosäuren hergestellt, und die dritte Möglichkeit ist die richtige. Das Cystatin C Ihres Patienten ist anfälliger gegenüber einer proteolytischen Entfernung des N-Terminus.

Betrachten Sie die Mutation an Position 68. Ihre Patientin hat dort ein Glutamin statt eines Leucins. Dies verändert sicherlich die Hydrophobizität an dieser Stelle. In Position 69 steht darüber hinaus ein Glycin. Die Glutamin-Glycin Sequenz weist eine hohe Wahrscheinlichkeit auf, eine „β-Hairpin"-Struktur auszubilden. Die Mutation, welche weit vom N-Terminus entfernt liegt, könnte daher das Cystatin C gegenüber einer proteolytischen Spaltung empfänglicher machen. Ohne die ersten zehn Aminosäuren könnte das trunkierte Cystatin C eine Tendenz zur Aggregation aufweisen. Das aggregierte Cystatin C kann dann Blutgefäße verlegen und zu Blutungen führen.

c) Restriktionsendonukleasen sind Enzyme, welche DNA an bestimmten Sequenzmotiven spalten können. Durch eine Gelelektrophorese lassen sich die so gewonnenen DNA-Fragmente auftrennen. Es ergibt sich für jede DNA ein typisches Muster. AluI weist die folgende Sequenzspezifität auf:

$\downarrow$

5'-A-G-C-T-3'   Die Pfeile markieren die Spaltstellen von AluI.
3'-T-C-G-A-5'

$\uparrow$

Wenn Sie die DNA-Sequenz einer gesunden Person an den Codons 67 und 68 betrachten, finden Sie die AGCT Sequenz:

67   68
GAGCTG

Offensichtlich kann AluI an dieser Stelle zwischen den Codons 67 und 68 die DNA spalten. Bei Ihrem Patienten ist die Sequenz verändert:

67   68
GAGCAG

AluI kann hier nicht spalten. Die Behandlung der DNA Ihrer Patientin mit AluI würde also ein anderes Fragmentmuster als die Behandlung normaler DNA ergeben. AluI kann also für die Diagnostik dieser Mutation sehr wichtig sein.

Ihre Patientin hat eine angeborene amyloide Cystatin-C-Angiopathie (angeborene cerebrale Hämorraghie mit einer Amyloidose, isländischer Typ).

Literatur

Barrett, A.J., Davies, M.E. und Grubb, A: The place of human γ-trace (cystatin C) amongst the cysteine proteinase inhibitors. *Biochem. Biophys. Res. Commun.* 120: 631, **1984**

Ghiso, J., Jensson, O. und Frangione, B. Amyloid fibrils in hereditary cerebral hemorrhage with amyloidosis of Icelandic type is a variant of γ-trace basic protein (cystatin C) *Proc. Natl. Acad. Sci. USA* 83: 2974, **1986**

Jensson, O., Palsdottir, A., Thorsteinsson, L. und Arnarson, A. The saga of cystatin C mutation causing amyloid angiopathy and brain hemorraghe: clinical genetics in Iceland. *Clin. Gent.* 36: 368, **1989**

Jonsdottir, S. und Palsdottir, A. Molecular diagnosis of hereditary cystatin C amyloid angiopathy. *Biochem. Med. Metabol. Biol.* 49: 117, **1993**

Levy, E., Lopez-Otin, C., Ghiso, J., Geltner, D. und Frangione, B. Stroke in Icelandic patients with hereditary amyloid angiopathy is related to a mutation in the cystatin C gene, an inhibitor of cysteine proteases. *J. Exp. Med.* 169: 1771, **1989**

Roberts, R.J., Myers, P.A., Morrison, A. und Murray, K. A specific endonuclease from Arthrobacter luteus. *J. Mol. Biol.* 102, 157, **1976**

Sibanda, B.L. und Thornton, J.M. β-Hairpin families in globular proteins. *Nature* 316: 170, **1985**

Antwort 98

a) Übersetzen Sie zunächst die Nukleotidabfolge in die korrespondierende Aminosäuresequenz:

```
Codon:    1   2   3   4   5   ...   612 613 614 615 616 617 618 619
DNA:      ATG CTG CCC GGT TTG ...   AAA TTG GTG TTC TTT GCA GAA GAT
RNA:      AUG CUG CCC GGU UUG ..    AAA UUG GUG UUC UUU GCA GAA GAU
Protein:  Met Leu Pro Gly Leu ...   Lys Leu Val Phe Phe Ala Glu Asp

Codon:    620 621 622 623 624
DNA:      GTG GGT TCA AAC AAA
RNA:      GUG GGU UCA AAC AAA
Protein:  Val Gly Ser Asn Lys
```

Beachten Sie, daß der Bereich des Peptides, welches Sie sequenziert haben, relativ gut, aber doch nicht perfekt mit der normalen Sequenz des BAPP zur Deckung zu bringen ist:

```
Codon:    1   2   3   4   5   ...   612 613 614 615 616 617 618 619
Protein:  Met Leu Pro Gly Leu ...   Lys Leu Val Phe Phe Ala Glu Asp
Peptid:                             Lys Leu Val Phe Phe Ala Gln Asp
```

Codon: 620   621   622   623   624
Protein: Val   Gly   Ser   Asn   Lys
Peptid: Val   Gly   Ser   Asn   Lys

Es ist sehr wahrscheinlich, daß das Peptid ein BAPP-Fragment ist, da die Übereinstimmung nahezu perfekt ist. Der Defekt bei Ihrem Patienten liegt darin, daß das Peptid abgespalten wird und dann aggregiert. Warum genau die Spaltung erfolgt, ist nicht bekannt. Beachten Sie aber die eine Position, an der die beiden Sequenzen nicht zueinander passen. Position 618 in BAPP weist einen Glutaminsäurerest auf, welcher in dem Peptid durch ein Glutaminrest ersetzt wurde. Der Austausch einer Glutaminsäure gegen ein Glutamin hat zwei Folgen. Zunächst einmal könnte die Mutation die Konformation des BAPP ändern und es damit einer proteolytischen Spaltung zugänglich machen, die an einer anderen Stelle als normal erfolgt. Das entstehende 39 Aminosäuren große Peptid ist stark hydrophob und präzipitiert wahrscheinlich. Zweitens wird durch den Austausch eines Glutamats gegen ein Glutamin die Ladung des Peptids verringert. Auch dadurch wird es hydrophober, und die Wahrscheinlichkeit einer Präzipitation steigt. Die Präzipitation führt auch zu einer Akkumulation des Proteins und zu einem Verschluß von Blutgefäßen. Blutungen sind die Folge.

b) MboII ist eine Restriktionsendonuklease, welche die DNA sieben oder acht Basen hinter der Erkennungssequenz spaltet:

$$\downarrow$$

5'-G-A-A-G-A-X-X-X-X-X-X-X-X-X-X-3'   Die Pfeile markieren die Spaltstellen
3'-C-T-T-C-T-X-X-X-X-X-X-X-X-X-X-5'   von MboII.
$$\uparrow$$

Sie werden bemerken, daß eine Erkennungssequenz für dieses Enzym bei den Codons 618 und 619 des normalen Gens für BAPP lokalisiert ist:

618   619
GAA GAT

MboII spaltet die DNA also acht Basen weiter in der Sequenz. Sie kennen nicht die veränderte DNA-Sequenz bei Ihrem Patienten, sie wissen aber, daß anstelle eines Glutamats ein Glutamin an dieser Stelle vorliegt. Die DNA-Sequenz muß daher

618   619   oder   618   619
CAA GAT   CAG GAT

lauten. Keine dieser beiden Sequenzen enthält eine Erkennungssequenz für MboII. Die Erkennungssequenz liegt also bei keiner Person vor, die das mutierte Gene trägt. Eine Restiktionskarte dieser Region der DNA unterscheidet sich also bei normalen Personen oder Trägern der Mutation.

Ihr Patient hat angeborene cerebrale Blutungen vom niederländischen Typ.

Literatur

Brown, N.L., Hutchison, C.A. und Smith, M. The specifc nonsymmetrical sequence recognized by restriction endonuclease MboII. *J. Mol. Biol.* 140: 143, **1980**

Kang, J., Lemaire, H.-G., Unterbeck, A., Salbaum, J.M., Masters, C.L., Grzeschik, K.-H., Multhaup, G., Beyreuther, K. und Müller-Hill, B. The precursor of Alzheimer's disease amyloid A4 protein resembles a cell-surface receptor. *Nature* 325: 733, **1987**

Levy, E., Carman, M.D., Fernandez-Madrid, I.J., Power, M.D., Lieberburg, I., Van Duinen, S.G., Bots, G.T.A.M., Luyendijk, W. und Frangione, B. Mutation of Alzheimer's disease amyloid gene in hereditary cerebral hemorrhage, Dutch type. *Science* 248: 1124, **1990**

Antwort 99

a) Es handelt sich um ein offensichtliches Problem aller Amyloidosen, von denen mehrere Typen bekannt sind. Es herrschen Bedingungen, unter denen eine unangebrachte Spaltung eines Proteins zur Ablagerung eines Proteinfragmentes führt. Das große Protein ist das β-Amyloid-Vorläufer-Molekül (BAPP), während es sich bei dem kleinen Protein um das Amyloid-β-Protein (Aβ) handelt.

b) Um den Vorgang besser zu verstehen, muß man den relevanten Bereich der Sequenz des BAPP betrachten:

Codon:	589	590	591	592	593	594	595	596	597	598	599	600	601
Patient:													
DNA	GAG	GAG	ATC	TCT	GAA	GTG	AAT	CTG	GAT	GCA	GAA	TTC	CGA
RNA:	GAG	GAG	AUC	UCU	GAA	GUG	AAU	CUG	GAU	GCA	GAA	UUC	CGA
Protein:	Glu	Glu	Ile	Ser	Glu	Val	Asn	Leu	Asp	Ala	Glu	Phe	Arg
Normal:													
DNA:	GAG	GAG	ATC	TCT	GAA	GTG	AAG	ATG	GAT	GCA	GAA	TTC	CGA
RNA:	GAG	GAG	AUC	UCU	GAA	GUG	AAG	AUG	GAU	GCA	GAA	UUC	CGA
Protein:	Glu	Glu	Ile	Ser	Glu	Val	Lys	Met	Asp	Ala	Glu	Phe	Arg

Ihre Patientin weist eine recht ungewöhnliche Mutation auf, eine doppelte Transversion, bei der ein T anstelle eines G auftaucht, das benachbarte A hingegen zu einem C verändert ist. Diese benachbarten Nukleotide betreffen zwei Codons, so daß zwei Aminosäuren verändert sind. Aus einem Lys-Met wird ein Asn-Leu. Die Bedeutung dieses Austausches wird offensichtlich, wenn wir die obige Sequenz mit dem N-Terminus des kleinen Proteins vergleichen, welches Sie aus Ihrer Patientin isoliert haben:

Codon:	589	590	591	592	593	594	595	596	597	598	599	600	601
BAPP:	Glu	Glu	Ile	Ser	Glu	Val	Lys	Met	Asp	Ala	Glu	Phe	Arg
Aβ:									Asp	Ala	Glu	Phe	Arg
Aβ-Rest:									1	2	3	4	5

Offensichtlich wird das Vorläufermolekül zwischen Met^{596} und Asp^{597} gespalten, so daß das Amyloid-β-Protein entsteht. Die Mutation könnte die Spaltung an dieser Stelle erleichtern, so daß mehr von dem Amyloid-β-Protein gebildet wird, welches seinerseits ausfällt und die Funktion von Nervenzellen beeinträchtigt.

Ihre Patientin hat eine familiäre Alzheimererkrankung.

Literatur

Citron, M., Oltersdorf, T., Haass, C., McConlogue, L., Hung, A.Y., Seubert, P., Vigo-Pelfrey, Lieberburg, I. und Selkoe, D.J. Mutation des β-amyloid precursor protein in familial Alzheimer's disease increases β-Protein production . *Nature* 360: 672, **1992**

Kang, J., Lemaire, H.-G., Unterbeck, A., Salbaum, J.M., Masters, C.L., Grzeschik, K.H., Multhaup. G., Beyreuther, K. und Müller-Hill, B., The precursor of Alzheimer's disease amyloid A4 protein resembles a cell-surface receptor. *Nature* 325: 733, **1987**

Mullan, M., Crawford, F., Axelman, K., Houlden, H., Lilius, L., Winblad, B. und Lannfelt, L. A pathogenic mutation of probable Alzheimer's disease in the APP gene at the N-terminus of β-amyloid. *Nature Genet.* 1: 345, **1992**

Selkoe, D.J. The molecular pathology of Alzheimer's disease. *Neuron*, 6: 487, **1991**

Seubert, P., Oltersdorf, T., Lee, M.K., Barbour, R., Blomquist, C., Davis, D.L., Bryant, K., Fritz, L.C., Galasko, D., Thal, L.J., Lieberburg, I. und Schenk, D.B. Secretion of β-amyloid precursor protein cleaved at the amino terminus of the β-amyloid peptide. *Nature* 361: 260, **1993**

Antwort 100

Transducin stellt ein 340 Aminosäuren großes G-Protein dar, welches in die Lichtverarbeitung in der Retina involviert ist. Es besteht aus drei Untereinheiten: α, β und γ. Trifft ein Photon auf ein Rhodopsinmolekül, führt dies zu einer Konformationsänderung des Rhodopsins, welches seinerseits die Dissoziation des Transducins in seine α-Untereinheit einerseits und die βγ-Untereinheit andererseits veranlaßt. Die α-Untereinheit bindet an eine Phosphodiesterase, welche cGMP hydrolysiert, und aktiviert diese dadurch. Der Abfall der intrazellulären cGMP-Konzentration führt zu einem Verschließen der Natriumkanäle in der Membran. Die daraus resultierende Hyperpolarisierung wird als Signal an die Neuronen des optischen Nerven weitergegeben. Die genaue Rolle der β-Untereinheit ist nicht bekannt. Dies gilt auch für die β-Untereinheit vieler anderer G-Proteine.

Das Produkt des STE4-Gens aus der Hefe stellt ebenfalls die β-Untereinheit eines G-Proteins dar, welches für die Paarung von Hefezellen notwendig ist. Als Signal für die Paarung schütten Hefezellen ein Pheromon aus, welches auf einer Zelle entgegengesetzten Paarungstyps bindet. Diese Zellen antworten mit der Aktivierung einer Reihe von Genen und letztlich fusionieren zwei Zellen entgegengesetzten Paarungstyps. Der Pheromonrezeptor vermittelt das eingehende Signal an ein G-Protein. Der Ausfall des Gens für die α-Untereinheit führt zur Ausbildung des Paarungsphänotyps unabhängig von der Gegenwart des Pheromons. Ein Ausfall der β- (welche von STE4 kodiert wird) oder der γ--Untereinheit unterdrückt hingegen das Paarungsverhalten. Es sieht also so aus, als ob die α-Untereinheit des G-Proteins eine inhibitorische, die βγ-Untereinheit hingegen eine aktivierende Rolle übernimmt.

Graucho (719 Aminosäuren groß), welches in der Entwicklung der Fruchtfliege Drosophila eine Rolle spielt, zeigt einige Sequenzähnlichkeiten zur β-Untereinheit von Transducin. Während der frühen Entwicklung beginnen einige Zellen des Neuroektoderms mit der Differenzierung zu Neuroblasten, welche sich später zum zentralen Nervensystem entwickeln. Neuroektodermale Zellen, die nicht zu Neuroblasten differenzieren, werden entweder Glia oder Epidermis. Groucho ist eines von verschiedenen Genen, welche das Schicksal dieser Zellen mitbestimmen. Mutanten, denen ein funktionelles Grouchoprotein fehlt, zeigen eine Hypertrophie des Nervensystems und einen Verlust epidermaler Strukturen. Einige groucho-Mutanten weisen duplizierte Borsten am Kopf auf. Der „Enhancer of split“ Genlocus enthält neben groucho auch Gene, deren Sequenzen denen von DNA-Bindungsproteinen ähneln.

Das Gen, welches Sie untersucht haben, ähnelt den β-Untereinheit zweier bekannter G-Proteine (Transducin und das Produkt des STE4-Gens) und einem möglichen G-Protein (groucho). Es ist daher sehr wahrscheinlich, daß es sich auch bei Ihrem Gen um die β-Untereinheit eines G-Proteins handelt. G-Proteine sind mit Rezeptoren assoziiert, wie es z.B. auch bei STE4 der Fall ist. Das allgemeine Muster der Signalübermittlung sieht wie folgt aus: Ein Aktivator, z.B. ein Hormon, bindet an den Rezeptor. Dieser unterläuft eine Konformationsänderung, welche auf das G-Protein übertragen wird. Dadurch verläßt die α-Untereinheit (G_α) die β- und die γ-Untereinheit ($G_{\beta\gamma}$). G_α, welches GTP gebunden hat, aktiviert ein Enzym, welches seinerseits einen zweiten Boten synthetisiert. Solch ein Enzym ist u.a. die Adenylatzyklase, die cAMP herstellt. Außerdem sind noch eine Reihe anderer Proteine involviert. In einigen Fällen spielt die α-Untereinheit eine inhibitorische Rolle. Neuere Ergebnisse zeigen, daß auch die $G_{\beta\gamma}$-Untereinheit eine Funktion in der Signalübermittlung übernehmen kann. Zusammenfassend läßt sich festhalten, daß Ihr Protein vermutlich Teil eines Rezeptor-gekoppelten G-Proteins ist.

Was für ein Rezeptor könnte dies sein? Das läßt sich schwer sagen, es ist aber interessant, daß sowohl STE4 als auch groucho in Differenzierungsprozesse involviert sind. Das STE4 Produkt veranlaßt Hefezellen einen Paarungsphänotyp anzunehmen, groucho führt zur Bildung epidermaler Strukturen aus neuroektodermalem Gewebe. Vielleicht ist Ihr Protein an einen Rezeptor gebunden, der einen Wachstumsfaktor während der frühen Embryonalentwicklung erkennt.

Mit welchen Proteinen könnte Ihr Protein interagieren? Mit dem heutigen Wissensstand läßt sich diese Frage sehr schwer beantworten. Ist es nur reiner Zufall, daß sowohl Mutationen in groucho als auch in Ihrem Protein zu Entwicklungsstörungen des zentralen Nervensystems und des Kopfes führen? Vielleicht übermittelt auch Ihr Protein ein Signal auf Proteine, die an DNA binden und dadurch die Expression von Genen aktivieren oder inhibieren. Diese Gene könnten für die Entwicklung des Gehirns oder des Kopfes von Bedeutung sein.

Ihr Patient hat eine Miller-Dieker-Lissencephalie.

Literatur

Artavanis-Tsakonas, S., Delidakis, C. und Fehon, R.G. The Notch and the cell biology of neuroblast segregation. *Annu. Rev. Cell Biol.* 7: 427, **1991**

Cabrera, C.V. The generation of cell diversity during early neurogenesis in Drosophila. *Development* 115: 893, **1992**

Campos-Ortega, J.A. und Jan, Y.N. Genetic and molecular bases of neurogenesis in Drosophila melanogaster. *Annu. Rev. Neurosci.* 14: 399, **1991**

Dobyns, W.B. The neurogenetics of lissencephaly. *Neurol. Clin.* 7: 89, **1989**

Hartley, D.A., Preiss, A. und Artavanis-Tsakonas, S. A deduced gene product from the Drosophila neurogenic locus, *Enhancer of split*, shows homology to mammalian G-protein β-subunit. *Cell* 55: 785, **1988**

Klämbt, C., Knust, E., Tietze, K. und Campos-Ortega, J.A. Closely related transcripts encoded by the neurogenic gene complex *Enhancer of split* of Drosophila melanogaster. *EMBO J.* 8: 203, **1989**

Leberer, E., Dignard, D., Hougan, L., Thomas, D.Y. und Whiteway, M. Dominat-negative mutants of a yeast G-protein β-subunit identify two functional regions involved in pheromon signaling. *EMBO J.* 11: 4805, **1992**

Ledbetter, S.A., Kuwano, A., Dobnys, W.B. und Ledbetter, D.H. Microdeletions of chromosom 17p13 as a cause of isolated lissencephaly. *Am. J. Hum. Gent.* 50: 182, **1992**

Miller, J.Q. Lissencephaly in 2 siblings. *Neurology* 13: 841, **1963**

Preiss, A., Hartley, D.A. und Artavanis-Tsakonas, S. The molecular genetics of *Enhancer of split*, a gene required for embryonic neural development in Drosophila. *EMBO J.* 7: 3917, **1988**

Reiner, O., Carrozo, R., Shen, Y., Wehnert, M., Faustinella, F., Dobnys, W.B., Caskey, C.T. und Ledbetter, D.H. Isolation of a Miller-Dieker lissencephaly gene containing G protein β-subunit-like repeats. *Nature* 364: 717, **1993**

Stryer, L. Biochemistry. Heidelberg: Spektrum Verlag, **1990**, S. 1065-1066

Register